우리나라 영토 이야기

우리나라 영토 이야기

양태진 지음

예나루

우리나라 영토 이야기

초판인쇄_ 2007년 8월 10일
초판발행_ 2007년 8월 15일

지은이_ 양태진
펴낸이_ 한미경
펴낸곳_ 예나루

등록_ 2006년 1월 5일 제106-07-84229호
주소_ 서울특별시 용산구 갈월동 8-3
전화_ 02-776-4940
팩시밀리-02-776-4948

ⓒ 양태진, 2007

ISBN_ 89-956959-5-1 03900

일원화 공급처_ (주)북새통 서울시 마포구 서교동 384-12
전화_ 02-338-0117 팩시밀리_ 02-338-7160~1

이 책 내용의 일부 또는 전부를 재사용하려면 반드시
저작권자와 출판사의 동의를 얻어야 합니다.

책머리에

　영토문제에 관해 관심을 갖고 심혈을 경주해 온 지 어언 40여년이 되었다. 연구를 하면 할수록 관련 자료의 빈곤으로 인해 연구의 한계성을 절감하게 되고, 상실된 영토에 대한 애통함과 분노를 진정하기 어려웠다. 그러면서도 이 문제를 그대로 간과할 문제가 아니라는 의무감 내지 사명감을 떨쳐버릴 수 없었다.

　이에 기회 있을 때마다 학술발표회를 갖거나 대학 또는 각급 교육기관 사회단체의 연수교육을 통해 우리나라 영토문제에 대해 국민적 관심을 고취시켜 왔다.

　그러나 그 때마다 역부족임을 절감하면서 보다 대중적인 해설서의 필요성을 절실하게 느꼈다. 이에 그간 간행된 여타의 관련서 보다 좀 더 알기 쉬운 우리의 영토관련 개설서의 발간을 시도하였다.

　여기에 수록된 내용들은 기존에 발간된 우리나라 고대에서 중세에 이르기까지의 영토 변천과정을 고찰한 《한국의 영토사 연구》를 비롯해 근세이후 우리나라 변경지대의 영토 변모과정과 근대적 의미의 국경설정에 따른 제반 사항을 기술한 《한국변경사연구》,《한국의 국경연구》,《국경사연구》와 이 밖의 참고자료로 《한국국경・영토관련문헌목록》 등을 토대로 하였다.

　기술된 내용들을 시대별로 대별해 간략하게 개괄해 보면 먼저 병자호란 이전의 명나라의 모문룡毛文龍군대가 우리나라 서해안 가도椵島를 점거해 우리의 주권을 침탈한 사실과 명말~청초기의 압록강, 두만강 유역의 강상도서江床島嶼에 대한 주권의 시비, 조선조 중기에 백두산 정상의 정계비 건립문제, 멀리 남해안에 자리잡은 거문도를 영국군이 점거했던 사실들을 열거하였다.

 이 밖에 두만강 하구의 도서 녹둔도를 러시아가 불법 점거한 사항과 광복이후 압록강, 두만강 국경일대의 우리나라 영토 및 국경 전반사항을 개괄해 국민적 영토애를 환기하고자 하였다. 본서는 어디까지나 개설서인 까닭에 전문적인 용어나 한자의 사용을 가급적 피하려고 노력하였으나 부득이한 면이 없지 않았다.

 이 책의 첫 출판은 대륙연구총서 제11집으로 출간한 이후 절판이 되어 재출간의 요청이 지속되고 있어 이에 부응하고자 평소 영토문제에 깊은 관심과 연구를 천착해 오고 있는 김성호 동지의 전폭적인 도움으로 발간하게 된 것이다.

 끝으로 본서의 출간을 위해 편집에서 교정에 이르기까지 수고하신 모든 분들께 저자로서 거듭 감사의 뜻을 표하는 바이다.

2007년

忘憂齋 양태진 씀

차례

책머리에   5

|제1장| 근대사에 나타난 영토 침해사건

명明나라에 점거 당했던 가도椵島   13
- 가도椵島의 자연지세   13
- 가도 침해사건   14
- 사건의 개요   15
- 가도사건과 '청물기청북소請勿棄淸北疏'   29

비단섬이라 개칭된 신도薪島 영유권론領有權論   35
- 사적史的으로 본 신도薪島 영유권론   35
- 청 측의 부당한 영유론   38
- 신도의 지리적 상황   39

영국군에 의해 불법 점거 당했던 거문도巨文島   43
- 거문도 영함英艦견문기 개요   43
- 거문도 명칭의 유래   46
- 조선시대의 거문도 관리상황   48
- 거문도의 자연지세   50
- 거문도의 영국군 점령   52
- 거문도 점령군과 주민의 관계   57
- 거문도 점령에 따른 각국의 입장   61
- 엄세영嚴世永의 선상대담船上對談   72
- 영국군함의 철수와 경략사経略使 파견   76

두만강상의 고이도古珥島·유다도柳多島·중주中州   84
- 두만강상의 고이도·유다도의 귀속분쟁   84
- 토리土里 최하류의 중주甲乙島 영유권문제   88

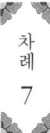

|제2장| 백두산 정계비와 간도 및 녹둔도 귀속문제

정계비 定界碑 건립배경　　　　　　　　　　93
- 입비立碑 상황　　　　　　　　　　　　　93
- 백두산 정계비 건립에 따른 후속조치　　100
- 백두산 정계비 건립 과정기　　　　　　103

녹둔도 鹿屯島의 상실　　　　　　　　　120
- 두만강 하류의 녹둔도　　　　　　　　120
- 러시아령이 된 녹둔도　　　　　　　　129

간도 間島 문제　　　　　　　　　　　　135
- 간도 귀속 문제의 발단　　　　　　　　135
- 간도문제에 대한 일본 측의 개입　　　141
- 간도문제에 관한 청·일간의 협상　　　145
- 간도협약의 불법, 부당성　　　　　　　149

|제3장| 국경하천화된 압록강과 두만강

압록강 鴨綠江　　　　　　　　　　　　155
- 압록강명의 유래　　　　　　　　　　　155
- 압록강 유역의 지리적 상황　　　　　　157
- 압록강의 수자원　　　　　　　　　　　161
- 압록강의 수운상황　　　　　　　　　　165
- 압록강 하류의 주요도서　　　　　　　168
- 북한·중국 국경선상의 교량　　　　　172
- 한·중 국경 압록강상 교량　　　　　　173

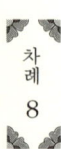

두만강豆滿江 유역 국경문제 174
- 두만강豆滿江명의 유래 174
- 두만강의 유로流路 175
- 한·청 관계 178
- 한·러 관계 182
- 일제치하의 두만강 하류관리 187
- 두만강변의 핫싼(장고봉)사건 190

접경국 러시아와의 수교와 국경조약 196
- 러시아 명칭의 유래 196
- 역사적으로 본 한·러 관계 198
- 조약상으로 본 양국 관계 201

방천防川 삼각국경지대의 변화 204
- 북한·러시아·중국의 3각국경지대인 방천인근의 개발상황 204

| 제4장 | 동해와 독도

동해 東海 211
- 민족 숭앙처 동해의 명칭 211
- 지도상에 나타난 동해명칭 216

울릉도와 독도 220
- 독도문제 220
- 독도와 안용복安龍福 222
- 이규원李奎遠의 울릉도 검찰일기 240
- 독도와 홍재현洪在顯 일가 263

|제5장| 기타 생각해야 할 문제

기필코 되찾아야 할 우리 땅 요동   271
- 사료史料로 본 요동遼東/Lia-tung   271
- 요동지역 관할변천   273

대마도는 우리의 땅   276
- 대마도의 지리적 상황   276
- 대마도의 지명 유래   280
- 고고유물로 본 대마도   283
- 생활유풍生活遺風   286
- 대마도는 한국 땅이었다   289

이어도(離於島, SOCOTRA ROCK)   301
- Socotra Rock으로 알려진 이어도   301

우리의 고토故土 시베리아   309
- 시베리아 명칭의 유래   309
- 시베리아의 지리적 범위   311
- 시베리아 지역의 유물   312
- 시베리아는 발해의 고토   317
- 발해유민이 세운 정안국定安國   319
- 근세기 한민족의 시베리아 거주상황   321
- 시베리아 한인의 권업회勸業會 연혁   331
- 강동江東이라 불려졌던 우리 땅 연해주   334

- ■ 마무리하며   338

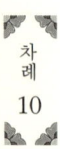

제1장
근대사에 나타난 영토 침해사건

명明나라에 점거 당했던 가도椵島

가도椵島의 자연지세

가도椵島는 《동국여지승람》에 의하면 평안북도 철산군 남쪽 47리에 위치하고 있으며 둘레가 41리나 되고 가도장椵島場이라 하는 목장에 목마牧馬가 2백44필이 있다고 기록하고 있다.[1]

이러한 가도의 위치는 동경 124도 38분, 북위 39도 43분에 위치하며 철산반도 남단에서 남쪽으로 약 4km 지점에 자리하고 있다. 행정구역 상으로는 철산군 백량면柏梁面 가도동椵島洞이며 리아스식 해안으로 간석지가 넓고 간만의 차가 크다. 이 섬은 일명 단도段島 또는 피도皮島, 운종도雲從島라고도 불려 왔다.[2]

---

1) 《新增東國輿地勝覽》, 卷之五十三, 鐵山郡 山川條.
2) 全海宗,〈椵島의 名稱에 관한 小考〉,《서울대학교 人文社會科學》, 第9號, 1959, 12.

동남쪽에 있는 남탄도와의 사이가 길어 대피에 편리할 뿐만 아니라 큰 배가 정박하기에 알맞다. 강남산맥의 말단부가 침강하여 이루어진 섬으로 신미도 대화도 신도들과 함께 서해상의 다도해多島海를 이루고 있다.

이러한 까닭에 서해의 여러 섬 가운데 옛부터 중국과 왕래하는 배들의 드나듬이 많았으며 전란기에는 매우 중요시 되어 온 곳이었다. 이 섬의 실측 면적은 19.2km², 길이는 35km²로 알려지고 있다.[3]

섬은 경치가 빼어날 뿐만 아니라 물산 또한 풍부하다. 특히 기암괴석이 수 없이 널려 있는데 어쩌다 나르는 새들이 바위 꼭대기에 앉으려다가 상처를 입는 경우가 적지 않을 정도라 하니 그 날카로움과 빼어난 풍광風光을 가히 짐작하고도 남음이 있다.

가도 침해사건

가도사건은 조선조의 인조 원년(1623년)에 명明, 후금後金, 조선朝鮮 3국간에 벌어진 국제적인 대사건이다.

1621년(광해군 : 13년)에 청 태종은 명을 멸하기 위해 요양遼陽을 공략, 함락시키자 명의 요동도사遼東都司 모문룡毛文龍은 우리나라 의주義州로 쫓겨 왔다가 이듬해 가도에 진을 친 후 이를 동강진東江鎭이라 칭하고는 철산鐵山, 사량蛇梁, 신미도身彌島에 분진分鎭을 설치함으로써 사실상 명은 우리의 주권을 무시하고 영토를 점거한 것이다.

이 같은 사실은 조선 정부가 당시 신흥하는 청의 세력을 명과 연합하여 견제하고자 하는 의도 하에서 이루어졌다. 그러나 그 결과는 오히려

---

[3] 한국정신문화연구원 편,《한국민족문화대백과사전》, 1권, 1992, 49쪽.

역효과만 가져왔고 우리의 영토와 주민들은 명, 청의 기습, 노략질로 인해 이중, 삼중의 피해만 입게 되었다.

무려 7년여 간(1623~1629년)에 걸쳐 계속된 이 사변은 가도를 중심으로 평안북도 서해안 일대가 제3국에 의해 점령당함으로써, 올바른 영토관리를 하지 못한 사건이 되고 말았다.[4]

사건의 개요

만주에서 명의 세력이 미미해지면서 명은 요하遼河유역의 남만평야를 직할령으로 하여 명맥을 유지하고 있을 때 만주 흥경興京지방에서 건국한 후금은 명의 변경요지인 무순撫順, 청하淸河 등을 공략, 1621년(광해군 13년) 3월 28일에 심양瀋陽을, 30일에는 요양遼陽을 함락시켰다.

이때 명의 진강성鎭江城 요동도사 모문룡이 구련성九連城과 압록강 대안을 공략하여 함락시키고 7월 25일 군사 3백여 명을 이끌고 압록강을 건너 월경하여 의주義州: 당시 憐山로 들어와서 오랫동안 주둔하자 9월 11일 우리나라에서는 모의 퇴거를 요청했다.

9월 16일 금나라 이영방李永芳이 1만의 군사를 이끌고 봉황성鳳凰城 등지에 진을 치자 우리나라는 수령들에게 압록강 연안의 경비를 엄히 하기를 명했다. 12월 3일 금의 이영방李永芳이 모문룡을 생포하려고 하므로 비변사에서는 이 사실을 모문룡에게 알렸다.

12월 18일 금나라 왕자인 패륵貝勒과 아민阿敏 등이 수천 명의 군졸을 이끌고 구련성九連城에서 압록강을 건너와 선천군宣川郡의 동림東林에서 습격하니 모는 단신으로 도망갔다.

---

4) 《仁祖實錄》 仁祖 5年條. 朝鮮史 第5篇 第1卷 참조. 田川孝川, 〈朝鮮と毛文龍の關係について〉, 《靑丘學叢》, 第3卷.

21일에 금나라 군대가 용천龍川을 습격하여 성내의 공사公私창고를 모두 약탈하였다. 22일 금군이 모문룡 나포에 실패하자 우리 조정에서는 금나라로부터 화를 당하지 않을까 두려워 해 모문룡에게 잠시 해도海島로 들어가라고 권했다.

그리고 다시 광해군 14년(1622년) 정월 2일 평양감사 박엽朴燁을 시켜서 모문룡에게 잠시 산속에 들어가서 금병을 피하든가 그렇지 않으면 북도北道로 향하든가 또는 해빙을 기다려 거취를 결정하라고 하였다.

이후 3월 14일에는 명의 군감 양지환梁之桓이 장졸 4천명을 병선 60여척에 분승시켜서 미곶彌串에 상륙하여 우리나라에 군량미를 요청했으나 뜻을 이루지 못했다. 5월 평양감사의 보고에 의하면 이때까지 금군이 의주·철산 등지 3개 군에서 죽인 한인漢人의 수가 남녀 578명에 이르렀다고 한다. 그 후 8월 19일에는 군미 6만량과 선박 70척을 징발하여 가지고 떠나간 일이 있다고 당시 용천부사龍川府使의 장계에 나타나 있다.[5]

9월 24일에 비변사에서는 평안도로 하여금 모문룡에게 쌀과 콩 30~40석, 소금 50~60석과 쇠가죽 등을 공급하게 했고 10월 2일에는 왜검과 왜창을 주었더니 모문룡은 11월에 군사를 이끌고 철산의 가도에 들어가서 진을 치고 이곳을 근거지로 삼게 되었는데 이곳을 명은 동강진이라 불렀다.

모문룡이 가도에 들어간 후부터 이 섬으로 내왕하는 요민遼民 : 만주에 살던 명나라 사람들이 대단히 많아졌고, 섬 안에는 집이 즐비하게 세워져서 도회지를 이루었으며, 동남상선東南商船의 내왕도 많아져서 가도 부근에는 초목이 모두 없어졌다고 한다. 모문룡은 섬 이름을 운종도雲從島로 바

---

5) 《籌邊司謄謄錄》 光海君 14年 9月條.

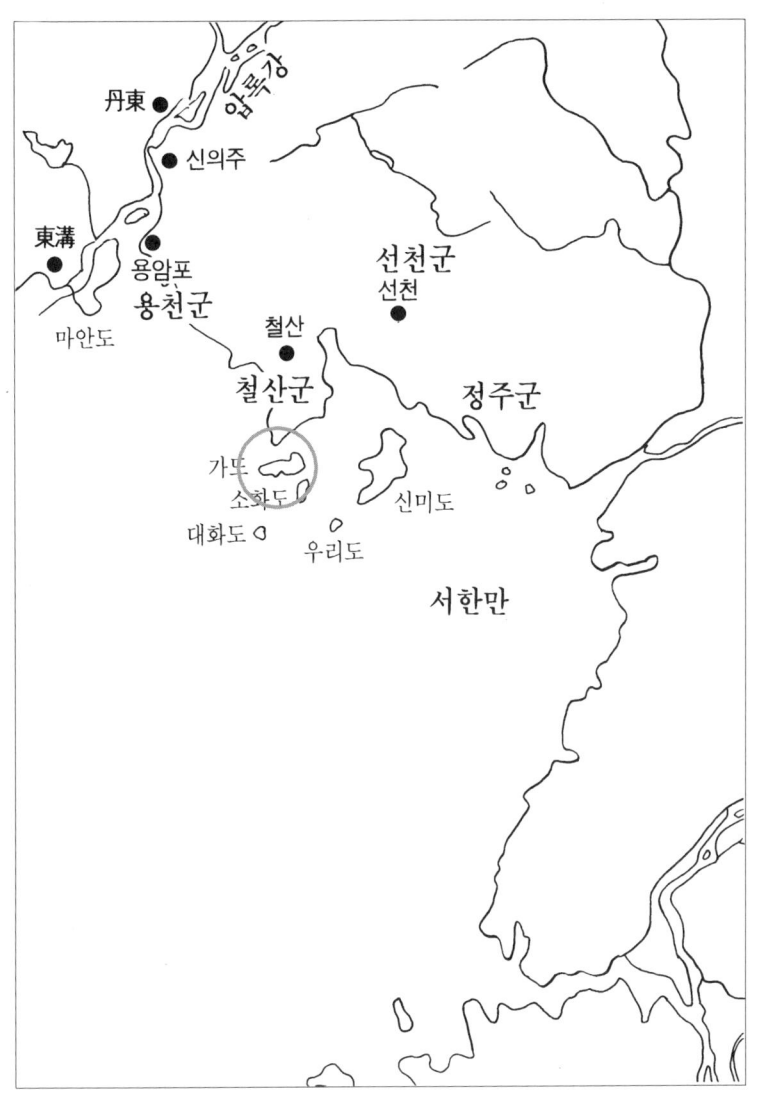

▲ 가도椵島의 위치

꾸고 11월 29일에 평안감사에게 은자銀子 1만량을 보내면서 군량미와 바꾸자고 했다. 평안감사는 이에 응할 수가 없어서 조정에 선처를 요청했다. 12월 2일 모문룡은 바다를 이용, 녹도鹿島로 향하려고 했는데 풍랑이 심해 가도로 되돌아왔다.

이즈음에도 명의 요동 유민들이 계속해서 모문룡진으로 유입됐는데, 12월 11일에는 명군明軍의 천총千摠, 고일기高一琦의 부하 한인漢人이 피난민 78명을 인솔, 선주宣州를 경유하여 철산을 통해 선사포宣沙浦로 향해 간 일이 있었다.

광해군 15년(1623년) 3월 11일 선천부사의 보고에 의하면 제두悌頭 : 만주족 모양으로 머리를 깎는 것 한인 1천여 명이 임반林畔 : 현 동림에 유숙했다가 가도로 들어갔다. 그해 3월 13일 반정反正에 의해 인조가 등극하자 모문룡은 사자 응시태應時泰를 조정에 보내기도 했다.6)

10월 29일 모문룡은 선사포 백량면拍梁面에 병영兵營을 설치하고 후금을 지키는 군사기지로 삼았다. 다음해인 인조 2년 정월 4일, 조정에서는 이상길李尚吉, 이안눌李安訥 등을 가도에 보내어 전에 모가 평안도에 요청해온 식량교환을 정식으로 거절하고 그 섬 안의 소요 양곡은 명국의 등래登萊로부터 가져올 것이며 다시는 우리나라에게 요구하지 말라고 했다.

이때에 서로일대西路一帶 : 철산주변 일대는 모문룡의 군병으로 가득 차 있었으므로 조정은 의외의 변이 일어날까 걱정하여 정월 7일 접반사 이상길을 보내 모문룡에게 간곡하게 유시하기를 군병 중에 전투요원이 아닌 사람은 명국의 등주登洲 : 산동반도로 돌려보내라고 했다.

이렇듯 가도에 요민遼民들이 늘어남에 따라 그들은 평안도 각지에 흩어져서 주민들의 재산을 약탈하고 행패를 부렸다. 이 가운데 청천강 이북의 피해가 가장 심해 주민들은 몹시 불안한 상태에 놓이게 되었다.

조정에서는 접반사를 모에게 보내 이에 대한 대책을 강구 하도록 하

---

6) 《仁祖實錄》 仁祖 元年 3月條.

였다. 1624년 2월 28일 모문룡 부하 허중서許中書가 가도에서 육지로 나와 순찰하면서 차관差官으로 하여금 은을 가지고 군량미를 사게 하니, 차관이 관향사管餉使7) 정두원鄭斗源에게 말하기를 당신들이 양곡을 팔지 않으면 이 지방에서 강탈하겠다고 했다. 정두원이 이에 대한 가부를 조정에 물으니, 조정은 의주의 저장미 약간을 내주고 은을 모두 되돌려 주었다.

그때 평북일대에는 후금에 귀순한 우리나라 사람들의 수효가 수만이 되었는데, 이들도 집단을 형성하여 민가를 약탈했다. 심지어는 땅속에 파묻었던 종자벼까지 파내서 약탈했으므로, 주민들은 하나둘 집을 떠나 이 지역 일대가 황폐할 지경에 이르렀다.

이 해 4월 4일에는 산동山東 회안부埠安府의 명나라 사람 한 명이 가도에 와서 모에게 말하기를 요동에 거주하다가 금나라의 포로가 되어서 우리나라 함경북도 회령會寧에서부터 두만강 건너, 걸어서 3일정도 거리에 있는 만주의 한 부락에서 명나라 사람明人 40여명과 함께 살다가 왔는데 그 부락을 토벌하면 금은 놀래서 요동을 버릴 거라고 했다.

또 다른 첩보에 의하면 금나라 병사들이 그에 붙은 요민들과 함께 함경도咸境道 등지에 주둔 하여 농사도 짓는다고 했다. 그래서 모는 4월 16일 병사 5천을 그의 부하인 왕보시가달王輔時可達 등에 인솔시켜서 함흥부咸興府로 들어가게 했다. 이때 모는 우리나라 조정에 대하여 도중 연도의 각참各站으로 하여금 모의 병사들에게 급식을 하게 할 것과 조총鳥銃 5천정과 군마 5백 필을 공급해 줄 것을 요청했다. 4월 20일에는 명제明帝로부터 모병의 군사행동에 협력해 줄 것을 정식으로 요청받게 되자 조정朝廷은 하는 수 없이 이를 허락했다.

---

7) 管餉使란 조선왕조때 평안도의 군량미를 담당하던 관직으로 평양감사가 겸임하기도 했음.

6월 8일 모의 군사들은 함북을 떠나 회군길에 올라 영흥永興에 도착해서는 양식을 각 고을에서 강제로 차출시키는가 하면 정평定平 이남에서는 군대를 풀어서 작당하여 못된 짓을 했다.

6월 23일에는 지난해에 모병들이 세웠던 모도독毛都督 송덕비에 쓸 우리나라 사람들의 칭송문稱頌文을 요구해 왔으므로 조정에서는 비문牌文을 김류金鎏8)에게 찬하게 하여 모의 진영으로 보냈다.

8월 25일 평안감사 이상길李尙吉은 장계를 올려, 그가 철산의 선사포에 가서 모진의 은화를 가지고 양곡을 사들이는 문제를 논의할 때, 양곡매입이 부진하니 동강진東江鎭9) 안의 굶주린 병인들을 본국으로 돌려보내라 하였더니 모가 그것을 승낙했다. 평안감영에서 모진에 납부할 세미를 감면해 달라고 하자 처음에는 4만석, 추가로 1만석을 감면토록 했다.

9월 3일 의주부윤의 장계에 의하면 8월 28일에 금나라 군사 수백명이 진강鎭江, 중강中江 등지를 침범하여 명인明人의 곡식을 불사르고 농민을 생포하여 데려가며 압록강 연안의 상·하류에도 출몰한다고 했다.

당시 모문룡은 오랫동안 가도에 은거하면서 섬 안에서 우리나라와 통상을 허가했으므로 우리나라와 가도 간에 잠상潛商이 성행하여 인삼값이 하루하루 뛰었다. 11월 2일에 호조戶曹에서 일반 상인의 가도출입을 금하고 황해, 평안의 양도감사·관향사·용천龍川·철산鐵山 등지의 관아에 왕의 유시를 내려 순찰을 엄히 하였다. 잠상인을 적발하면 엄단하되 장물은 몰수하고 경내(境內)에 전시하게 했다. 이때에 모문룡이

---

8) 仁祖反正의 일등공신으로 吏曹判書를 역임했다. 文集으로 北渚集이 있다.
9) 東江鎭이라 함은 明의 毛文龍이 椵島에 鎭을 치고 鐵山, 蛇梁, 身彌島에 分鎭을 두면서 부르게 된 鎭名이다.

철산경내에 마시馬市를 개설했으나 우리나라에서는 철산마시와 거래하는 조선 사람들에게 중세를 부과하였고 또 이미 사상私商의 가도 출입을 금하였으므로 모진毛鎭의 타격이 컸고 양곡조달도 어렵게 되었다.

이에 모는 화를 내면서 명조합작明朝合作의 토금작전討金作戰이 이래서야 어떻게 달성되겠는가, 하루빨리 조선인이 마시馬市에 자유롭게 출입하여 공평한 교역을 할 수 있게 하라고 요구했다.

11월 27일에는 철산읍과 선사포에 주둔하는 명인의 많은 수가 평북의 여러 군에 흩어져 촌락을 약탈한다는 도원수都元帥 이홍주李弘周의 장계가 있어 비변사는 접반사와 평안도 관리를 보내 모문룡에 유시하여 이의 금지를 요청했다.

그리고 한편으로는 관향사管餉使 남이홍南以興10)이 황해·평안 양도와 여러 고을의 군량미 1만 2천 90석을 전후 2회에 걸쳐 모진에게 수송했다. 그런데도 모는 금년분의 3만석이 아직 미납이라고 하여 부하를 조정에 보내서 기한을 정하고 납부 하라고 독촉했다.

또 같은 무렵 가도에 주둔하던 명나라 장유격張遊擊의 군병들이 각지의 민가에 분산하여 살면서 많은 소동을 일으키고 피해를 주므로 장유격이 사람을 보내서 이를 금했다. 그러나 소동이 그치지 않자 장유격이 직접 병졸을 인솔하고 장항령獐項嶺으로 추격하니 천총千摠, 황중고黃重庫, 기하旗下의 군병 2천50여명이 창을 가지고 유격의 사자를 찌르고 팔령八嶺으로 달아나서 그들의 거처가 묘연하게 되었다. 또 의주부에 주둔하던 병사를 인솔하고 삭주朔洲에 진군하니 장유격 휘하의 나머지 병사들은 구성龜城으로 달아났다.

이 명나라 군병들의 내란은 우리 주민들에게 극심한 피해를 주었다.

---

10) 仁祖때 平安兵使로 발탁되어 安州에서 淸兵의 침입을 막다가 패한 후 자결함.

이에 왕은 체찰사体察使, 총륭사摠戎使, 평안병사平安兵使, 훈련대장에게 하교하기를 모 도독이 우리나라를 침해함이 날이 갈수록 심함에 무엇으로서 이를 지탱 하겠는가 했다. 체찰사가 답하기를 모병은 조만간에 난을 일으킬 것이므로 난을 일으킨 후에 이를 토벌하기는 어렵지 않을 것이라 했다. 남이흥은 '모를 공격하기는 쉬우나 쳐서 없앤 후에 명과의 친분관계를 어떻게 유지하겠는가'하는 것이 문제라고 했다. 남이흥은 다시 조정에 청하기를 둔전屯田을 서도西路 : 서도지방의 한적한 곳에 설정하여 모영毛營에서 양식 충당과 변경의 구제용 곡물을 경작시키자고 했다.

　인조 3년(1625년) 정월 9일에 모문룡이 스스로 병마 9천을 인솔하고 곽산의 능한산성凌漢山城의 군량미를 취해 가는 한편 편지를 접반사 윤의립尹毅立에게 보내서 말하기를, 수하 군병 4천여 명이 모두 관아에 와서 북을 울리며 양식을 요구하는바, 만일 이대로 여러 날이 지나면 반드시 그들은 굶어 죽을 것이니, 수하手下 군병들을 곧 귀국에 분산시켜서 임의로 양식을 구하게 하겠다고 위협하였다.

　윤의립은 곧 평안감사 이상길, 관향사 남이흥에게 명하여 모진영으로 보내는 양곡선을 독촉하여 양식을 보냈다. 그러나 다시 모문룡은 그의 군민들을 선천, 정주, 용천, 철산 등지에 보내서 한전閑田을 경작시키고 나무를 베어 군선을 만들겠다고 통고해 왔다.

　이에 조정에서는 도신道臣들을 파견시켜 연해 5군(용천, 철산, 선천, 정주, 곽산)내의 한전을 조사시키는 한편 정월 18일에는 미곡 2만 6천6백석을 모진에 보냈고 이어 정주 등 2개 군의 양곡을 분송시키니 모문룡의 노여움은 약간 풀어졌다.

　2월 9일 모문룡 부하인 이경부李景富가 1백여 명의 군졸을 이끌고 선천군 신미도身彌島에 들어가 크게 둔전屯田을 일으키면서 나무를 마구 벌채하여 군대 막사를 지으니 도민島民들의 원성이 자자했다.

인조 3년 4월 12일에는 모진의 기고관旗鼓官 왕사선王士善이 모의 명령을 받고 선천, 철산 등지를 돌아다니며 수령을 협박하여 쌀과 콩 5~6백석을 가져갔고 관아에서도 의논하여 철산, 선천, 정주 등 여러 고을의 곡식 6백여석, 잡곡 1천석을 보냈으나 모는 만족하지 않았다. 그래서 6월 25일에 호조는 인삼 1천근, 황금 1백량, 군량미 4천석을 보냈다. 그리고 9월 8일에 다시 쌀 2천석을 보냈다.

이렇게 평안도내의 가렴주구苛斂誅求가 심해지자 나라에서는 크게 골치를 앓았고 약탈과 행패에 주민들은 전전긍긍했다. 인조실록에는 이 상황을 철산은 모병의 행패 때문에 공지화空地化됐다고 표현했다.[11]

이 무렵 모문룡이 금군과 내통한다는 소문이 돌기 시작했다. 인조 4년 (1626년) 4월에 모문룡은 금국이 재차 요양을 침범한다는 소식을 듣고 장차 수륙 양로로 만주를 침공하겠다고 공언하더니 드디어 모 자신이 군사 1백여 명을 이끌고 압록강으로 진공했다.

5월 4일 모문룡이 관향사 성준로成俊老를 갑암甲巖 : 창성군 소재으로 불러서 모의 만주 출격군을 위한 군량미조로 창성의 곡식 4천석을 급히 보내라 하므로 창성미 2백석, 콩 1백석을 보내니 창성, 의주의 군량미는 바닥이 났다.

모는 군마를 이끌고 차유령車輸嶺에서 필수동必水洞으로 향했는데, 압록강을 건너자마자 군대를 8로로 나누어 의주 또는 창성으로부터 도강하여 만주로 건너갔다. 그 가운데 장수 왕보王輔는 거짓으로 항복한 가달仮達 : 금국에 투항한 명나라 병사의 꾀임에 빠져 요양을 통과하여 안산鞍山에 들어가자 성안에는 가달병이 약간밖에 없어 쉽게 성을 함락시키고

---

11) 《仁祖實錄》, 仁祖9年 7月條.

많은 인축人畜을 노획하고 성을 나왔으나 자만하여 다시 성안에 들어갔다가 진달眞撻에게 불의에 포위되어 공략 당했다. 이때에 1만 8천명의 군졸이 몰살당했다.

이 무렵 우리나라에서는 모문룡이 금국에 투항하고자 한다는 정보가 나돌아서 조정에서는 여러 번 이에 대한 논의가 있었다. 인조 5년(1627년) 정월 14일에 청태종은 모문룡을 생포하겠다는 이유를 내세워 우리나라를 침공해 왔으니, 이른바 정묘호란이다.

명제는 금나라의 조선 침공 소식을 듣고 모문룡으로 하여금 만주에 원정하여 그 허를 찌르자고 사자를 모에게 보냈는데, 모는 이에 복종하지 않았다. 동년 3월 3일에 강화조약이 성립되어 금은 만주로 철군하고서도 의주와 양책良策에 금군을 잔류시켰다. 우리 조정에서 그 이유를 묻자 가도의 모병들이 조선과 금나라의 교린을 방해하기 때문이라고 답했다.

사실 모병들은 평북일대 각처에 출몰하여 금나라와 우리 조정을 내왕하는 사선들을 자주 습격하여 살해했다. 이때 평북 주민들 가운데는 금에게 투항, 금병을 인도하여 모진영毛陣營을 치려고 할 정도로 모병의 피해가 극심했다.

동년 7월 3일에 평안감사 김기종金起宗은 장계를 올려 가도의 모문룡은 금국의 좌족左足을 치려고 하지도 않고 지금까지 거짓 승전보고서를 명조에 보내서 천제天帝를 기만하고 있으며, 게다가 가만히 섬 안에 앉아서 용골산성龍骨山城과 운암산성雲岩山城12)의 지역을 지배하고 임의로 명의 관직을 제수하니 그 뜻이 해괴하며, 또 의주의 초관哨管 최효립崔孝立의 군병들이 모진의 중군에 편입되어 있는 것은 더욱 괴이한 일이라

---

12) 鐵山郡의 鎭山인 雲暗山에 있는 산성으로 정상에 서면 100리 주위가 훤히 보인다. 표고 366m이다.

고 했다. 그래서 용골산성의 수성장守城將인 정봉수鄭鳳壽에게 성안의 병사들이 탈출하여 가도의 모영으로 가는 것을 엄중히 막으라는 군령이 내리기도 했다.

또 동년 11월 10일에 모문룡은 명과의 뱃길이 청에 의하여 두절되어 새해의 달력을 자기의 본국으로부터 얻을 수 없어서 우리나라 신력서新曆書 두권을 요구해 왔으므로 이를 보내 주었다. 그런지 8개월 후에 모문룡이 요동백遼東伯에 임명되었음을 알려왔다.

그 후 인조 6년(1628년) 정월 4일에 모병들이 철산, 창성, 의주 등지에 크게 둔전을 일으켜서 종자곡種子穀을 사려고 하였다. 이에 평안감사는 둔전 설정을 금지 시키지 못하면 큰 후환이 될 것이라는 보고를 비변사에 했다.

이에 앞서 1627년 10월에 명의 신종황제神宗皇帝가 죽고 유검由檢이 등극해서 연호를 숭정崇禎으로 고친 바 있었는데 다음해 2월 7일에 우리나라에서는 전국 8도에 숭정 연호를 사용하도록 지시했다.

또 4월 4일의 평안감사 장계에 의하면 모가 상부에 보고하는 모병의 수는 실제의 10배나 되고 성을 모毛로 고치게 되면 후대하고 그렇지 않은 자들에게는 박대를 하며 그때에 또 다시 사상인私商人들이 부쩍 늘어나 모진의 관청에 출입하면서 나라에 불충한 행동을 하며 그중 불량배들은 조정의 비밀을 모진에 고해바친다고 하므로 조정에서는 사상인私商人 출입을 엄금한다는 명령을 다시 내렸다.

이 당시 평안도 전역에 주둔하는 우리나라 총 병력 수는 6천 5백 20여명이었다. 이 소수의 병력을 가지고는 2만 6천의 모병의 횡포를 막아낼 수가 없었다. 여기에다 철산군鐵山郡내의 주요도서인 가도를 비롯한 여러 섬은 물론 선사포, 철산읍까지도 모병의 수중에 들어가 있었다.

청천강 서쪽으로는 한인漢人들이 가득 차서 약탈 또한 극심했다. 이즈음 명의 신제神帝는 요동경략 원숭환袁崇煥을 중용했는데, 하루는 신제가 열신列臣들을 인견하여 국정을 논할 때 원袁을 비롯한 군사담당의 제신이 모문룡의 여러 비행을 황제에게 진언하기를 "모가 전과를 올렸다는 금병의 포로 수효도 거짓이며 또 수군 2만 6천명의 1년간 군량미로 10여만 가마를 소비하면서 요동의 땅은 한 치도 수복치 못하였다. 과다한 군량미 요구를 들어준다면 장차 나라의 화가 될 것이다."라 하면서 모의 죄상에 대해 공개적인 성토를 하니 명조에서는 모를 불신하게 되었다.

이 해 11월 20일에 모문룡은 사자를 금국에 보내 사실상 내통을 했다. 인조 7년(1629년) 4월 26일 모문룡은 병선 40척을 이끌고 산동반도의 등주로 향했는데 명의 조정에서는 모가 외지에 나가 있은 지 오래됐으므로 난동을 부릴지도 모른다고 의심하여 등주의 길을 막았으나, 모는 원숭환과 상의하겠다면서 본국에 상륙을 감행했다.

모는 영원위寧遠衛로 가서 원경략遠經略과 만나고 귀로에 쌍도双島 : 旅順에 도달하니 원경략은 모의 송별연을 열었다. 연회 도중 원은 옷소매 속에서 명제의 칙서勅書와 군령서를 꺼내 좌중에 보이고 명하여 모를 참살했다.

뒤이어 원경략의 사자가 가도에 와서 도내 군병을 안무하니 도내의 장졸은 모두 모의 죽음을 듣고 통곡했다. 7월 2일에 원경략은 모진의 부사령관인 진계성陳継盛을 모의 후계자로 정하고 유해劉海를 부총으로 삼았는데 그 후 서부총徐副摠이 내도한 후부터는 모와 친근하였던 장병들이 장차 모반을 기도한다는 소문이 들려왔고 8월 8일에는 진계성이 가도에 거주하던 우리나라 사람들을 모두 붙잡아 육지로 내보냈다.

8월 19일에 예상대로 가도에 내란이 일어나 도사都司 유흥치劉興治가 스스로 동강진東江鎭을 통솔한다고 선언했다. 명명도 하는 수 없이 유흥치를 그대로 방임할 수밖에 없었다. 그 후 인조 8년(1630년)에 들어와서는 그는 모에 못지않은 행패를 부리다가 금에 항복할 것을 결심하고 은밀히 청국인과 결탁하여 우선 자신에게 거역하는 장졸들을 모조리 죽이고 가도안의 군중들도 제거하려고 했다.[13]

이를 미리 알아챈 무리들이 3월 21일에 영내를 방화하고 유흥치를 살육했다. 이러한 변이 있은 지 얼마 안되어 5월 2일에는 명의 도독 황룡黃龍이 가도로 와서 진을 쳤다.

원래 금국은 가도의 내란에 편승하여 이를 침공하려고 계획하던중 마침내 인조 9년(1631년) 7월 28일에 금국 장수 일고산-高山으로 하여 금 군사 1만 2천여명을 인솔하고 의주에서부터 은밀히 철산, 선천, 정주, 가산의 여러 고을에 들어가게 했고 박중남朴仲南, 만월개滿月介를 보내 배를 우리나라에서 구하게 했다. 그들은 스스로 해상을 수색하여 배 11척을 얻어 신미도, 선사포, 도치都致 등지에 주둔하고 장차 동강진을 치려고 했다.

이 정보를 들은 도독 황룡은 병선 1백 여척을 독려하여 금병을 선사포에서 맞아 싸워서 금국 장수 2명을 참획하고 금군을 많이 죽였으며 살아남은 나머지 금병들은 즉시 우리 해상에서 얻은 배 11척을 놓아주고 병마 2백여 기를 선사포에 남긴 채 떠나가 버렸다.

이때를 전후하여 가도의 명인들이 금국에 투항하는 자가 많이 생겨 가도는 옛날과는 달리 훨씬 약해졌으며 가도 도독인 황룡 또한 도내 군중들의 원한을 많이 사더니 12월 28일에 급기야 섬사람들이 황룡을 그의 사택에 가두었다. 그러자 우리나라에서 장수 10여명을 참하고 황 도독을 구출했다.

---

13) 《仁祖實錄》, 仁祖 8年條.

그 후 우리나라에서도 가도를 상당히 견제하게 되었다. 그 일례로 인조 10년(1632년) 5월 12일에 명나라 사자가 하인들을 인솔하고 안주에 와서 미곡을 사줄 것을 요구했는데 응하지 않자 명인들이 욕을 보였다. 그러자 조정은 군법에 의하여 범인들을 처단했다.

그해 6월에는 명의 등주(산동성)에서 반란이 일어나 내주 등 여러 곳이 함락되고 등주에 근거를 두고 세력을 떨치던 무리가 인조 11년(1633년) 4월 6일 바다를 건너와 평북 용천군 장자도獐子島14)에 정박했다.

우리 조정에서는 이들의 목적이 요동의 금국과 통하려는 것으로 판단하고 평안감사에게 이의 토벌을 명했다. 같은 해 4월 15일에는 명의 도독 오안방吳安邦이 용천군의 미곶弥串에 도착했고 8월에 들어서는, 가도의 전 도독 황룡이 여순旅順에서 공유덕孔有德이 인솔하는 금나라 병사에게 살해되었다는 소식이 들려와 가도의 장수들은 크게 겁내어 수비를 강화했다. 점점 가도의 명나라 군졸들은 의기소침해지고 우리나라 사람들도 그들을 대수롭게 여기지 않게 되었는데 11월초에 하승공河承功이란 자가 정주부定州府에 와서 짐 실을 말을 요구하자 목사 최유해崔有海가 거절했다.

그러자 하승공이 검을 뽑아서 목사를 위협했다. 이에 놀란 주민들이 군병을 모아 하승공을 죽이고 그의 하인들을 모두 영변대도호부로 압송했는데 그중 하나가 달아나 가도로 들어갔다. 명의 도독이 이 소식을 듣고 서장을 보내 공박해왔으나 우리나라에서는 그것을 대수롭게 여기지 않았다. 이때에 와서 명국은 가도의 도독을 미덥지 않다고 생각하여 명의 감군監軍 황손의黃孫義, 우감右監 이성李成, 하문록河文祿, 총병 채유蔡裕 등으로 하여금 군사 2만을 대동하고 또 부총副摠 황비黃蜚로 하여

---

14) 우리나라 薪島를 중국 측에서는 장자도(獐子島)라 부른다.

금 군사 1만, 군선 45척을 이끌고 가도에 와서 머물게 했다.

그 후 명나라 본국에 여러 차례 내란이 일어나 명나라는 극도로 쇠약해졌으며 가도 명병의 행패도 별로 나타나지 않게 되었다. 이리하여 약 5년여 가량 버티고 있던 가도의 명明의 진영陳營은 지리멸렬 상태에 놓여 있던 중 인조 15년(1637년) 정월 30일 인조의 삼전도三田渡[15] 항복이 있고 이틀이 지나 청태종이 회군할 당시 청인들이 가도를 습격하고자 청으로 귀순한 전 명장明將 경중명耿仲明, 공유덕에게 많은 군선을 준비시키고 조선으로 하여금 수군水軍을 담당케 했다.

조선은 황해도 신천信川군수 이숭원李崇元, 영변부사 이준李浚으로 하여금 황해도의 전선戰船을 이끌고 가도정벌에 참전케 하고 공격준비를 하여 드디어 4월 14일 밤 청의 장군 마부달馬夫達 등이 우리나라 평안병사 유림柳琳, 의주부윤 임경업林慶業 등과 연합하여 수군 70여척을 이끌고 가도를 습격하여 대파했다. 이때 가도의 명나라 병사 전사자 수효가 무려 1만여 명에 달했다.

이 후로 가도는 우리의 통치관할 내로 환원되었다.

가도사건과 '청물기청북소請勿棄淸北疏'[16]

17세기 명·청 교체기에 조선 서해안 가도를 거점으로 한 모문룡의 명군은 사실상 우리나라 청천강 이북지역의 관할권을 혼란에 빠뜨렸다. 즉 모문룡 군대의 약탈과 행패가 하도 심해 철산이 공지화空地化되었다고 《인조실록仁祖實錄》에 기록하고 있을 정도이다.

이러한 상황 하에서 당초 모문룡과 조선은 조·명 연합전선을 구축

---
15) 서울시 송파에 있던 옛 지명으로 이곳에 三田渡碑가 세워져 있다.
16) 平安北道 鐵山出身 鄭麒壽의 上疏文 제목임.

하여 청의 세력을 막아 내기를 희망했으나 결과는 우리나라 서북일대가 명·청 양군에 의해 장기간에 걸쳐 막대한 피해를 입게 되었다. 이들 양군의 침입과 행패를 제어하기 어려운 상태에 놓이게 되자 인조 9년 6월초 부원수로 있던 정충신鄭忠信은 차라리 청야지계淸野之計17)를 쓰자고 했다.

청야지계란 청천강 이북지방의 인가를 모두 헐어버리고 폐허화시킴으로써 적이 침범해 들어왔을 때도 발붙일 곳을 없게 하고, 기거하던 주민은 모두 안주安洲이남으로 이주시키는 퇴수退守의 계計를 말하는 것이다.

이렇게 되면 청천강 이북의 백성들은 버림받는 것과 다름이 없게 되어 조정은 쉽게 결정을 못 내리고 논의만 분분한 가운데 철산鐵山출신 영유 현령永柔縣令 정기수鄭麒壽가 이 같은 논의를 적극 반대하는 이른바 〈청물기청북소請勿棄淸北流〉를 왕에게 올렸다.

당시 평안감사 민성휘閔聖徽도 이에 적극 합세하여 청북수복淸北收復을 역설했다. 이에 그해 9월부터는 적극적인 대응책으로 철산에 운암산성을 쌓게 함으로써 청야지계는 백지화되었다.

이에 이 시기의 우리나라 영토관리정책의 일단을 엿볼 수 있는 〈청물기청북소請勿棄淸北流〉의 대의를 풀이해 보면 다음과 같다.

> 신臣은 서인(평안도민)이므로 서토西討 : 평안도의 이해와 득실을 잘 압니다. 청북淸北은 조종祖宗 : 왕의 조상들의 강토입니다. 전하께서 함부로 취하거나 버리거나 할 물건이 아닙니다. 전하께서는 조종祖宗의 창업創業을 계승하셔서 조종祖宗의 강토疆土를 지성껏 지켜야 마땅하시거늘 서토西土를 아무 쓸모없는 한낱 초개草芥와도 같이 보시오니 신은 도무지 모를 일입니다.

---

17) 淸野之計란 군사작전상 일정지역을 空洞化하는 전략임.

신은 전하께서 실제로 청북淸北을 버리고자 하시는지 또는 아니하시는지 알지 못하겠습니다. 이를 전하께서 버리지 아니하시려면 어찌 청북수복을 도모하지 않으십니까? 그리고 이를 도모하시려거든 빨리 하시는 것이 마땅합니다.

　청북의 백성들은 정묘丁卯년간에 호란을 만나 집을 떠나 산지사방으로 흩어져 피난지를 떠돌아다니면서 벌어먹는 등 호구지책이 매우 어렵습니다. 부득이 고향땅으로 되돌아와서 모두 하는 말이 적을 피하여 집을 나가서 죽으나, 적과 싸우다가 죽으나 죽는 것은 마찬가지인 바에야 차라리 싸우다 죽겠다고 합니다.

　또 말하기를 적은 무기로서 활과 검뿐인데 비해 우리는 여기에 화포火砲의 이로운 무기가 더 있습니다. 만약 들판에서 적과 교전하면 우리 측 병사가 적어 안 될지 모르나 성을 등지고 싸우면 반드시 우리가 승리할 것입니다.

　또 말하기를 의주성과 용골성은 요새지이며 가도의 물에 익숙한 명나라 병사들은 사기도 드높아 호胡 : 금국를 두려워하지 않으므로 가도의 지세가 의주·용골 2개성과 서로 의지하기에 족하다고들 한즉 서민西民들은 정묘호란丁卯胡亂의 난리를 겪은 후에 가가호호 분노하여 모두 적과 싸워서 죽기를 원합니다. 대개 인심이 이러함은 나라의 복福입니다.

　최근에 호인胡人들이 입경入京하여 청북민淸北民들은 산골짜기로 달아나 숨어 사는데 부원수 정충신鄭忠臣이 신臣에게 일러 말하기를 차후 청북민들은 고향으로 되돌아가는 것이 결코 불가하니 그대는 영변·운산·귀성·태천 등지로 가서 장정들을 모집하여 안주安州로 인솔하여 돌아오면 내가 그들에게 쌀 9두斗 씩을 나눠 줄 것이며 그렇게 하면 그들은 반드시 기꺼이 따를 것이고 또 고향에 돌아가려는 생각도 자연히 없어질 것이라고 합니다.

　신은 청북민淸北民18)들이 안주로 나오지 않을 것을 잘 알지만 장령將令이 엄하여 부득이 청북민들의 피난처로 들어가서 부원수의 모병募兵 전령傳令을 내어 그들에게 보인 즉 그들은 모두 분노하여 말하기를 부원수는 나라의 대장

---

18) 淸北民이란 청천강 이북의 거주민을 말한다.

으로서 청북을 수복할 계책은 생각하지 않고 도리어 우리들을 꾀어서 안주로 나오게 하려고 하는가?

비록 이들에게 쌀 9두斗 씩을 나눠준다 해도 처자가 어찌 먹고 살겠는가 하면서 모두 모병에 응하지 아니하여 신은 부득이 한 사람도 얻지 못하고 혼자 안주로 돌아와 청북에서의 인심동태와 청북 수습의 계책을 부원수께 말한 즉 청북은 불가불 청야지계淸野之計를 써야 할 땅이라 하니 신은 부원수께서 나라의 울타리를 철거하려 함과 국세가 부진함을 통탄할 뿐입니다.

발언을 한 자가 화禍에 이른다는 것을 잘 아는 바이오나 차마 입을 다물고 있을 수가 없습니다. 대개 귀로 듣는 것이 눈으로 보는 것만 못 합니다. 신은 청북에서 대대로 살아왔고 또 이곳에서 출생하여 성장하였으므로 모든 청북에 관한 이해득실을 익히 보고 압니다.

지금 청북 수복을 계획하신다면 의주성과 용골龍骨·검산劍山 두 성이 표리가 되어 서로 상응할 땅이므로 적이 내습하면 성내로 들어가 지키고 적이 물러가면 성 밖으로 나가 농사를 짓고 또 여러 도세道勢의 병력을 이에 첨가하여 힘을 합쳐 방위한다면 만의 하나라도 불행이 없을 것입니다. 군량과 기타의 모든 일에 이르러서는 해당 부서가 처리하는 길이 스스로 있사오니 어찌 청북방어책이 없다고 걱정하시겠습니까.

청북민들은 각자 처자들을 보호하지 못할까봐 근심하는 마당에 적병이 갑자기 내습할 때 성안으로 들어가 지키지 못한다면 어디 딴 곳으로 도망갈 길도 없으므로 이곳은 반드시 지켜야 할 땅입니다.

속담에 말하기를 백사람이 창을 들고 호랑이 한 마리를 공격한다면 호랑이가 이기지만 한 사람이 호미를 들고 한 호랑이를 만나 싸우면 사람이 이긴다고 하옵니다. 이 말은 백 사람이 약하고 한 사람이 강하다는 뜻이 아닙니다. 즉 한 사람은 죽을힘을 다하여 호랑이에게 대하는 고로 살아남는다는 뜻입니다. 오늘날 의주성을 지키려는 형세가 역시 1인의 필부匹夫가 호랑이를 공격하는 것과 같습니다.

우리의 형편이 이러하오니 우리는 최선을 다한 연후에 천명을 기다린다는 격언을 지킬 수도 있습니다.

신하의 직책은 일신의 이해를 초월하여 나라의 이利를 따르는 것입니다. 옛날 저 유명한 제갈량도 출병 시 촉나라 임금에게 상소문을 올리면서 말하기를 "싸움의 승패와 이해관계는 신은 예견하지 못하지만 신명을 다하여 싸워 죽을 따름 입니다"라고 했습니다.

제갈공명이라 할지라도 사전에 일의 성패와 이해를 알지 못하였고 다만 죽음으로써 최선을 다하여야 한다고 했으며 곧 그 마음가짐이 신하된 도리이온데 어찌 만사를 불가능한 처지에만 놓이게 하고 스스로 해결하는 길을 막겠습니까!

보건대 고인古人도 미리 일의 성패를 알지 못하고도 기필코 성사하려고 하였는데 하물며 청북을 수복하는 일이 성공될 수 있는 것을 잘 알고도 어찌 실행하지 않겠습니까?

이제 청북 수복의 대책은 머지않아 성공할 것입니다. 사태가 이러하오니 청북 수복을 도모하는 일을 들으시지 아니하시고 청북을 버리시면 반드시 후일 나라를 버리시게 될 것입니다. 지금 조정에서 믿는 바는 안주·황주 두 개 성이오나 이 두 성은 1백 개 있어도 의주성 하나만 못합니다.

의주성을 지키지 못하고서 두 성을 지킬 수 있다는 말은 신은 아직 듣지 못했습니다. 신은 나라의 후한 은혜를 받았으므로 다만 죽음으로써 국은에 보답하는 것이 소원일 뿐이온데 하물며 청북을 수복하는 일에 있어서야!

청북 수복지계는 국가사직을 위한 일이니 어찌 이 몸의 죽음을 아껴서 진언하지 않겠습니까. 엎드려서 원하옵건대 전하께서는 신의 의로운 충성을 불쌍히 여기시고 또 신의 몸이 위험할지도 모를 말을 전하의 단상에 올리는 이 딱한 사정을 통촉하시와 청북 취사取捨의 이해득실을 잘 통찰하시어서, 그의 수복을 달성하신다면 나라 변두리의 백성들도 나라의 홍복洪福을 받게 되고 또한 국가중흥의 경사를 신도 받을 것입니다. 통곡 하면서 간절히 청북 수복을 빌며 삼가 죽기를 맹세하옵고 여쭙니다.[19]

요약하건대 가도사건은 조선조의 인조 원년(1623년)에 명明, 후금後

---

19) 〈鐵山郡誌編幕委員會編〉, 《鐵山郡誌》, 1976, 232~233쪽.

金, 조선朝鮮 3국간에 벌어진 국제적인 대사건이다. 이 사건으로 인해 서북지방의 백성들이 살아갈 수 없을 지경에 이르면서 청천강 이북지방의 인가를 모두 헐어버리고 폐허화시켜 적이 침범해 왔을 때도 발붙일 곳을 없게 하고, 기거하던 주민은 모두 안주安州이남으로 이주시키는 퇴수退守의 계긴인 이른바 청야지계淸野之計를 쓰고자 하였다.

이에 이를 반대해 올린 상소가 청물기청북소請勿棄淸北流이다. 이렇듯 어려운 국난 속에 병자호란 등 조선은 양국明·淸에 전대미문前代未聞의 국치國恥를 겪는 와중에 가도는 명군에 점령당해 영토관할권을 행사할 수 없었다. 이후 인조 15년(1637년) 정월 30일 인조의 삼전도三田渡[20] 항복이 있은 후 청태종이 회군할 당시 조·청朝·淸 군이 가도를 공격해 명군을 섬멸시킴으로써 가도椵島는 원상회복原狀回復하게 된 것이다.

---

20) 남한산성에서 내려와 청 측에 항복한 곳으로 三田渡碑가 세워져 있다.

비단섬이라 개칭된 신도薪島 영유권론領有權論

사적史的으로 본 신도薪島 영유권론

압록강 하구의 여러 도서島嶼들 중 역사적으로 중요시 되어 온 섬이 신도薪島이다. 이 섬을 중국에서는 장자도獐子島라 부르고 있고 우리나라에서는 신도라고 하는데 여기에 청인들이 가끔씩 내습하여 자국령이라 주장하는 등 소동을 벌여 한때 양국간에 긴장과 다툼이 이어졌다.

그러나 문헌상으로나, 실제상으로 이곳이 우리의 영토임은 두 말할 필요도 없다.

▲ 신도의 위치

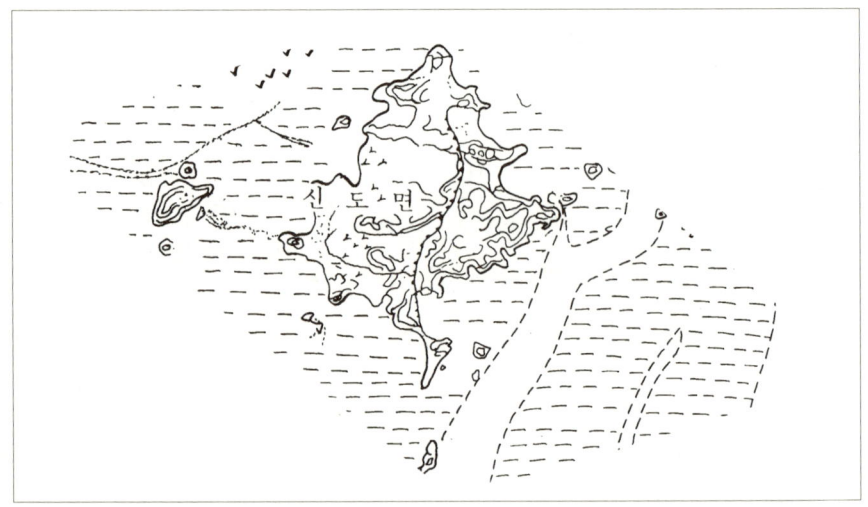

▲ 신도지역 상세도

신증동국여지승람新增東國與地勝覽에 의하면 신도는 '세종조 이래 전대畑台를 두어 사방을 요망瑤望했다'라는 기록이 있는가 하면 이 전대를 통해 압록강과 인근 해양을 조망眺望해 오면서 관할권을 행사해 왔다.
　　중종 25년(1530년) 요동인遼東人이 암암리에 이 섬으로 잠입해 들어오자 이들 도민逃民 60명과 가재家財를 포획한바 있기도 하다. 숙종 4년(1678년)에는 수군첨절제사 겸 방수장防守將 : 正三品에 해당하는 품계을 두고 해안 및 강 입구의 경비를 해 왔고, 명나라 말엽에 명장 모문룡이 신도열도薪島列島21)에 주둔함으로써 문제를 야기시킨 일이 있기도 하다.
　　순조純祖 3년(1803년)에는 청나라 사람들이 도벌盜伐을 위해 신도로 도망해 이 섬에 은신하고 있음에 청나라는 우리나라에 협조를 구해왔다. 이에 우리 측은 이들을 축출하였고 순조 7년(1807년)이후 미곶진彌串鎭을 이곳으로 옮겼는데 바람이 강하게 불면 잠시 물러나와 미곶에 머물며 섬을 관할해 왔다.
　　1872년(고종 9년) 신도진에 해상 경비를 강화하기 위해 포군砲軍을 신설하고 그 유지비의 일부를 충당키 위해 이곳의 경작민들로부터 소작료를 징수하였는데 징수 대상 지역은 북은 암초暗礁, 남은 신도, 동은 두모포, 서는 괘강구掛網溝였다. 그러나 1883년(고종 20년)에 청나라 동변도東邊道에서 의주부윤義州府尹한테, 괘강구에서 산출되는 갈대 생장지의 갯벌은 압록강 중심에 있는 것으로 중국 관할 하에 있는 것이라 하여 이곳에 와서 갈대를 베어 가는 것을 엄금해 달라는 요청이 있었다.
　　이에 의주부윤은 이 문제에 대해 신도진에 이첩 조사케 했는데, 조사 결과 괘강구의 갈대 생장지는 신도진 소속所屬의 황초평에 해당하는 것

---

21) 薪島列島란 압록강 하류에 위치한 薪島를 중심으로 주변의 여러 섬을 총칭함.

으로 우리나라 고종 9년 포군 설치 시 삼군부三軍府의 절목節目을 얻은 후 신도진 포군청에서 이미 관할하기 8, 9년이 지났는데 이제 와서 중국 측의 관할이라 함은 부당하다고 보고하였다.

의주부에서는 이 같은 사실을 우리나라 의정부 통리아문統理衙門에 보고하는 동시에 청의 동변도東邊島에 회보함으로써 일단락 지었으나 그 처리 기간은 수년간 걸렸다.22)

청 측의 부당한 영유론

1895년 신도진이 철폐되면서 압록강구의 경비가 해이해짐에 청인 왕수산王壽山 등이 이곳의 갈대를 베어가자 이를 방지코자 했으나, 청인들이 항거해 왔다.

1898년(광무 2년) 궁내부 내장원宮內府 內藏院에서 조사위원을 특파, 퇴거하게 했고 3년 뒤 1902년 한국 외무대신이 청국 정부에 청인 왕수산 등의 갈대 벌채를 금지시킴과 동시에 손해 보상을 요구했으나, 청국 정부는 이를 받아들이지 않음으로써 장기간에 걸쳐 문제가 불거졌다.

이 같은 조치는 조선조 말까지 지속되다가 일제에 의한 강압 조치로 전국의 각급 진영이 철폐되면서 신도는 행정구역 관할상 평안북도 용천군 신도면에 속하게 되어 남주동南洲洞과 동주동東洲洞으로 나누어졌다. 신도는 남주동 관할권에 두었고 인근의 마도馬島는 동주동에 속하게 하였다.

그런데 1903년(광무 7년)에 안동현安東縣 안자산安子山에 거주하던 청인 손홍빈孫鴻賓이 이 사주沙洲의 약 5천무畝23)에 달하는 지역에 갈대

---

22) 拙著 《韓國邊境史硏究》, 法經出版社, 1989, 259쪽.
23) 묘(畝)는 넓이의 단위로 1묘(畝)는 0.0245에이커, 즉 100m²의 넓이를 말한다.

부식을 위한 공사를 하고, 계속하여 당시 상당액의 비용淸貨 약 1만 7천元을 들여 개발하기 시작했다.

이에 반해 동년 10월 용천군 거주민 장종식張宗植은 그의 아들 장경안張景頻 명의로 신택평에 갈대 부식의 허가원을 군수에게 제출, 승인을 받음으로써 청인의 이 지역의 갈대 부식扶植 작업에 대항케 하고 관할권을 행사하였다.

신도의 지리적 상황

신도는 용주군 진곶리辰串里로부터 서남방향으로 약 60리요, 중국 측 대동구大東溝로부터 약 45리가량 떨어져 있다. 이 섬을 왕래할 때는 반드시 배편을 이용해야만 하는데 항해가 그리 순탄치 않았다.

그러나, 중국 측에서는 편주片舟로도 별 불편을 느끼지 않을 정도로 왕래가 편하다. 이 신도지역은 어장으로서 입지조건이 좋아 철 따라 출어선이 많이 모여들면서 성황을 이루었는데 때때로 청 측 어선의 출몰로 갈등을 빚었다.

특히 신도열도 일대는 압록강 중·상류로부터 밀려 내려오는 토사로 퇴적물이 적체되어 갯벌을 이루면서 양질의 갈대를 연간 수만 톤 씩 생산하였다. 섬 곳곳에 만 입구를 막아 농토로 이용해 왔으며 특히 동주동에서는 서안의 깊숙한 만 입구를 막아 넓다란 평지를 조성해 섬의 중심 마을을 이루었다.

면적은 약 7.77km²(개간 후 약 1천8백30정보로 알려짐), 해안선 길이는 15km이다. 이러한 신도의 둘레는 동서로 약 1.8km 남북으로 2.7km 정도로 본도의 남북 쪽으로 약 5백만 평의 모래사장과 염전을 두고 있었다.

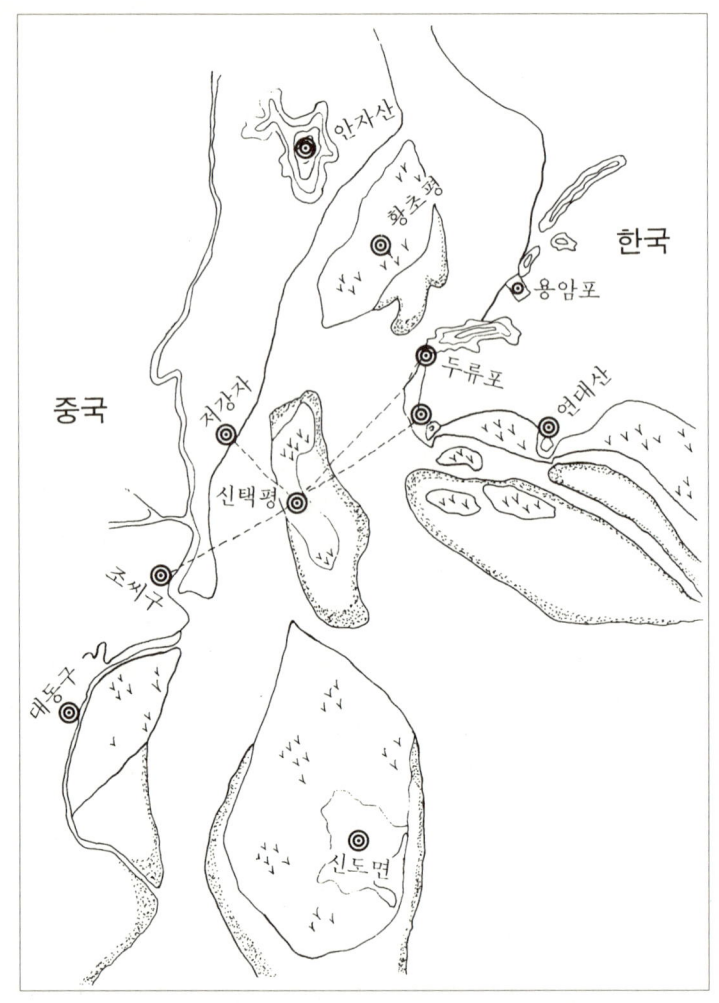

▲ 대동구로부터의 신택평의 위치

 오늘날 북한 측은 이 신도를 비단섬이라 부르고 있으며 신도열도를 중심으로 간척지를 일구어 제방을 쌓고 옛날부터 경작해 오던 갈대 양식에 가일층 노력하고 있다. 이 섬을 비단섬이라 명명한 것은 갈대가 비단의 원료로 사용되는 데서 연유한 것으로 보인다.
 용천군 신도면 동주동에 속해 있는 신택평申澤坪은 신조평申稠坪이라

▲ 중국 측에서 바라본 신도

부르기도 한다. 또한 중국 측에서는 옥석강玉石崗이라고 하는데 신조평이라는 명칭의 유래는 지금부터 1백여 년 전 용천군 진곶동에 거주 하던 이정주李正柱 일설에는 李永發의 증조부 이신조李信稠가 현지 군수의 허가를 얻어 고기잡이터로 이용하면서 그의 이름을 따 신조평이라 하였다.

  이러한 유래를 간직한 신택평이 압록강상에 나타나기는 1867년의 대홍수로 인해 황초평黃草坪과 신택평 사이에 수로가 생겨나면서 약 3년간 간조干潮 때에만 노출되던 것이 점차로 갯벌이 되면서 나타났다. 그곳에 갈대가 자라면서 상당수의 수확을 거두게 되자 조·청朝·淸간에 갈대 채취권을 둘러싸고 대립하였다.

  이 신택평 인근의 갈대밭의 총면적은 5백47만 4천8백2평인데 신택평의 위치는 용암포龍巖浦에서 서쪽으로 약 20리가량 된다.

  압록강 하구 도서 가운데 조·청간에 가장 오랜 기간 영유권 다툼으로 대립했던 황초평은 대황초평과 소황초평으로 서남부 쪽을 소황초평이라고 하며 동북부 쪽을 대황초평이라 칭한다. 이 섬은 1868년 대홍수에 두모포豆毛浦 상부에서 신택평 사이에 수로가 생겨나면서 동서의 강폭이 확대된 이후로 갈대가 무성하게 자랐다.

위치는 용천군 용암포에서 남서쪽으로 약 17km 떨어져 있으며 서북쪽의 중국 안민산安民山 동남방향으로 자리하고 있다. 신도는 그 옛날 육지가 침수되어 이루어진 섬으로 광복이전 까지는 압록강 하구에 신우평信愚坪·앙문강仰門岡 등의 토사로 넓은 갯벌을 형성하고 있다.

섬 곳곳에는 곶串이 돌출해 있고 서부와 남부에 산지가 바다에 접해 있어 해식애海蝕崖가 많다. 섬 북부의 상상봉上上峯 92m이 최고봉이며 남부에는 삼각봉三角峯 90m이 솟아 있다. 압록강 하구로부터는 약 12km 가량 떨어져 있다.

이러한 신도열도薪島列島는 광복이후 북한 측은 이 지역에 대대적인 간척사업을 벌인 이후 섬 이름도 비단섬이라 개칭하고 있다. 오늘날 신도가 자리 잡고 있는 위치가 중국과의 중요 요충지로서, 전략상으로나 해상 교통상으로도 매우 중시되는 곳이다. 특히 발해만에서 석유탐사 작업을 하고 있는 것과 관련하여 북한·중국간에 석연치 않은 영유권 문제가 또 다시 제기되지 않을까 우려된다.[24]

---

24) 註 22)와 같은 책, 256~260쪽.

영국군에 의해 불법 점거 당했던
거문도巨文島

거문도 영함英艦견문기 개요

　거문도영함견문기巨文島英艦見聞記는 전라남도 보성寶城에 있는 복내福內소학교장 유택등책柳澤藤柵이 소장하고 있던 것으로 이 견문기의 등사자는 오희선吳禧善이며 원본은 거문도 서도리西島里에 살고 있던 김 모라는 분이 소장하고 있었던 것으로 알려지고 있다.
　이 필사본의 표제는 〈巨文島英艦 見聞記〉라 되어 있는데 내제內題에는 '英艦巨文島外交史'라 하고 목차 우단에 '草書'라 적고 있다. 이 기록을 통해 거문도가 2년간이나 영국군에 불법 부당하게 점거 당했던 사실을 밝히고 있다.
　이에 우리나라 영토문제와 관련해 먼저 본 견문기에 대한 서지사항을 비롯해 주요 내용에 대해 논해 보고자 한다. 목차는 다음과 같다.

　　一. 영함일일동정英艦日日動靜
　　二. 아국정부 관원여하 동정我國政府 官員如何 動靜
　　三. 일본병선 내탐동정日本兵船 來探動靜
　　四. 본토 거인동정本土 居人動靜

　책의 크기는 26×18cm에 총 56쪽으로 매쪽 9행 20자이다. 기술된 시기는 1885년(고종 22년) 을유乙酉 3월~4월까지이다.
　서문격인 첫장에는 조선조 말의 개화파의 1인으로 알려지고 있는 엄세영嚴世永[25])이 홍양興陽 현감에게 전하는 서신 형태이다. 내용인즉 "그 해 3월 초하루 거문도에 영국함정의 체류사정을 알아보기 위해 마포馬浦 : 지금의 마산를 떠나 다음날 삼도三島 : 거문도를 말함에 도착, 하룻밤을 묵고 목인덕(Mollendorf, Paul George von : 穆麟德)참판의 말을 빌려 타고 가서 청국 배에 올라 영국함정이 거문도에 정박하고 있는지를 정탐하였는데 분명히 영국함정 10척이 영국기를 꽂고 머물고 있어 불법 부당함을 말했더니 영국은 러시아가 남진하여 이곳을 점유할 것으로 판단되어 미리 이곳에 정박, 주둔하고 있다고 응수하였음을 말하고, 현재 영국제독이 지휘하고 있는 2척의 함정은 일본 나가사끼에 머무르고 있는데, 청국 측 함정도 이같은 전후 사정을 듣고 별일 없을 거라고 하면서 '영국이 러시아와 강화를 맺고 나면 영국군은 자연 돌아갈 것이 아니겠는가라고 하는데 이 같은 정황을 현감께서는 어느 정도 알고 있는가'라고 하였다.

---

25) 고종22년(1885)에 일본 나가사끼(長崎)에 정박 중인 영국함대 사령관 도우윌 중장에게 영국군함에 거문도 점령에 대해 항의하고 돌아 왔음.

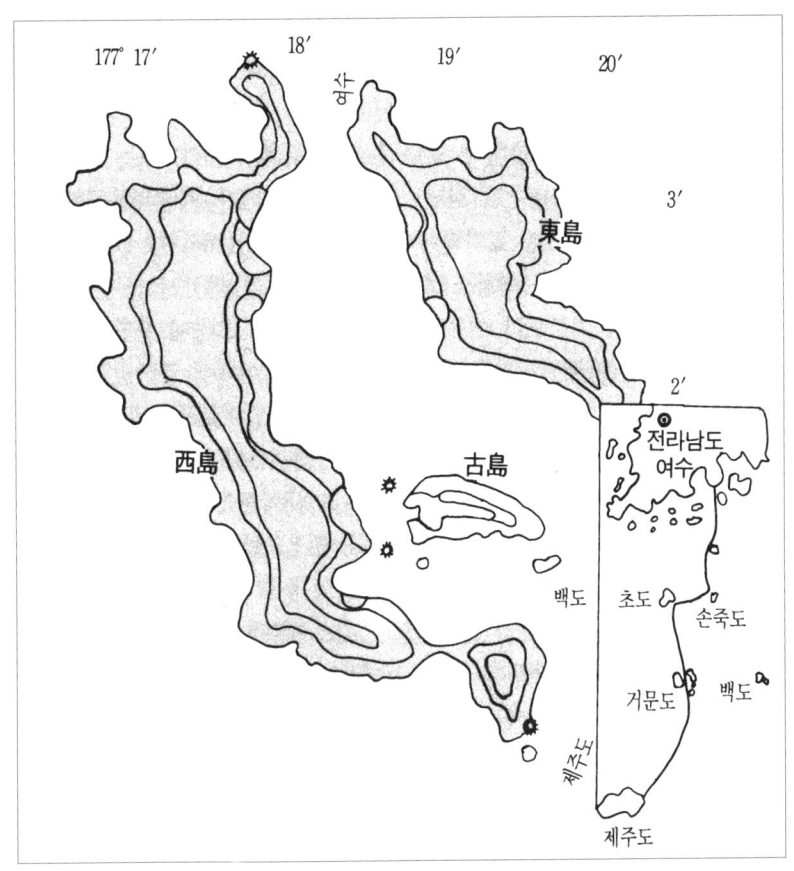

▲ 거문도

이어서 현재 삼도三道의 백성들이 흉년으로 생계가 어려운 데다 일본인 어부들 마저 인근에 나타나 고기잡이를 함으로써 더욱 어려운 상태에 놓여 있는 듯한데, 민심이 동요되지 않도록 십분 진력하고 사건이 발생할 경우 먼저 조정에 알려야 함을 언급하고 있다.

그리고 그곳 풍헌風憲인 이태규李泰圭라는 분이 섬 사정을 잘 아는 듯하니 충분히 자문하고 이 서찰을 본 후에는 없애고 보고문 1부는 감영에 보냄이 좋을 듯하다고 하였다. 앞으로 또 다시 입도入島하기 어려울 것 같아 우선 간략히 기별하니 상경 후 자세한 사항은 등초謄抄해 보내고저 한다"고 하고 작성일을 '乙酉(1882년) 4월 초 3일. 嚴世永 拜'라 명기하고 있다. 이상이 본 견문기의 개요이다.

※ 거문도巨文島를 영국이 불법 점거한 데 대한 연구는 우리나라 측에서는 동주東洲 이용희李用熙선생의 《거문도 점령 外交論攷》, 선기석申基碩 《조선문제에 관한 노·청외교관계》, 곽영보郭泳南 편 《거문도 풍운사》, 강광식姜光植《영국의 대한반도정책 전개양식에 관한 연구》, 노계현(盧啓鉉)의 《영국의 거문도 점령과 한국의 철퇴교섭》, 일본에서는 도변승미礼邊勝美의 《거문도외교사》, 화보일랑(和保一郎)의 《거문도사건 회고》, 오평무언奧平武彦의 《영함英艦 거문도 점령사건》 등등 많은 논문과 저서들이 나와 있다.

거문도 명칭의 유래

거문도에 대한 최초의 확실한 기록은 《명종실록明宗實錄》권 21. 명종 11년 7월 갑자조甲子條의 기록이다. 즉, 명종 11년 7월에 제주목사가 왜선 5척을 불태우고 격퇴했으며 이 때 왜구의 잔당들이 삼도에 침범했

▲ 거문도 등대

으나 이를 섬멸했다고 한다.

　세종 때 조정에서는 일본 사람들이 초도草島와 고도孤島·古島에 거류하면서 그 근역에서 어업을 할 수 있도록 허가했다는 기록이 있고, 1757년(영조33년) 8월에 홍양한洪亮漢이 펴낸 《여지도서輿地圖書》에는 손죽도孫竹島라 표기되어 있고, 1834년(순조 34년) 김정호金正浩가 펴낸 《청구도靑丘圖》에는 '三島', '草島'로 철종 11년(1861년) 《대동여지도大東輿地圖》에 거문도라 칭하고 있다.

　원래 흥양興陽 삼도라 불리던 이곳에 거문진이 설치된 이후부터 거문도라는 지명이 공인된 행정문서에 실리기 시작했다.

　거문도라 불리게 된 또 다른 연유로 이 고장에 여러 유학자들이 살고 있었는데 이들이 향학鄕學을 진작시키면서 주민들의 학식이 높았다. 이러한 때에 중국인들이 이곳에 드나들면서 이 섬을 거마도巨磨島라 불러오다가 이들이 주민들과 필담筆談을 나누는 가운데 주민 가운데 지식수준이 매우 높은 분들이 적지 않아 거마도의 '磨'를 빼고 '文'자로 바꿔 거문도라 부르게 되었다고 한다.

　순조純祖 전후기에서 한말韓末 때까지가 이 고장 학문의 전성기라 할 수 있는데 그 중 뛰어난 유학자로 낭파자浪坡子 김지옥金趾玉 귤은橘隱 김류金瀏와, 만해晩悔 김양록金陽祿 등이 있었다.

　거문도는 한 때 왜구들이 드나들면서 왜도倭島라고 했는가 하면 해밀톤(Hamilton)이라 하기도 하였는데 1845년 영국 측량선이 거문도를 측량하고 그들의 지도에 표기하면서 부터이다.

　거문도는 현재 여천군麗川郡에 속해 있는 삼산면三山面 관할로 되어 있으나 흥양興陽: 현 고흥에 오랫동안 속해 있었다. 흥양현지興陽縣誌에 의하면 조선조 세종 21년 경부터 흥양에 속하면서 삼도라 불리어 왔는데 이 명칭은 손죽도孫竹島·초도·거문도 세 곳을 가리킴이다. 이는 손죽도나 초도 주민의 호적 단자에 삼도라는 표기가 되어 있음을 보아 알 수 있고 이대원李大源 장군의 죽음을 슬퍼하여 노래한 삼도가三島歌에서도 알 수 있다.

거문도만을 가리켜 삼도라 할 때는 서도·동도·고도의 세 섬을 지칭하는 것으로 자연발생적인 명칭이다. 행정구역상 4백여 년간 흥양에 속해 있었고 현재 전남 여천군 삼산면에 속한다. 삼산면은 세 곳의 크고 작은 섬들로 형성되어 있으며 이는 손죽도·초도·거문도 등이다.26)

조선시대의 거문도 관리상황

여천군 삼산면麗川郡 三山面의 연혁 속에 거문도에 관한 사항을 열거해 보면 다음과 같다.

삼산면은 1414년(세종 23년)경부터 삼도라 불렸고 흥양군(현 고흥)에 속했으며 풍헌風憲이 다스렸고, 군정軍政은 흥양군 발포진鉢浦鎭에 소속되어 있었으며 별장別將 또는 둔별장屯別將을 두었다.

1587년에는 왜구들이 해적질을 하기 위해 거문도 해변에 나타나 온 마을에 불을 지르고 남녀노소를 불문, 마구 학살했으며 녹도만호 이대원李大源을 배 돛대에 매달아 참혹하게 살해하기도 했다.

여산지麗山誌에 따르면 고도古島, 즉, 왜도倭島는 용사지란龍蛇之亂 때 왜인들이 점령하고 있었으나 충무공 이순신이 이를 격퇴했으며 별장과 능로군能櫓軍 : 수군 460명으로 하여금 방어케 하고 매년 통제영統制營으로부터 장교를 파견하여 순찰 점검하다가 거문진이 설치됨에 따라 폐지하였다.

---

26) 《備邊司謄錄》, 風和 巨文島鎭誌 및 麗山誌 참조.

1591년(선조 24년) 전라좌수사로 이순신이 부임하여 삼도를 점거하고 있던 왜구를 쫓아 버렸으며 수군 460명을 조직하여 수방장守防將으로 하여금 다스리게 하였다. 1711년(숙종 37년) 군정이 통영統營으로 이관되었으며 별장 또는 둔별장으로 하여금 다스리게 했다.

1855년(철종 6년) 주관행정을 변경하여 군정은 통영위統營衛 산하 흥양군 발포진으로 삼도의 군업무가 복귀되고 일반행정도 흥양으로 귀속되었다.

갑신년(1884년)부터 정해년(1887년)까지 4년 동안 영국 함대 수십 척이 거문도 앞바다에 정박하여 무장을 하고 경비를 하지 않는 날이 없었으며 물 속에 목책을 세워 이곳을 별구別區로 만들었다. 1887년에는 거문도 동도 유촌리에 거문진을 설치하였다.

고종 임금은 정해년(1887년)에 독진獨鎭을 설치하고 수군첨절제사 겸수방장을 두어 변방을 지키게 하고 애당초 청산도에 세웠던 독진獨鎭을 거문도로 이전할 계획이 있었다. 그러나 당시 전라감사가 계속 장계를 올리자 옛법을 본받아 새로 창설하되 남관진南關鎭의 조례에 의해 풍화 거문진이라 하고 풍고風高 청산진靑山鎭이라 할 것이요, 절제節制와 대오 · 구영대오隊伍 · 句營 등은 청산진의 전례에 따라 연마 시행하라 했다. 구영은 우수영右水營까지로 하고 대오는 파총(문관의 말직)에게 맡기되 고금도 · 선지도 등 섬까지 관장하게 하였다. 1894년 동학난 때는 일본군 1개 소대가 서도 보로산에 감시초를 설치하고 주둔했다가 동학난이 진압된 뒤 철수했다.

1895년 7월, 돌산突山의 방답진防踏鎭과 같이 혁파되었다.

1896년 2월 3일, 칙령 제13호 지방제도개혁에 따라 삼도는 남원南原을 수부首府로 하는 돌산군 소속으로 바뀌었다.

1896년(고종 33년) 8월, 칙령 제31호 지방제도개혁에 따라 광주를 수부로 하는 돌산군 소속으로 바뀌었다.

1896년 8월, 흥양에서 호적 등 행정이 돌산군으로 이관되고 삼도가 삼산면으로 개칭되었다.

1896년, 삼산면사무소를 서도리西島里에 설치하고 창고도 세웠다.

1896년, 초도와 손죽도를 상도上島, 거문도를 하도下島라 하고 행정구역을 양분하여 집강執鋼 : 오늘날의 면장에 해당을 상도에 1명, 하도에 1명을 두어 행정을 수행케 했다.

1905년 거문진 청사는 해체되어 서도 장촌리의 사립 낙영학교 건물로 삭용되었다. 1943년 2차대전 때는 일본 육군 2백60여명과 해군 수뢰정 2척, 무장 징용선 2척, 해군 30여명과 비행기 1대가 부대를 편성 주둔했다. 이들은 서도 산 정상에 포대를, 해안에는 벙커를 구축하고 있었으나 1945년, 광복이 된 이후 9월 20일에 철수했다.[27]

거문도의 자연지세

거문도는 3개의 군도 중에서 가장 남단인 동경 127° 19′, 북위 34°1′에 있으며 여수에서 59마일, 제주에서 54마일 떨어져 있어, 여수와 제주 중간 지점의 절해고도絶海孤島이다.

거문도라 하면 동도 · 고도 · 서도東島 · 古島 · 西島를 포함시키는데 이들 3개 섬 중에서 서도가 2백여 만평이고 동도는 그 절반 정도이며 고도는 33만평 정도의 작은 섬이다(그 밖에 三夫島 · 白島 등 無人島 다수가 부속 되어 있다).

이들 3개의 섬은 병풍처럼 둘러 서 있는데 가운데에는 1백여만평 정도의 천연 항만이 호수처럼 형성되어 있다. 또한 동북쪽에 출입구가 있는데

---

27) 興陽縣誌 및 麗川郡誌 참조.

▲ 거문도 전경

군함이 능히 출입할 수가 있으며 밖에서는 세 개의 섬이 마치 하나의 섬처럼 보인다.

섬의 산맥은 모두 남·북으로 뻗어 급경사를 이루고 있고 평지는 거의 없다. 해안의 부락은 서도西島 북쪽 끝에 서도리西島里가 자리하고, 1km 남쪽에 변촌리가 있으며, 변촌리에서 2km 남쪽에 덕촌리가 있다. 동도에는 유촌리와 죽촌리가 있는데 이를 합하여 동도리라 한다.

이 서도·동도에 있는 마을은 아주 오래된 부락들이다. 고도에 있는 거문리는 서기 1904년경부터 일본 어부들이 들어와 이룩한 마을이다. 그리하여 지금은 거문리에 모든 행정기관단체 등이 집결되어 있다.

거문도내 3개 섬의 총면적은 약 12km²로, 3백34만평 정도이고 이 가운데 밭이 40여만 평이다. 1994년 기준으로 2267명이다. 해안선길이는 4.3km로 고흥高興반도 남쪽 약 40 km 해상에 있다.

거문도 내의 산림은, 무성하고 방풍림 조성이 잘되어 있다. 울창한

숲과 계곡마다 맑은 물이 흐르며 아열대식물의 밀도가 높다. 거문도 식물에 대해서는 18세기말경, 영국황실 식물조사팀에 의해 조사된 바 있고, 1930년경에는 일본 식물학자들에 의한 조사·보고도 있었다.

거문진의 좌향은 동북쪽에 서남향이며, 동쪽에서 서쪽까지 10리, 남쪽에서 북쪽까지는 10리 정도이다. 그리고 초도까지는 뱃길로 1백 10리, 평일도·생일도까지는 뱃길로 2백 10리, 청산도·가지포와 사진 너머는 뱃길로 3백 20리가 된다. 거기에서 순영까지의 거리는 육로로 5백리, 우수영까지의 거리는 육로로 1백 70리, 방영까지의 거리는 육로로 1백 40리, 서울까지는 육로로 1천리가 된다.[28]

거문도의 영국군 점령

1880년대 초기에, 러시아는 조선에 부동항 구축을 위해 침략의 구실을 찾고 있다고 강대국들은 생각했다. 1877년부터 1879년 사이에 러시아는 블라디보스톡을 요새화하는 데 많은 투자를 했다. 그러나 영국은 겨울철에 그 항구가 얼어 붙는다는 중대한 결함을 알아차리게 되었다.

그리고 러시아가 남진을 위해 새로운 해군기지를 찾고 있다는 사실도 알게 되었다. 영국에서는 러시아가 부동항으로서 가장 바람직하게 여겼던 곳이 조선의 영흥만과 문천항이었다고 생각했다. 러시아는 당시 조선 영토의 북동지역에 대한 야심을 가지고 있었기 때문에 이것이 극동에 있어서의 강대국들 간에 우려와 위협을 유발시키는 요인이 되었다.

영국은 태평양방면의 요새지를 확보하기 위해 일찍부터 거문도에

---

28) 郭泳南 編,《韓末 巨文島風雲史》, 韓國文化院聯合會, 1986, 187~194쪽.

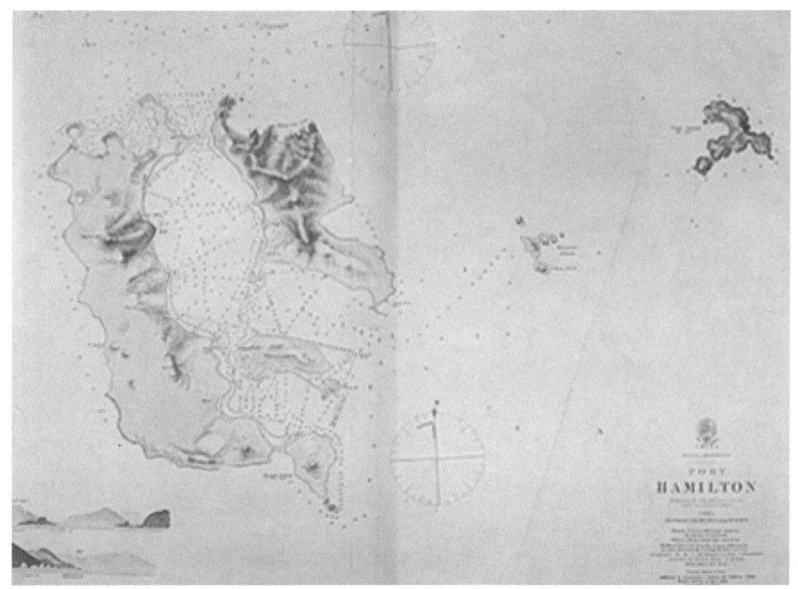
▲ 1845년 영국군이 작성한 거문도 지도

착안하여 한영조약韓英條約을 위한 회담 석상에서까지 합법적 조차租借를 제의했었다.

그 뒤 영국은 한 동안 침묵을 지켜오다가 조선에 대한 러시아의 세력이 증대되고 특히 아프가니스탄사태가 급박해져 서둘러서 1885년 4월 15일에 동양함대를 출동시켜 거문도를 점령하게 했다.

영국 해군장관이 영국의 중국함대 사령관(해군중장) 도우웰(Dowell)에게 공식적으로 거문도 점령을 하라는 전보를 친 것이 그해 2월 29일이었다. 이 전보를 받은 도우웰은 다음 날, 러시아군함이 입항하지 않는 한 다음 명령이 있을 때까지 점령지에 영국기를 게양하지 않겠다는 답전을 쳤다.

그리고 그날로 아가멤논, 페가서스호 및 파이어브랜드호 등 군함 3척을 거문도 점령을 위해 출동시켰다. 이어서 3월 2일, 영국정부는 주

▲ 거문도 영국군 묘지

영 청국공사 증기택曾紀澤에게 거문도 점령 사실을 통고했다.

그 다음 날에는 청·일 양국 정부에 거문도점령 사실을 통고하도록 양국주재 영국공사에게 훈령을 내렸다.

또한 청나라 주재 영국대리공사는 본국 훈령에 따라 비밀각서의 형식으로 거문도를 점령한지 1주일이 지난 3월 10일, 조선정부에 점령통고를 하였다. 그러나 조선측 총리아문에서는 4월 6일에야 비로소 거문도점령 통고를 접수하고 이튿날 정식으로 영국군의 철수를 요청했다.

영국은 일찍부터 거문도를 포오트 해밀튼(Port Hamilton)이라 부르고 이 섬의 점령을 시도하고 있었다. 본국 정부로부터 출동명령을 받자 곧 바로 영국해군은 거문도로 상륙했다.

그런데 이보다 몇 달 전에 이미 영국함대 승무원이 거문도에 상륙한 적이 있었다. 즉 1884년 겨울에 영국군함 1척이 거문도 앞바다에 정박하고 함장 밀란돈(Milandon)이 청국인 통역 황려산黃麗山을 동반하고 상륙한 바 있었다.

그들은 그곳 도민들이 묻는 말에 별로 대답도 하지 않고 산 위로 올라갔다 내려와서 하룻밤을 지낸 뒤, 양주와 양과자를 도민에게 나눠주고 돌아갔다.

이와 같은 영국군함의 돌연한 출현은 동해를 정찰·순항하다가 잠시 거문도에 상륙했던 것이다. 그 이후로 영국정부가 1885년 3월 1일, 거문도 점령을 위해 함대의 출동을 명령했던 것이다.

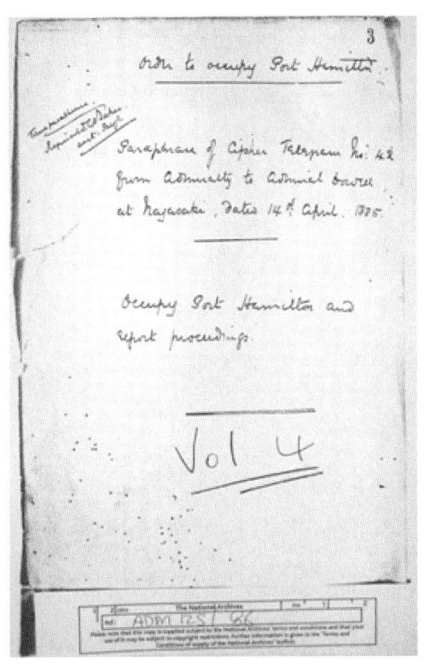

▲ 거문도 점령 명령서

명령을 받은 당일로 함대가 거문도에 도착할 수 있었던 것을 보면 영국군함은 동해 순항중 명령을 받았던 것으로 보인다. 중국 상해로부터 출동한 영국군함 2척이 거문도에 처음 도착한 것은 3월 2일이었다.

거문도점령 초기의 영국군은 경계임무에 철저를 기하는 한편 요새구축을 위한 기초조사에 분주했던 것으로 보인다. 거문도에 주둔하고 있던 영국군의 수는 많을 때는 7~8백 명, 적을 때는 2~3백 명이었는데 수시로 형편에 따라 증감되었다.

영국군 부대가 제일 먼저 상륙한 곳은 거문도 3개 섬 중 고도였다. 고도의 선창에 재목, 철색, 철용, 수뢰 등의 군수물자와 무기 등을 실어다 쌓고, 두 곳에다 1백여간의 막사를 지어 군인들의 임시숙소로 사용하였다. 여기에는 작은 병원도 있었다.

3월 26일에는 러시아의 의용함인 블라디보스톡호가 거문도에 와서 약 24시간 동안 정박했다. 이에 영국군 측에서는 '러시아군함이 점령지에 나타나면 국기를 게양하겠다'고 함대사령관이 본국정부에 3월 1일 타전한 전보내용 대로 영국기를 게양했다.

영국기는 동도의 망치산과 고도의 상봉에 게양되었으며 또한 군함이 출입하는 각처 해문海門의 언덕 같은 곳에도 게양되었다. 이 국기 게양 문제는 그 후 이해관계가 있는 여러 나라 사이에 큰 논란의 대상이 되었다.

영국군은 세 곳에 해문구축공사를 했으며 음료수를 공급하기 위해 급수로를 닦았다. 북쪽 해문의 양쪽 언덕 높은 곳에 포대를 견고하게 구축하고 또 당시 그곳 도민들이 '쇠나 돌로 만든 배라도 능히 폭파시킬 수 있는, 천하에 제일 무서운 쇠항아리라고 부르던 수뢰를 부설하는 등 전쟁 준비를 위한 요새구축에 몰두했다.

4월 9일, 정찰차 거문도에 도착한 일본군함 해문호海門號 승무원들은 영국기가 이미 게양되어 있음을 목격하였다고 하며, 또한 전선電線을 부설하고 포대를 구축하며 병영을 건축하는 등 거문도 요새화작업에 분주한 영국군의 동정을 정찰했던 것으로 보인다.

앞서 말한 러시아군함 블라디보스톡호가 3월 26일 거문도에 도착했을 때도 수뢰를 부설하는 등 영국군의 방어공사가 진행되고 있었다는 것이다.

거문도 요새화작업은 후일 중단되기는 했지만 동도의 남단과 고도를 연결하는 제방의 축조공사가 시도되기도 하였다. 영국해군이 당시에 구축한 포대의 흔적은 이제 찾아볼 수 없으나 지금도 거문리 뒷산에는 영국 수병의 목재 십자가 1개가 희미하게 마멸된 채 남아 있고 영국해군이 시도한 지반공사의 흔적도 그대로 볼 수 있다.

▲ 영국해병대 장교와 주민들

이상과 같은 영국해군의 거문도 요새화 작업에 도민들은 노동력을 제공했으며, 그들이 노동의 댓가로 받은 수익은 당시 빈곤에서 허덕이는 도민들의 생활에 도움이 되었던 것으로 보인다.

거문도 점령군과 주민의 관계

을유년(1885년) 봄이었다. 고기잡이배들이 바다로 나가려는데 난데없이 무슨 기旗를 단 군함 6척과 수송선 2척이 들어오고 있었다. 섬사람들은 바닷가로 몰려나왔다. 군함들은 서서히 만 안으로 들어와 정박하더니 사람들이 작은 배를 타고 다가와 구경하는 사람들을 불렀다. 다행히 그 중에는 일본인과 중국인도 있었는데 그자들을 통해 한자漢字로 의사를 소통할 수가 있었다.

"야! 서양 배가 들어왔다. 모두 나와 구경해라!"

더욱 많은 사람들이 모여들었다.

얼마 후 배에서 내린 서양 수병들은 뒷산에 천막을 치고 임시막사를 짓기 시작했다.

"누구든지 일하러 오면 돈과 먹을 것을 주겠다!"

이 바람에 섬사람들은 고기잡이는 나가지 않고 모여들었다. 막사를 짓고 또한 요새를 만드느라 땅을 파고 산을 허물며 공사가 크게 벌어졌다. 점심때가 되자 영국 수병이 일꾼들에게 깡통을 나누어 주었다.

"이…게 뭐야? 포탄…아니냐?"

"포탄을 왜 우리에게 주겠어. 먹을 것이겠지!"

"어떻게 먹어? 딱딱해. 이가 아파 못 먹겠다."

"글쎄, 만지면 말랑한 데도 있기는 한데 이가 아프다!"

일꾼들이 떠들어댈 때 마침 그 앞으로 영국 수병이 지나갔다. 섬사람들은 손짓으로 어떻게 먹느냐는 시늉을 했다. 그제서야 영국 수병이 알아차리고 깡통을 따 주었다. 속에서는 고기가 나왔다.

"야, 고기 맛을 다 보는구나, 신기한데."

어떤 깡통에서는 모과수가 나왔다. 달콤하고 신선한 물을 마셔 보니 그야말로 세상에 나와 처음 맛보는 음식인지라 실컷 먹어댔다.

양과자도 나누어 주었다. 궐련도 나누어 주었다. 모든 것이 선기하고 맛있었다. 그밖에 저녁이면 품삯이라고 청나라 은전도 주었다.

신기한 음식을 먹고도 돈까지 받으니 이보다 더 좋은 일은 없는 성싶었다. 모두들 웃으며 떠들어댔다.

"서양 할아버지, 이제야 우리가 살 것 같소. 곡식도 잘 구경 못하던 입에 고기와 서양과자가 들어가니 뱃속이 놀라고 있소."

"여보슈, 서양이 어디에 있소?"

영국 수병은 웃으면서 손으로 저 멀리 있다고 가리켰다. 그러나 그까짓 나라야 어디 있든 대수로울 건 없고, 그저 잘 먹기만 하면 그것으로 족했다.

도민 : "여기에 무엇을 만들고 있소?"

통역 : "항구를 만드는 것이오. 매일 일만 잘하면 먹을 것도 많아지고 돈도 많이 벌수 있을 것이오."

도민 : "그렇지만 여기 이런 섬에 무슨 이렇게까지……."

통역 : "이 섬이 아주 중요한 섬이라오. 이 섬을 지키면 다른 배가 바다를 마음대로 다니지 못한다오."

다음날부터 일은 더 잘되어 갔다. 남녀노소 할 것 없이 총동원되어 공사를 열심히 했다.

나라가 어떻게 되든, 땅을 빼앗기든, 그런 것은 상관이 없다. 우선 내 배만 주리지 않는다면 아무 걱정이 없다. 섬에는 때 아닌 황금비가 쏟아지고 서양 깡통이 굴러 다녔으며 궐련도 흔해져 누구나 입에 물고 다녔다.

뿐만 아니라, 그들에게 야채를 비롯한 닭이나 돼지 등도 비싼 값으로 팔 수 있어 모두 희희낙락이었다. 음식도 배불리 먹을 수 있었다.

늙은이들도 모이기만 하면 서로 희색이 만면했다.

"이 섬은 내륙에서 너무 멀리 떨어져 있어 귀양 오는 사람도 없었는데, 요즈음 개화가 되었다고 하더니 이런 혜택을 입네 그려."

"암. 이게 다 개화지 뭔가."

"그렇고 말고, 서양 사람이 먹여 살려 주는데…. 다 하느님이 지시해 준거야."

"그렇지. 나라에서는 우리들이 여기서 사는지 죽는지 알기나 하나. 현감 놈이 사람을 보내 긁어 가기만 하지."

▲ 거문도 서도의 대장간

"그렇고 말고. 작년에도 그놈들이 나왔다가 돌아가던 중 파선됐다지." "남의 물건을 도둑질해 가는 놈들이니 어째 안 그렇겠나."
 공사는 급속도로 진행되어 갔다. 섬사람들은 신이 나서 영국 수병들이 시키는 대로 열심히 일을 했다.
 이러던 중에 마침내 조정에서 관원이 내려왔다. 엄세영과 묵인덕은 조선정부의 대표자로서 플라잉피시호의 영국함장 매클리어 대령과 만나, "승낙도 없이 남의 나라의 섬을 점령하니 그런 경우가 어디에 있느냐?"고 매우 강경하게 따졌다. 이때 영국 함장은 머리를 숙이며 변명했다.
 "나는 다만 상관의 명령을 쫓았을 따름이오. 자세한 것은 일본에 있는 사령관 도우웰 중장에게 문의하시오."
 엄세영과 묵인덕이 그들을 힐책했으나 소용없는 노릇이었다.

거문도 점령에 따른 각국의 입장

■ 일본의 반응

영국이 거문도를 점령함으로써 청나라나 러시아 못지않게 민감한 반응을 보인 나라가 바로 일본이었다.

일본정부는 거문도 점령설이 떠돌던 때부터 부산항에 정박 중인 군함 류우쇼오호를 거문도에 파견하여 섬 부근에서의 영국군함의 동태를 정찰하게 했다. 류우쇼오호가 거문도에 도착한 것은 1885년 2월 26일이었으니 영국정부가 거문도 점령을 위해 동양함대의 출동명령을 내리기 3일 전의 일이었다.

이때 거문도에는 영국군함이 아직 나타나지 않았으므로 그들은 그곳 도민에게 몇 마디 질문만 하고는 곧 돌아갔다고 한다. 일본군함이 거문도에 왔던 하루 뒤인 2월 27일에는 천진天津에서 개최된 천진회담의 제5차 회의에서 일본대표 이등박문伊藤博文이 이홍장에게 영국의 거문도점령 의도를 폭로함으로써 그 회담에서 일본 측의 입장을 유리한 방향으로 이끌어 가려 했다.

3월 7일에는 앞서 말한 일본군함 류우쇼우호가 정찰 임무를 띠고 다시 거문도에 도착했다. 이때는 이미 상해로부터 출동한 영국군함이 거문도에 도착한 지 6일째 되던 날로서 일단 도착한 영국군함이 어디론가 떠나고 거문도에는 정박하고 있지 않았을 때였다고 한다. 당시 일본군과 도민 사이에 있었던 문답내용은 다음과 같다.

일본인 : "영국군이 이곳에 와서 국기를 게양하고 대포를 쏜 일이 있는가?"

도 민 : "그러한 일은 없다. 영국기를 이곳에 게양한다는 것은 무엇을 뜻하느냐?"

일본인 : "영국은 어느 나라 땅이든 자기 나라 국기를 게양하고 영국 영토로 삼는다."

도 민 : "그러한 너희들은 무슨 까닭으로 영국군이 국기를 게양하였는지 여부에 대해 묻느냐?"

일본인 : "우리는 일본 나가사끼長崎에서 영국군이 거문도를 조선정부로부터 차용했다고 들었는데, 그것이 사실인지를 알아보기 위해서 두 번째 이곳에 왔다. 그러나 지금은 아무 동정도 없으니 우리가 떠난 후 영국군의 동태를 면밀히 조사했다가 우리들이 다시 오기를 기다려 전해 주기 바란다. 귀국은 우리나라와 형제국으로서 서로 친밀하게 지내야 한다."

도 민 : "그렇게 하겠다. 영국이 거문도를 차용한다고 하였다는데 외국에서는 이 섬을 무엇이라 부르느냐?"

일본인 : "영국인은 이 섬을 포트 해밀튼이라 하고 일본에서는 거문도라고, 각기 다르게 부른다."

도 민 : "영국군이 이 섬을 차용한다는데 대해 일본인 너희들이 무엇 때문에 이처럼 세밀하게 묻느냐?"

일본인 : "영국이 이 섬을 점령하게 되면 일본에도 관계되는 바가 있어서 그럴 뿐이다."

도 민 : "작년에 우리나라에서 갑신정변이 일어났을 때 일본도 정변에 가담하여 행패를 부렸다고 하는데 지금은 양국 사이가 어떠냐?"

일본인 : "작년의 갑신정변에는 일본이 가담했었다. 그러나 지금은 양국간에 다시 사이가 좋아졌다."

이상과 같이 대담을 하고 돌아가려던 일본군함에 승선해 있던 일본군은 그 때 마침 먹기 위해 쑥을 뜯어 가지고 오는 빈민들에게 쌀 두 말을 주어 은근한 정을 표시하기도 했다.

■ 러시아의 태도

러시아는 한반도 진출을 수없이 기도했으나 대원군의 쇄국정책과 청·일의 조선정부에 대한 러시아진출 견제책에 의해 그 뜻을 이루지 못했다.

1882년, 한·미, 한·영 양 조약이 성공에 이르자 청국주재 러시아공사는 이홍장에게 한러교섭의 알선을 요청했다. 그러나 이중당李中堂의 거부로 실패하고 조선을 상대로 직접 교섭에 나섰다. 그 인물이 천진주재 러시아영사 웨베르였다. 그는 수완이 좋기로 이름난 외교관이었으며 대한교섭 전권대사로서 1884년 6월 서울에 도착했다.

웨베르는 이홍장의 추천으로 파견된 목인덕 참판을 포섭하는데 성공한 후 웨베르는 큰 어려움이 없이 그 해 7월 7일 한러수호통상조약과 부속통상장정에 조인했다.

수호통상조약이 체결된 지 1년 만에 거문도가 영국에 점령당했다. 이에 러시아도 영국의 거문도점령을 방관할 수는 없었다.

이때에 이미 묄렌도르프穆麟德의 알선으로 러시아에서는 조선 내정에 관여하고 있었으며 러시아에서 군사교관까지 초청한다는 말이 유포되고 있었고 왕실을 중심으로 꾸민 한·러밀약설이 누설되어 각국의 관심이 집중되고 있었다. 그러므로 러시아는 우선 북경과 서울에서 영국의 진출을 견제하기 위해 한·청 양국정부를 상대로 다음과 같은 경고를 했다.

"만일 영국 해군의 이러한 행동을 시인한다면 우리 러시아도 한반도의 어느 요충지 일부를 점령할 것이다."

한・청 양국이 영국에 강력히 항의하라고 러시아는 부추기는 것이었다. 이때 영국에서는 조선정부와 직접 정치적 담판을 해 5천 파운드로 거문도를 사겠다고 교섭하는 등, 갖은 술책을 다하고 있었다.

1886년 9월에 이홍장은 주청 러시아공사 라디젠스키를 통해 러시아 정부와 교섭을 시작했다. 그리하여 러시아로부터 조선 국토를 절대 점령하지 않겠다는 확약을 받아냈다. 이홍장은 즉시 영국정부에 대해 다음과 같이 요구했다.

"청국은 조선 영토의 어느 요충지를 막론하고 다른 나라가 점령하지 못하도록 하겠다. 그러니 영국은 거문도에서 속히 철군하라."

그러나 영국은 강제 점령이 불법이며 침략이라는 사실은 전혀 인정하지 않고 오히려 자기보다 몇 배 더한 침략국의 침략을 사전에 방어해 준 것처럼 한・청・일 3국에 생색을 냈다. 영국정부는 '러시아 측이 먼저 점령하지 못하게 하기 위한 예방조치로서 거문도를 점령했다'고 거문도 불법점령의 이유를 강변했다.

이에 그 후 영국정부는 거문도 점령은 러시아 측이 먼저 점령할 위험에 대한 비상시의 부득이한 조치였다는 공식입장을 취했다. 그러나 러시아 측 공격에 대한 방비라는 것은 어디까지나 영국 측이 주장한 명분에 지나지 않았을 뿐 사실은 이와는 거리가 멀었던 것으로 보인다. 거문도 점령은 영국이 러시아에 대한 방비책에서가 아니라 러시아에 대한 공격책이었음을 다음 몇 가지 사실로써 짐작할 수 있다.

① 거문도 점령은 러시아 해군기지인 블라디보스톡에 대한 공격기지로서 영국 해군 당국이 구상하였을 뿐 아니라 영국 외무부의 실무자들도 그렇게 이해하고 있었다.

② 그러나 당시 영국 해군의 윌리스제독이 지적했듯이 "전시에 있어서 작은 도시의 점령은 인근 해역의 지배 없이는 곤란한 것이다."

따라서 당시 바다에서 열세였던 러시아 해군이 전쟁을 예기하면서까지 거문도를 점령한다는 것은 전략적으로 상상할 수 없는 일이었다. 더욱이 러시아 측은 영흥만의 점령조차도 그 확보를 위해서는 한반도 북반부의 군사적 안정 없이는 어렵다고 주저하던 터였다.

③ 당시 조선정부의 정보에 의하면 러시아 측은 조선 영토의 점령을 위한 구체적인 방안도 없었다고 한다. 이것이 사실이라면 영국이 러시아 방비를 위해 거문도를 점령하였다는 주장은 자기들의 불법점령을 위장하려고 날조한 명분으로 밖에 이해되지 않는다.

이 무렵 런던타임즈는 이렇게 보도하고 있었다. '일·영·청 3국이 공수 양면의 방안을 수립하려 하고 있다. 이것은 이홍장 필생의 대망 가운데 하나일 것이다.'라고 하면서 은연중 이홍장을 내세워 일·영·청 3국의 공동보호에 의한 조선의 중립화를 제창한 것이다.

그런가 하면 독일의 스타인은 영국의 거문도 점령을 노골적으로 공격하면서 일·청 양국이 결코 묵과하지 않을 것이니 유럽 제국인들 어찌 좌시할 수 있겠는가. 특히 독일은 청국과의 통상관계 때문에 방관하지 않을 것이라 하며 일·청·독 3국의 공동보호를 제안하기도 하였다. 이러한 국제 정세 하에서 미국은 공동보호 안에 대해 별다른 이의를 제기하지 않았다.

■ 독일의 입장

이러한 의외의 사건에 대처하여 조선정부에서는 우선 각국의 반응과 의견을 청취하고자 했다. 그리하여 당시 조선정부의 외무독판 김윤식은 독일공사 잼브쉬에게 독일 측의 의견을 문의하는 다음과 같은 서신을 보냈다.

밀사를 보내어 긴밀히 알립니다.

북경의 영국대사관으로부터 조회가 있었는데 내용에 본국 수사관장水師官將이 거문도에 잠시 가 고수함을 인준한다는 등의 말이 있어 뜻밖으로 생각됩니다. 공법이 허락되지 않아 본 대신은 매우 유감스럽게 생각합니다.

귀 공사가 보기에 영국의 행위는 어떤지요? 비로 작은 모양의 섬이지만 쉽사리 가볍게 남에게 빌려 줄 수가 없습니다. 대저 우리의 동맹국은 반드시 공평히 논란하여 부디 저희 나라를 위해 전심전력하여 공공된 의리로써 국권을 보전케 하는 것이 옳지 않겠습니까?

얼마 전에 저희 관서는 영국 공관에 서한을 보내어 의리에 따라 논변하고 다시 다른 서한을 영국정부와 북경의 영국대사관에 보냈습니다.

만약 영국이 그 뜻을 바꾸면 우의를 독실히 함을 알 것이오. 만약 그렇지 않으면 저희 나라가 어떻게 해야 할는지 귀공사 및 각국 영사의 의견을 청하고자 하며 스스로 가진 권리를 보전코자 할 따름입니다.

신의 가호가 있기를 바랍니다.

이에 대해 독일의 부들러 영사는 다음과 같은 답신으로 그의 의견을 피력했다.

어제 저녁 본인은 영국 군함의 거문도 점령에 관한 각하의 친서를 받고 무척 영광스럽게 생각하였습니다.

각하께서는 그 서신에서 본인의 의견과 충고를 요청하였습니다. 본 사건은 너무나 특수하고 또한 사전에 예상하지 못했던 일이라 물론 본인의 상관으로부터 본 사건에 관한 하등의 교시를 받은 바 없습니다. 본인이 현재 답하는 것은 본인의 단순한 사견에 불과 하며 본인이 정부의 이름이나 위임으로 말씀드리는 것이 아니라는 점을 양지하시기 바랍니다.

각하께서 조선은 조선의 일부가 어느 외국에 의해 점령되는 것을 용납 할 수 없다고 말씀하신 것은 전적으로 옳은 판단이십니다. 조선정부는 현재 다가올 전쟁의 위험이 한국과 친숙한 양대 강국 사이에 존재하고 또 이러한 허가를 통해 양대 강국 중 어느 하나에게 다른 하나보다 더한 이익을 주게 된다면 이 일을 허가해서는 안 될 것입니다. 이는 각국이 자국과 친숙한 정부들에 대해 경계 주시해야 된다는 중립성의 근본원칙에 위배되는 일인 것입니다.

거문도의 점령이 위협적인 위험과 관련하여 발생하였다는 것은 각하에게 보낸 북경으로부터의 영국공사의 급보에 기인한 듯하며 거기에 현재의 방책이 하나의 예방대책이라 언급되어 있습니다.

그러나 이러한 예방대책의 대상이 되는 강국뿐만 아니라 조선의 문명에 관심을 가지고 또 조선과 우호조약을 체결한 여타 강대국들은 조선의 영토의 이러한 불법점령에 대해 불만을 표시하고 또 필요하다면 거기에 대한 조치를 취할 충분한 근거와 권리를 지니고 있음은 의심할 여지가 없습니다.

각하께서 조선정부가 이 사건에 있어서 어떠한 조치를 취해야 할 것인가를 본인에게 질문을 하신다면 본인은 다음과 같이 답하겠습니다.

즉 저의 사견으로는 첫째 조치는 점령을 기도하는 국가에 항의를 하고 이를 허가하지 않는 것입니다.

그러나 각하께서 본인에게 통보하신 대로 이미 사건은 발생하였습니다. 이런 경우 여타 친교관계를 가지고 있는 국가들에 이러한 점령사태가 조선정부의 동의아래 이루어진 것처럼 비치지 않도록 즉 조선정부의 의사에 반하여 이루어졌음을 통보하는 것이 바람직하다고 하겠습니다.

각하께서 공식적으로 본 사건에 관하여 본인에게 통보를 주신다면 본인은 틀림없이 본국 정부에 이를 보고할 것입니다. 그러나 전보로써 사건 내용을 본국 정부가 결정적으로 관여할 수 있도록 분명하게 설명하기에는 불가능하기 때문에 서면으로 보고할 것입니다. 좌우간 본인은 이 사건에 조선정부뿐만 아니라 조선정부와 친교를 맺고 있는 모든 국가들이 만족하도록 해결되리라고 믿습니다.

이상과 같이 조선정부 외무독판 김윤식은 거문도 점령사건에 대한 독일 측의 의견을 듣기 위해 독일공사에게 사신을 보냈고 또한 답을 받았다.

그러나 이 서신은 공식적인 문서가 아니기 때문에 자기 사견으로서 말 할 수밖에 없었고 점령을 기도하는 영국에 항의할 것을 통지해 왔다.

그리고 후일 독일의 스타인은 영국의 거문도 점령에 대해 노골적으로 비난하면서 일·청 양국이 결코 묵과하지 않을 것이며 특히 독일 같은 나라는 청국과의 통상관계 때문에 방관하지 않을 것이라고 경고했다.

■ 청나라의 입장

갑신정변의 처리를 계기로 하여 청국의 한반도내에서의 위치가 강화되는 상황에 처해 있었던 까닭에 외교관계에서도 국제적으로 우위를 유지한다는 것이 조선에 대한 청나라 정책에 근간을 이루고 있었다.

영국정부는 3월 14일에 거문도 점령에 대한 교섭에 응할 용의를 보인 증기택(曾紀澤)의 서선에 대한 회답으로 이른바 거문도 협정안이란 것을 제시했다. 청국 황제는 거문도를 영국이 점령하는 것을 반대하지 않았고 오히려 합법적인 것으로 인정해야 한다는 내용을 골자로 하는 거문도 협정안에 대해 북경 통리아문에서는 예상과는 달리 즉각 결정을 내리지 못하였다·

이 동안에 영국 외무성의 영향 하에 있다는 인상을 주던 증기택으로부터 협정의 즉각적 체결을 독촉하는 전보가 3월 17일에 왔다.

이 전보는 당일로 통리아문 뿐 아니라 북양아문에까지 전달되었다. 북양대신 이홍장은 동일자로 강경하게 협정을 반대하는 전문을 통리아문으로 발송하고 황제의 재가를 청했다.

이로써 조선 문제에 대해 결정적 발언권을 가진 이홍장이 거문도점령문제를 위한 영국과의 교섭에 적극 반대하고 있었다는 사실을 알 수 있다. 사실 이홍장이 북경정부에 보낸 2월 27일자의 전문내용을 보면 러시아에 대비하기 위해 영국이 거문도를 잠정적으로 점령하는 것은 조선이나 청국에 다 같이 손해될 것이 없다고 했듯이 그도 처음에는 영국의 잠정적인 거문도 점령은 무해한 것으로 판단했던 것이다.

그러나 이홍장은 시시각각으로 변천하는 국제정세를 관찰하고 또한 거문도가 극동에 있어서 군사상 중요한 위치에 놓여 있다고 판단 거문도를 영국이 멋대로 점령하게 방임할 수 없다는 결정을 내리게 되었던 것으로 보인다.

이홍장은 3월 19일 또 다시 북경통리아문에 전문을 보내 거문도점령에 대한 영국과의 협정체결은 절대 불가하다고 강조하는가 하면 러시아 측 동정을 보고하고 동시에 조선에 대한 조치의 결정을 촉구했다. 한편 이홍장은 3월 20일 거문도 점령문제에 대한 다음과 같은 내용의 권고문을 조선국에 발송했다.

> 귀국의 제주도 동북방 백여리 해상에 거마도 즉 거문도라는 고도가 있는데 서양에서는 이를 해밀톤이라고 한다. 요즈음 영국과 러시아 양국 사이에서 아프가니스탄의 국경문제가 싸움의 실마리가 되어 러시아군함이 블라디보스톡에 집결하고 있다.
>
> 그리하여 영국은 러시아가 남하하여 홍콩을 침범하지 않을까 두려워한 나머지 거문도를 점거하여 러시아의 남하를 막으려 하고 있다.
>
> 거문도는 귀국의 영토라 영국공사가 어떻게 이 군함의 정박소로 조차 할 것을 제의했는지는 알 수 없다. 그러나 잠시 차용했다가 기한 내에 곧 물러가면 몰라도 만일에 오랫동안 머물고 물러가지 않으면서 구매를 제의하면 이는 가볍게 거절할 일이 못 된다. 유럽 사람들이 남양을 점령할 때 대체로 처음에는 비싼 값으로 빌렸다가 마침내는 빼앗고 말았다.
>
> 거문도가 황폐한 섬에 지나지 않는다고들 하여 귀국에서는 대수롭지 않게 생각할는지 모른다. 그러나 홍콩의 예를 들면 영국인이 오기 전에는 누에치

는 집 몇 호가 있었을 뿐이었으나 이제는 중진을 이루어 남양의 인후를 차지하기에 이르렀다.

거문도는 동해의 요충으로서 중국의 위해위(웨이하이웨이)와 일본의 대마도는 물론 귀국의 부산 등지로부터도 모두 가까운 거리에 있으니 영국군이 거문도에 오랫동안 머물러 있으면 일본에 더욱 불리하므로 귀국이 거문도를 영국에 임차해 주게 되면 일본이 반드시 힐책할 것이다.

또한 러시아는 군대를 일으켜 책임을 추궁하지는 않더라도 반드시 다른 섬을 점령하려고 할 것이니 귀국은 무슨 수로 거부할 것인가?

이는 도적을 집안으로 불러들였다가 이웃에 죄를 짓는 실책에 속한다. 대국적으로 보아도 난관이 많으니 귀국은 정견定見을 견지하여 많은 돈과 감언에 현혹되지 않기를 바란다.

이제 정여창丁汝昌제독을 파견하여 거문도의 형편을 면밀히 조사한 다음 귀국 정부와 면담 상의하고자 하니 신중히 처리하기를 바라마지 않는다.

이상과 같은 권고문의 내용으로써 볼 때 거문도 점령에 대한 이 홍장의 태도는 증기택의 그것과는 대조적일 뿐 아니라 일본과 러시아 양국과의 관계에 매우 민감했음을 알 수 있다.

이에 천진주재 영국영사는 이 같은 사태의 발전이 모두 일본과 러시아의 사주에 의한 것이며 조선정부의 반응이 이홍장 때문인 것으로 믿게 되었다. 이 같은 이홍장의 단호한 협정반대 표명에 접하여 통리아문은 3월 19일에 청국과 영국 간에 거문도점령협정이 불가하다는 사실을 증기택에게 통보했고 3월 19일자 이홍장의 강경한 협정반대 전문을 받고 또 다시 증기택에게 타전하여 거문도협정이 불가하다는 점과 즉시 회답전문을 보낼 것을 촉구했다.

■ 조선정부의 대응

영국은 처음부터 우리 조선정부를 무시한 채 청·일 교섭부터 벌였다. 영국은 1885년 3월 3일 청국과 일본정부에 먼저 거문도 점령 사실을 통고토록 양국 주재 공사관에 지시했다. 조선정부에 대해서는 3월 9일에야 이 사실을 통고하도록 했으며 그것도 주청 영국공사관에 타전토록 했다. 이에 주청 영국공사관은 3월 10일에야 거문도 점령 사실을 조선정부에 통고하는 공문을 발송했다. 그러니까 20여일이 지난 4월 6일에야 비로소 조선 통리아문에 그것이 접수되었으니 이 어찌 통탄스러운 일이 아니겠는가!

그러나 서울에서는 이미 3월 중순부터 거문도점령에 대한 소문이 유포되고 있었으며 조선정부 당국은 러시아와 일본의 신문보도로서 처음으로 알게 되었다. 그리하여 거문도사건의 진위 여부를 확인하기 위해 일본 나가사끼와 제물포를 연락하는 독일기선을 이용하려는 계획을 세우기도 했다.

그러던 차에 3월 26일 정여창제독 휘하의 청국군함 양위호揚威号 등 2척이 도착했고 이에 정부 당국은 계획을 변경하여 엄세영과 묄렌도르프 (목인덕) 등을 청국 군함편으로 현지 파견하기로 했다. 정여창 일행이 거문도를 향해 인천항을 떠난 것은 3월 27일이었다.

한편 통리아문에서는 거문도점령에 관한 정보가 입수되자 사전양해도 없는 영국의 거문도점령은 비우호적이며 조약에 위반되는 적대적 행위라고 규탄했다.

그러나 영국에 대해 마구 항의하는 방향으로 직행하지 않고 먼저 점령 사실 여부를 확인하는 방법을 취하기로 했다. 지방관을 현지로 파견하여 영국군함의 정박 여부, 영국 군함이 적재하고 있는 물건의 종류, 이미 하륙한 토목의 사용처, 양리兩里 동서남북의 거리, 호수戶數와 인구수, 영국군의 동태, 흥양에서 거문리까지의 거리, 3도의 넓이 등, 현지 사정을 그때서야 조사·보고하게 했다.

이 조회에 대한 일본 측의 회답은 영국의 불법점령이 조선정부의 중대한 문제임을 인정하고 영국 측의 점령 이유인 '예측할 수 없는 사건을 방비하기 위함'이라는 점에 대해 그 대상국이 만일에 조선의 동맹국인 경우라면 영국의 그러한 점령은 부당하다고 했다.

아울러 조선정부가 이번에 적절한 조치를 취하지 않았더라면 우방 각국은 조선정부의 허락을 받고 영국이 거문도점령을 강행한 것으로 의심했을 것이라 했다. 이로써 일본공사관측은 거문도점령을 항의한 조선정부의 입장을 지지하는 태도를 은근히 취했다.

그러나 이와 반대로 미국공사관 측의 동문 조회에 대한 회답서는 영국에 동정적 입장을 취하고 있었음을 다음과 같은 내용을 통해 알 수 있다.

> 지금 영국이 거문도에 군함을 출동시킨 것은 조선에 대한 우의를 망각한 것이라고 볼 수 있으나 조선정부는 강경론만으로 영국을 대하기는 어려운 것입니다. 지금 영국이 러시아와 불화하여 러시아가 만약 영국이 거문도를 점령했다는 것을 안다면 러시아도 또한 이 사건에 유의할 것이므로 독판각하께서는 마땅히 블라디보스톡의 러시아 해군사령관에게 서한을 보내어 각하의 뜻을 밝히시기 바랍니다. 각하가 이 큰 사건에 대하여 문의하였으니 본국 정부는 우의를 다하도록 할 것입니다.

엄세영嚴世永의 선상대담船上對談

한편 조선정부는 유사당사관有司当上官 엄세영과 외무협판 묵인덕(묄렌도르프), 두 참판을 거문도로 보냈다. 이들 두 참판은 청나라의 북양

수사 정여창 제독이 이끄는 청국군함에 편승하여 4월 3일 거문도에 도착했다. 도착한 이들 일행은 먼저 영국의 플라잉피시호 함장 매클리어 대령과 다음과 같은 대화를 가졌다.

문 : 영국 병선이 이곳을 점거 영국의 기를 올렸다는 소식을 들었다. 본국에서 해당 관원을 파견하여 사실을 조사하려던 차에 때마침 청국 제독 정여창 장군의 병선이 순회차 마산포에 오게 되었다.
　본국의 대군주께서 즉시 정장군과 함께 해당관원인 우리를 윤선輪船에 태워 해도該島로 보내시었다. 거문도에 도착하여 사실을 조사하여 보니 들은 바와 다름없이 귀국의 기가 높은 산정에 세워져 있다.
　귀국의 이러한 의도가 어디에 있는가?
답 : 우리가 영국 기를 세우게 됨은 우리 수사제독의 명에 의한 것이다. 우리 정부가 입수한 정보에 의하면 러시아가 귀국의 소유인 거문도를 점거하려 한다. 지금 우리 영국과 러시아와의 관계가 매우 불화중에 있다. 이 때문에 우리 영국이 먼저 이곳을 점거, 러시아의 침략으로부터 귀국의 영토를 보호하려 한 것이다.
문 : 조선과 영국 사이에도 물론 상호우호의 협약이 있지만 러시아와도 이러한 협약이 있다.
　귀국의 병선이 우리 조선의 정당한 승인 없이 임의로 거문도를 점거하여 자국의 기를 세운 것은 도저히 용납할 수 없는 부당한 일이다. 귀국은 의당 우리 조선의 이러한 뜻을 본국 정부에 전달하여 조속한 퇴병을 한 후 이 사실을 각국 공사에게 알려야 할 것이다.
답 : 나 또한 본건의 처리가 매우 어려울 것으로 생각하고 있다. 내 마땅히 이 사실을 본국에 고할 것이나 본국의 의사가 어떠하리라고 사전에 예고 할 수 없다. 나는 단지 우리 수사제독의 명을 받들어 이곳에 있을 뿐이다. 각하께서 보다 정확한 내용을 알려 하시거든 일본 나가사키長崎에 있는 우리 수사제독을 찾아가 상의하기 바란다.
　그러나 어이된 일인지 지난 달 28일 러시아 병선 1척이 또 이곳을 지나

갔다. 이로 인해 우리 영국의 마음이 더욱 불안해지고 있다.

문 : 귀국의 기를 우리 땅에 세움은 매우 부당한 처사이다. 우리는 나라의 명을 받들어 이곳에 왔다. 지금까지 조사한 모든 사실을 돌아가 우리 대군주께 아뢸 것이다. 함장께서도 우리의 이러한 뜻을 귀 수사제독 및 귀정부에 급히 보고 하여 조속한 해결을 하여 주기 바란다.

답 : 나 또한 옳은 말이라 생각한다. 다음 날 일본으로 가 우리 제독을 뵈올 예정이다. 그러나 이달 초 하루, 본국으로부터 전보가 왔다. 그 내용인즉 영국정부 및 주영 러시아대사 사이에 아프가니스탄문제에 대한 화해가 성립됐다고 한다. 이로 인하여 머지않아 우리 군함이 철수하게 될 것이며 또 양국간의 분쟁도 일어나지 않을 것이다.

거문도 회담을 마친 엄세영 일행은 일본에 있는 나가사끼長崎로 다시 출발했다. 4월 5일 일본에 도착한 이들 일행은 영국의 수사제독과 만나 거문도점거의 사유를 질의했다.

문 : 어제 거문도를 살펴보니 귀국이 병선·상선 등 8척이 오랫동안 그곳에 정박해 있고 또 귀국의 국기가 산 위에 꽂혀 있으니 이는 어이된 일인가?

답 : 우리 영국의 군사가 그곳에 정박함은 본인의 의사가 아닌 정부의 명령이다. 그러나 이는 영구주재가 아닌 일시적인 사용이다.

문 : 귀 정부 명에 의해 거문도에 정박한 것이요 또 귀 제독의 생각대로 일시적인 점령에 불과하다면 무엇 때문에 거문도의 산 위에 영국기를 세웠는가?

답 : 우리가 주둔하고 있는 거문도의 산 위에 우리의 국기를 세워 우리의 주재를 표하지 않는다면 도리어 외인의 의심을 받게 될 것이다. 우리들이 이곳에 와 남몰래 그 어떠한 비밀 음모를 꾸미지나 않나 하는 의심을 받게 되어 도리어 대외관계가 불편해질 것으로 생각했기 때문이다.

문 : 그렇다고 타국의 높은 산 위에 자국의 국기를 세운 것은 더욱 우리의 처지를 난처하게 만든 부당한 일이다. 타국 사람이 그곳을 지나다가 우리에게 이의 연유를 묻는다면 우리는 어떠한 방법으로 대답해야 할 것이며 또 무슨 말로 변명해야 할 것인가? 이 점에 대한 귀 제독의 정확한

답변을 바라며 아울러 이 사실을 귀국 정부에 전달해 주기 바란다.
답 : 내 마땅히 이 사실을 알려 그 회답이 오는 대로 즉시 각하께 알리겠다.
문 : 그렇다면 우리는 귀 정부의 회신을 기다리겠다. 그리고 이 사실을 우리 국왕께 복명하기 위해 서울로 떠나겠다.
답 : 그러나 너무 성급히 기다릴 필요는 없다. 이곳에서 본국으로 전보를 친다 하더라도 본국에서도 이에 대한 충분한 검토가 있어야 할 것이다. 우리 정부에서 이러한 검토과정을 거쳐 결과를 우리에게 통고하려면 그 소요시일이 상당할 것으로 생각되기 때문이다.
문 : 귀 제독께서 우리에게 영국정부의 회답에 대하여 성급히 기다리지 말라고 했다. 그러나 참판의 직에 있는 우리는 오로지 본건의 해결을 위해 왕명을 받들어 이곳에 왔다. 우리는 절대로 아무런 소득없이 모호하게 돌아갈 수는 없다. 무엇인가 이 문제의 해결이 어떻게 되어 간다는 실질적인 결과를 보아야한다.
마지막으로 우리의 결의를 담은 한 통의 서함을 귀하에게 보내어 존의尊意의 소재가 어떠하다는 숨김없는 답변을 듣고자 한다. 바라건대 이 서함을 살펴본 후 귀제독의 정확한 의사를 밝혀 우리 국왕께 복명할 수 있는 기쁜 소식을 전하여 주기 바란다.
답 : 함函이 도착하는 대로 신속한 회답을 보내 드리겠다.

엄세영, 목인덕, 정여창 일행은 현지 제독이 결정지을 문제가 아니란 것을 알고 영국에서 차후 통지가 올 때까지 기다릴 수 없어 4월 8일 나가사끼를 떠났다.
청국 주재 영국공사는 11월 28일 조선정부에 거문도에서 철수한다는 사실을 다음과 같이 알렸다.

나는 귀국 정부가 원하는 바에 따라 그 뜻을 본국 정부에 전하고 훈령을 기다리고 있었는데 다행히 본국 정부로부터 거문도에서 철수하라는 명령을 받게 되었다. 생각컨대 본국 정부의 이와 같은 결단은 본국 해군이 거문도를 철수한 후에는 어떤 나라도 이를 점령하지 않는다는 청국정부의 보증에 따른 것임은 물론이다. 본국 함대사령관이 거문도를 철수할 때는 다시 귀국 주재 본국 총영사를 통해 귀국 정부에 보고토록 하겠다.

그러나 영국정부는 거문도 철수에 이의 없다는 것을 말했을 뿐, 언제 철수할 것이라는 확실한 날짜 등 구체적인 사실을 밝히지 않았으므로 조선정부로서는 안심을 할 수 없었다.

영국 함대가 완전히 거문도를 철수한 것은 1887년 2월 5일이었고 영국 함대사령관은 이튿날 이 사실을 주한 영국대리총영사 워터스에게 통고했다. 워터스는 즉시 영국군 철수의 사실을 1887년 2월 7일 조선정부 김윤식 독판에게 알려 왔다.

어젯밤 본국으로부터 거문도 철군에 대한 전보회신을 받았다. 그 내용에 의하면 귀국의 거문도에 주재 중인 본국의 군함 및 병사들이 아국 수사제독의 지령에 의하여 철수한다고 한다.

이 철수는 비단 위의 군함 및 병사뿐 아니라 군, 기계 및 국기 등 모든 설비를 완전 철수하여 옛날의 원형을 그대로 복귀한다는 뜻이다.

이러한 일들은 우리 모두가 함께 기뻐해야 할 매우 경사스러운 일이다. 본 총영사관도 이에 대한 기쁨을 이기지 못하여 특별히 이 비문을 보내어 귀 독판에게 조회한다.

예컨대 귀 독판은 동 내용을 귀국의 대군주 폐하께 영국이 거문도에 주재하는 자국의 군함 및 기타 기계, 국기 등 모든 설비를 완전 철수하여 옛날 모습으로 다시 복귀, 영구 안전하게 했다고 계주하여 주기 바란다. 그리고 본 조회에 대한 귀 독판의 회답조회가 있기를 바란다.

영국군함의 철수와 경략사 經略使 파견

조선정부는 영국군이 2년 만에 거문도를 철수한다는 기쁜 소식을 주한 영국공사 워터스로부터 받고도 이를 금방 믿을 수가 없었다.

그래서 조선정부는 경략사 이원회李元會를 거문도로 파견하여 영국군의 철퇴 여부를 조사 확인케 했다. 어명을 띠고 이원회는 여러 날 만에 거문도에 도착했다.

경략사 이원회가 돌아온 후 김윤식 독판이 영국의 총영사서리 워터스에게 영국군 철수 후의 거문도 현상을 알리는 조회공문 내용을 보면 본국 경략사 이원회가 거문도에 나아가 그 지형을 살펴보았다. 그 결과 영국의 수사는 완전히 철수되었으나 영국 소유의 전선이 전화국 옛터에 묻혀 있었다. 이는 원래 물속을 통해 상해로 연계되는 전선이었으나 중단되어 있었다.

그리고 영국인의 분묘 9기가 있는데 분묘마다 표지가 세워져 있으며 작은 배 한 척이 바닷가에 매어 있고 기둥처럼 생긴 비스듬한 횡목이 부두에 걸려 있었다. 또한 기왓장 7백 18매가 길가에 적치되어 있었다.

이원회는 이상의 물품이 영국의 잔유물이라는 점에서 이를 모두 장부에 등록하고 인근 주민들로 하여금 소중히 간수하도록 엄했다. 그러나 이를 오랫동안 옥외에 방치함으로써 자연적인 훼손이 되지 않을까 염려되어 영국영사에게 알렸다.

이리하여 경략사 이원회에 의해 영국함대가 철수하였다는 사실이 허위가 아니었음이 확인되자 조선정부 당국자들은 안도의 숨을 내쉴 수 있었다.

국왕 역시 영국의 거문도 철수를 기뻐했다.

'영국정부가 신의를 잃지 않았다는 사실을 세상에 보여 주었다. 영국과의 우의는 더욱 두터워졌다…….'

당시 조선정부는 영국에 오히려 감사의 뜻을 전했다.

영국군은 조선 영토, 즉 우리의 영토 거문도를 불법점령한 지 무려 2년 만에 겨우 물러났다. 거문도점령사건은 영국이 남하하려는 러시아

세력을 막기 위해 부득이했다고 강변은 했으나 당시 주권국가인 조선의 영토를 아무런 사전 양해도 없이 무조건 불법 점령한 침략적 행위임은 틀림없다.

또한 거문도사건의 사후처리과정에 있어서도 우리 영토를 불법점령 당한 당사국인 조선왕조가 적극 참여하지 못한 채 상호 이해를 달리하는 열강들이 마음대로 자신들의 이익만을 위해 흥정하고 있었다는 사실을 역력히 보여 주고 있다.

영국군의 거문도점령으로 러시아세력의 남진이 억제되었다고 하나 영국군의 거문도 철수 교섭에 참여했던 청나라는 그 공을 내세워 조선의 종주국으로서의 위치를 강조하면서 조선에 대한 제반간섭을 강화하기에 이르렀다.

국왕이 자국 영토의 일부분을 제3국이 장기간에 걸쳐 불법 점령했다가 그 목적을 달성하지 못하고 물러간 데 대해 다음과 같이 감사하다는 뜻을 불법점령 당사국 공관에 전해야만 했다.

'영국군이 거문도에서 철퇴함으로써 영국정부는 신의를 잃지 않았다는 사실을 세상에 보여 주었으며 영국의 거문도점령 문제를 둘러싸고 어지럽게 일어났던 논의는 그치게 되었다. 어찌 나 혼자만의 행복이리오.' 하는 표현으로 4년여의 영국군의 거문도불법 점거사건은 끝을 맺었다.29)

---

29) 註 26)과 같은 책. 가운데 〈英海軍 巨文島占據事件〉 참조.

巨文島英國軍의 澈收通告事

[發] 英國 領事署理 倭妥瑪　　　　　高宗 24年 2月 7日

[受] 督辦交涉通商事務 金允植　　　西紀 1887年 3月 1日

H.M'S CONSULATE GENERAL
Söul

No.4　　　　　　　　　　　　　　　　　　　　March 1, 1887

　　Sir.

I have the honour to inform Your Excellency that last night I received a telegram from the English Naval authorities to the eff따 that the English war vessels and marines had all been withdrawn from Port Hamilton. It gives me much pleasure m convey this intelligence with the request that you will be so good as to Communicate it to His Majesty the King. As the English flag has been removed and all marines and war-vessels be withdrawn Port Hamilton has returned to its original state and the Corean Government is free to dealwith it as before.

　　　　　　　　　　I have the honour to be, Sir,
　　　　　　　　　　Your most obedient, humbl servant, T. watters
　　　　　　　　　　H.M's Acting Consuol General

His Excellenc
　　Kim
President of the Foreign, Office. Söull

거문도 영국군 철수에 대한 통고

발신 : 영국 총영사서리 왜타마 　　　고종 24년 2월 7일

수신 : 독판교섭통상사무 김윤식 　　　서기 1887년 3월 1일

　대영국 특명주차조선 통리각국교섭통상사무서리 총영사관 왜타마가 이 조회를 하게 됨은 다름이 아니라 어젯밤 본국으로부터 거문도 철군에 대한 전보 회선을 받았기 때문이다.

　그 내용에 의하면 귀국의 거문도에 주재 중인 본국의 선박 및 병사들이 아국 수사제독의 지령에 의해 철수한다고 한다. 이 철수에는 비단 위의 선 박 및 병사뿐 아니라 군, 기계 및 국기 등 모든 설비를 완전 철수하여 옛날의 원형을 그대로 복구한다는 것이다. 이러한 일들은 우리 모두가 함께 기뻐해야 할 매우 경사스러운 일이다. 본 총영사관도 이에 대한 기쁨을 이기지 못하여 특별히 이 비문을 보내어 귀독판에게 조회한다. 청컨대 귀 독판은 이 내용을 참조한 후 귀국의 대군주폐하에게 영국이 거문도에 주재한 군함 및 기계와 국기 등 모든 설비를 완전 철수하여 옛날 모습을 다시 복구, 영구안전하게 한다고 보고하여 주기 바란다. 그리고 본 조회에 대한 귀 독판의 회답 조회가 있기를 바란다.

巨文島 撤軍 感謝에 對한 回謝

[發] 英款差大民 華爾身 　　　高宗 24年 3月 13日

[受] 特瓣交涉通商事務 金允植 　　　西紀 1887年 4月 6日

PEKING

April 6th, 1887

Monsieur le President,

In the reply m my Note of the 23rd of December last which Your Excellency did me the honour m address me on the 26th of the following month, you were so good as to express the high sence entertained by the Corean Government of the friendship and loyalty shown by the British Government in the question relating to Port Hamilton, and it gave me great satisfaction to be able to telegraph this expression of appreciation to Her Britannic Majesty' s Secretary of State for Foreign Affairs, who shares with Your Excellency the eanlest desire that the relations between the two countries should be on the best possible footing.

I gladly avail myself of this opportunity to convey m Your Excellency my best thanks for the courteous intention of the Corean Government to send an officer to Port Hamilton for the purpose of talking over the lslands on the departure of the British ships of War, and of offering at the same time a kindly greeting to the Commanders before their final departure.

I unfortunately received Your Note too late to allow of my making known to the British Admiral this proposed act of cordiality as in consequence of the uncertainty of the date at which His Excellency would be in a position to withdraw the ships, and with a view to space the Corean Gevernment all

unnecessary trouble and incovenience in this matter. I had already made the arrangement recorded in my Note to Your Excellency namely that as soon as the Islands should have been evacuated the fact should be notitied officially to the Corean Goverment through her Majesty' s Consul General at soul.

Her Majesty' s Government will not however be less sensible of the feelings which dictated the idea of sending a Corean Officer to Port Hamilton, and I shall hope shortly pleasure of seating this personally to your Excellency.

I have the honour to be, with the highest consideration.

거문도 철군 예정 감사에 대한 회답
발신 : 영 국 특명대신 화이신
수신 : 특판교섭통상사무 김윤식
고종 24년 3월 13일
서기 1887년 4월 6일

대영국 특명주차조선 편의행사대신 화이신이 이 답서를 보내게 됨은 다름이 아니라 거문도 문제로 본 대신에 발송한 바 있는 작년 7월 28일자 비문에 대한 귀 독판의 회답공문이 본년 초3월에 접수되었기 때문이다.

귀 독판의 회답 내용을 세밀히 검토해 본 결과 그 내용 중 서로의 우의를 소중히 여겨 결연한 철군을 단행하니 우의와 신의를 소중히 여기는 귀 국 정부의 참뜻을 엿볼 수 있었다고 찬미하였다. 그러나 이러한 생각은 비단 귀국 뿐 아니라 우리나라의 총리나 기타 각국의 사무승상들까지도 우리 양국의 우의를 더욱 공고하게 해야 한다는 그 의의에 본 영사관도 이에 대한 기쁨을 이기지 못하여 이 사실을 즉시 전보로 귀국에 통지하였던 것이다.

공문 중에 또 철수의 기일이 확정될 때까지 끊임없이 소식을 전해 주기 바란다. 그리고 귀 정부에서 파견한 해당 관원들에 대한 환송연을 베풀 것이며 또 이들의 접대관계를 협의코자 한다는 등의 어구들은 믿음으로써 의당 귀국의 본국의 수사군문께서도 아직 그 시일을 예정치 못한 관계로 지난번 귀국에 보낸 답서 중 문구도 귀국의 이러한 기다림을 덜어 주기 위한 사전 통지였다.

그리고 현재 이곳의 여러 사정 및 시간상의 미흡으로 인하여 미처 본국의 수사군문에 철군 시기에 대해 협의하지 못했다. 이로 인해 아직까지 철군 일자에 대한 본국의 회신을 받지 못했다. 그러나 해당 관원을 파견하여 본국의 철군을 송축하는 환송연을 베풀려 한다는 귀국의 호의적인 성의에 대해서는 비록 이 일이 실현되지 못한다 할지라도 이에 대한 감사의 마음은 조금도 변함이 없다.

서로의 소회를 나누기 위하여 불일간 상면의 기회를 마련하기 바라며 이 회신을 보내오니 조회하여 주기 바란다.

이와 같이 대조선 독판 교섭통상사무대신 김 윤식에게 조회함.

1887년 4월 7일(정해년 3월 13일)[30]

이상과 같이 거문도 사건의 사후처리과정에 있어서도 우리 영토를 불법점령당한 당사국인 조선왕조가 적극 참여하지 못한 채 상호 이해를 달리하는 열강들이 그들 자의대로 자기 나라 이익만을 위해 흥정을 하고 있었다는 사실을 회고할 때 약속국의 무기력 내지 비애감을 지울 길이 없다.

---

30) 《高宗實錄》, 高宗 23年 2月 7日, 3月 13日條 참조.

두만강상의
고이도古珥島 · 유다도柳多島 · 중주中州

두만강상의 고이도 · 유다도의 귀속분쟁

두만강상의 고이도古珥島라는 섬은 함경북도 경원군과 강 건너 훈춘揮春 사이에 위치하고 있는데, 이 섬은 두만강이 여러 차례에 걸쳐 홍수로 인해 범람되면서 형성된 섬이다.

이 섬은 점차 퇴적층이 비옥해져 한 · 청 양국인들이 상주, 개간함에 따라 양측이 영유권을 주장하기에 이르렀다. 이 당시 함경도 관찰사 윤갑병尹甲炳이 내부대신 박제순朴齊純에게 보고한 내용에 따르면 경원군 두만강 강상江上에 3개의 섬이 있는데 고이도 · 유다도 · 선방자船防子이다.

강심江心으로 정계定界할 때 고이도와 유다도 두 섬은 강류의 범람으로 지형의 변화를 가져와 그 귀속문제에 다툼이 있었으나 고이도와 유다도는 분명하게 한국령韓國領이라고 하여 고이도에는 강희康熙 갑인년甲寅年 서기 1674년에 세운 상·중·하의 비석이 있어 이를 입증자료로 타결을 보았다.31)

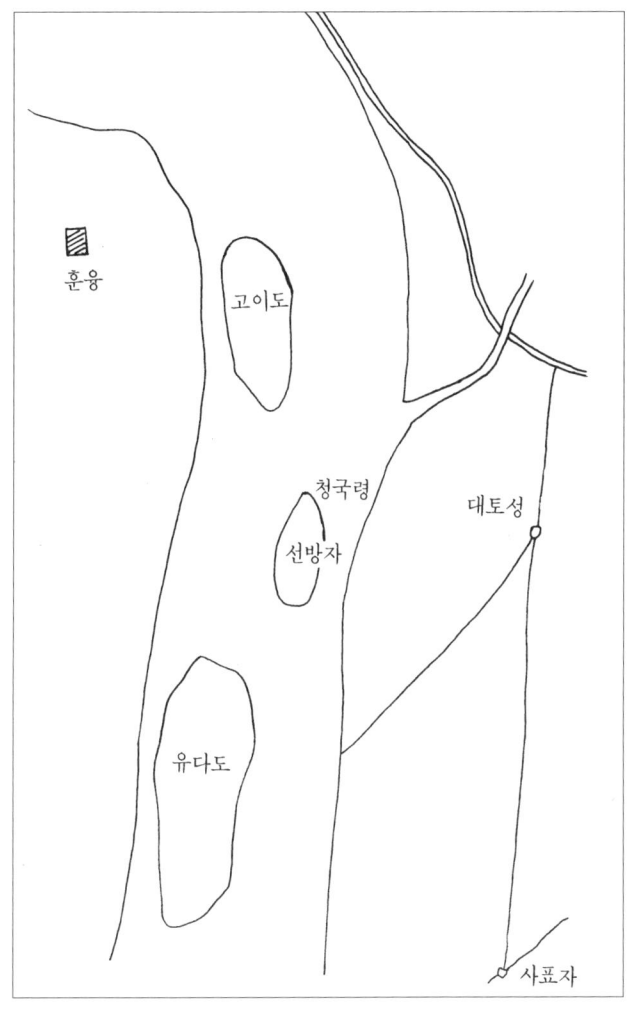

▲ 두만강 하류상의 섬들

---

31) 金正柱 編, 《朝鮮統治史料》, 韓國史料硏究所, 1971, 218쪽.

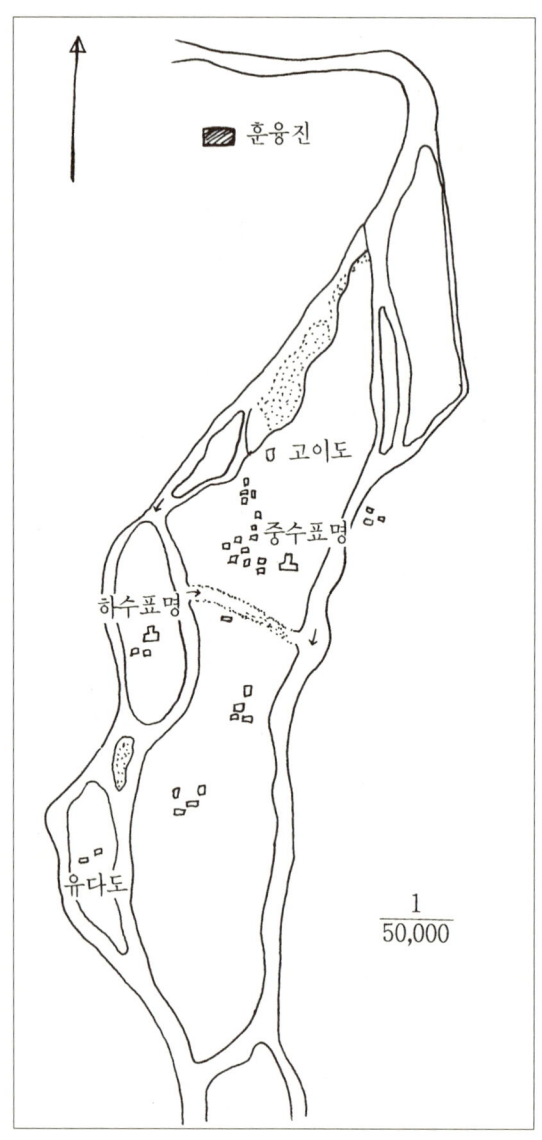

▲ 5만분의 1 지도에 나타난 고이도 유다도

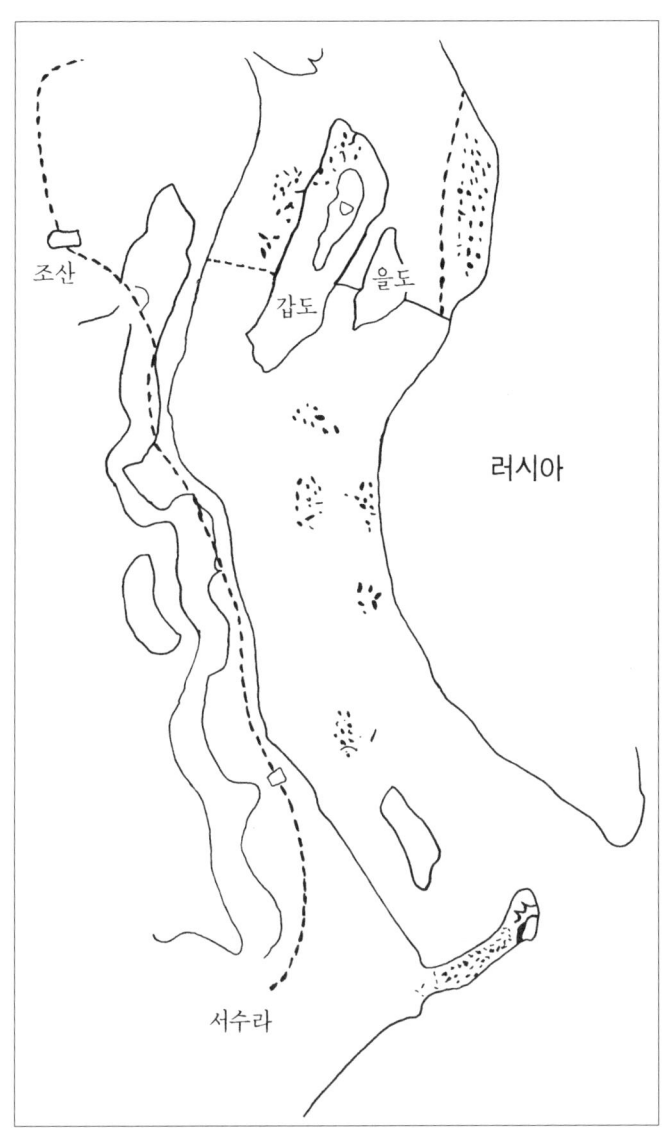

▲ 조산만 건너 甲·乙島의 위치

유다도 역시 오래 전부터 한인들이 경작해 왔음이 명백할 뿐만 아니라 지리적으로 경원군내에 가까워 이 이상의 분쟁은 없었으나 오늘날까지 선방자는 중국령으로 되어있다. 이 또한 두만강이 북경조약에 의해 국경하천화國境河川化하면서 일어난 우리나라 고유영토固有領土가 상실된 사례이다.

토리土里 최하류의 중주甲乙島 영유권문제

두만강 최하류에는 중주中洲가 형성되어 있는데 이 섬을 편의상 甲·乙島라 칭하게 되었는데, 이곳은 토사와 잡초가 무성한 가운데 산딸기가 나는 곳이기도 하다. 하구에서 20여리 상류인 조산造山 동쪽으로 위치해 있는 이 섬은 길이 약 18정町 : 1백80간이며 그 가운데 강폭이 가장 넓은 곳은 150간으로 강 중앙에서 우측에 있는 반은 버드나무와 잡초가 무성하여 자연생 산딸기가 서식하고 있었다.

그 생장지는 약 150여평 되는 넓이이다. 이 섬 왼쪽에는 작은 섬 하나가 있는데 길이 100여간에 폭이 가장 넓은 곳이 80간으로 강 중앙 좌

▲ 두만강 하류 전경

측에 위치하고 있다. 섬에는 버드나무가 성장하고 있는가 하면 이곳에는 산딸기가 적지 않게 자라고 있는데 두 섬 사이는 약 30간정도 떨어져 있다. 강물이 적을 때는 두 섬 사이를 자유로이 왕래할 수 있다.

이 섬들은 옛부터 주인이 없는 땅으로 조산造山에 사는 주민들이 매년 건너와 버드나무를 베어 땔감으로 사용하였다. 그런데 조산의 주민 송시태宋始邰 및 김창율金昌律이 이 섬을 개간 경작하다가 김봉익金鳳益이라는 사람이 김창율의 개간지와 자기 땅을 교환하였고 박태근朴泰根이라는 사람은 송시태의 것을 사서 경작하였다.

따라서 이 두 섬은 자연스럽게 김봉익金鳳益·박태근의 것이 되었다. 그래서 이 두 섬을 갑·을로 구분 지을 때 乙島는 김봉익의 소유로 1911년 관할 군수에 소유권 확인 요청을 냄으로써 경흥 군수는 이듬해 3월 7일 소유지임을 증명해 주었다. 甲島는32) 1909년 소유권의 증명 요청을 했으나 문서상의 미비로 여러 번 반려되어 정정 제출되었다. 이런 상황에서 1909년 상기 소유자들은 타인들의 이 섬 출입을 막고 벌목을 금했다.

1911년 10월에 예전처럼 조산造山주민 8명이 이 섬에 건너와 벌채를 하고자 하자 거부당함으로서 조산 관할 파출소에 이의 부당함을 제소하기도 하였다. 그러는 가운데 이해 9월 녹둔도鹿屯島 거주 농부 1명과 부녀자 수명이 이 섬에 건너와 산딸기를 따 가고자 함에 박태근의 처 등이 막음에 이들은 이 섬은 본시 조선·러시아 양측의 소유 미정지인데 어째 거절하느냐 하고 다툼이 있었다.33) 그러나 이 섬은 양측 관헌들의 타협 하에 한국령이 되었으나 이후 잦은 홍수로 甲·乙島의 왕래가 여의치 않아 무인도無人島화 되고 말았다.

---

32) 《日本外交文書》, 1911년 11월 19일(大正 元年), 朝憲機 第四十二號, 豆滿江所在島嶼に關する件 참조.
33) 《日本外交文書》, 1911년 12월 5일, タリレウカヤ オクライナ新聞社所在, 鹿屯島通信 (クラスノエセロ) 참조.

為澳搎極是不可到之地也以故土官詩諭國禁固告不可再而乃使渠輩乃遂其然今春亦復不顧國禁澳搎由是土官拘留其澳氓二人而為贄於州司以為十口住入竹島雜然澳搎一時之證故我固幡州牧速以前後沐馳啟東都令彼澳氓附與敝邑以遂本土自今而後決無容澳舩於彼島

제 2 장
백두산 정계비와 간도 및 녹둔도 귀속문제

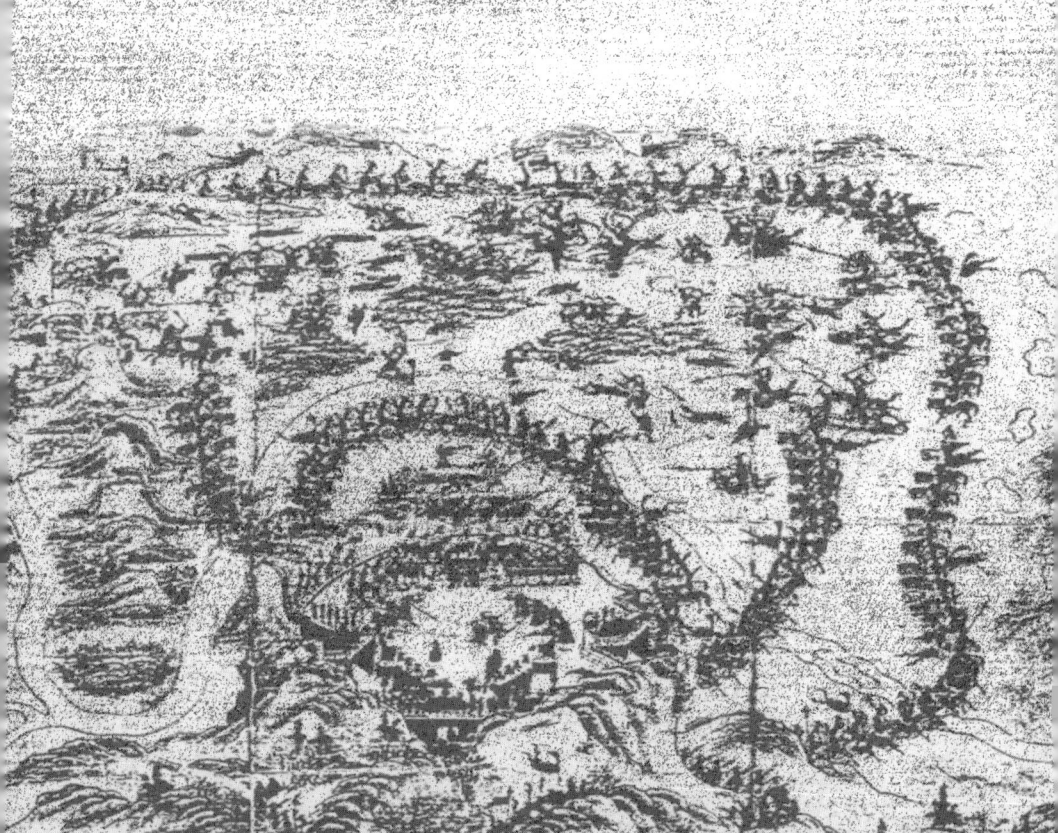

정계비定界碑 건립배경

입비立碑 상황

    1638년 청 태종은 남반欖盤이라고 하는 압록강 하류지역에서 봉황성을 거쳐 창양변문현 흥경興京 양인壤仁을 지나 성창문盛廠門과 왕청변문旺淸邊門에 이르는 일선에 방압공사防壓工事를 하였는데 당시 청호부淸戶部의 기록에 의하면 신계新界는 구계舊界에 비하여 50리를 더 전개되었다고 한다. 이 선이 바로 조·청국경선이었던 것이다.

▲ 백두산 정계비터 표지석

이 밖에도 일본외교문서 중 간도관계 편에 실려 있는 포이합도하佛爾哈圖河 연안沿岸 고적도설古蹟圖說에 청태종이 숭덕崇德 2년 조선을 정복하였을 때 양국의 경계를 정한 것은 복아합토卜兒哈兎 부근이었던 것 같다고 하고, 조선인의 구전에 의하면 국자가局子街의 남방 '벌가토伐加土'는 곧 포이합토도佛爾哈兎圖의 대음對音이므로 양국의 경계선이 포이합

▲ 백두산 정계비 탁본

토도하佛爾哈兎圖河 부근에 있었던 것을 무시해서는 안 된다고 하였다.34)

듀 알드(Du Hald)의 청국지(Description de la Chine)에 의하면 이 지방의 실측도가 보이는데, 동북방면의 두만강입해처豆滿江入海處에 녹둔도를 포함하여 흑산산맥黑山山脈에서 보발산맥宝髮山脈을 거쳐 압록강의 상류에 들어가는 십이도구十二道溝에 이르는 제수諸水와, 송화강의 서대원 제수西大源 諸水와의 분수령인 장백산과 그 지맥에서 수건강修建江 본류로부터 얼마간 떨어져 있는 서편을 거쳐 대소고하大小鼓河의 수원에서 압록강과 봉황성 중간에 이르는 선상線上에 점선点線을 그어 이를 설명하기를 봉황성 동방에 조선국의 국경이 있다. … 도상圖上에 점선을 표시한 것이 국경이다'라고 하였다. 이처럼 당시의 국경선은 봉황성 동쪽 책문柵門으로 표시하고 있다.

정묘·병자의 양대 호란을 겪고 난 후 조선은 청에 대한 복수심에 불탔으나 신흥 청의 세력이 날로 융성하여 표면상으로는 사신의 내왕과 종속從屬의 예를 다 할 수 밖에 없었다. 이 때 만주의 흑룡강 방면으로 러시아의 진출이 자심함에, 청·러간에 충돌이 자주 일어나게 되어 청은 조선에 원병을 요청하였고 조선군은 나선정벌羅禪征伐에 나서게 되었다.

이 청·러간의 충돌과 그 후 30여 년간에 걸친 교전으로 청은 만주방면에 정예병精銳兵을 배치하고 전시체제戰時体制를 바탕으로 한 경영이 진행되는 가운데 특히 동부 장백산 일대의 삼림지대는 인삼·호피·동주東珠 : 조개에서 채취하는 진주 등 특산물의 보고로 길림의 영고탑寧古塔은 이러한 특산물의 집산지이었다.

---

34) 대한민국 국회도서관 編, 《간도영유권관계문서》, 국회도서관, 1975, 330쪽.

청은 이 보고지宝庫地에 대해 한인·몽고인·조선인 등 주변 이민족의 침범을 막아내기 위해 명조明朝의 요동변장遼東邊牆과 비슷한 유조변책柳條邊柵이라고 하는 제방堤防을 만들고, 그 위에 양류楊柳를 심어 산해관山海關·개원開原, 길림북방의 선과 개원開原 봉황성 부근의 선을 설치하여 '人'자형을 이루게 하고, 요소마다 변문邊門을 두어 출입자를 감시케 하였다. 이렇게 됨으로써 청은 조선과 접경을 이루게 되었다.35)

게다가, 청의 강희제는 청조의 발상지發祥地를 추리해 나가는 데 있어서 청조 실록상에 나타난 기록을 유추해 '아타리俄朶里에서 서쪽 1천 5백 리에 흑도아납黑圖阿拉 : 현 흥경이 있고 흥경 동편 1천5백리 되는 곳에 아타리성이 있다고 하는데 그 위치는 생각해 보지 못했으나 이제 와서 판단해 보니 장백산 동쪽인 것 같다'는 칙서勅書를 내렸다.

그는 초년에 성경지盛京誌를 편찬케 하였는데, 이 책 강역지彊域誌편에서 오라烏喇의 소할所割이 장백산에 이르는 1천 3백 여리가 조선계, 남쪽으로 토문강에 이르는 6백 여리가 분계分界가 된다고 하고, 이제까지 전통적으로 내려오던 봉황성 동쪽 유문선柳門線과 흑산산맥지대로 연계하는 국경선을 무시하고 완충지대로서 무인지대인 간도지방을 청령으로 편입시키려는 획책 하에서36) 현지조사의 명을 내렸다.

이러한 국경획정의 커다란 배경은 러시아와의 잇단 마찰로 국경 영토분쟁이 점증漸增됨으로써 이제까지 관념상의 사방 경계를 보다 구체화하려는 의도가 작용된 것이다.

이즈음 청은 이미 러시아와의 국경교섭에 따른 많은 외교적 경험을 체득한데다37) 종주국 관계에 있던 조선과의 국경획정에 임했으므로

---

35) 진단학회 編, 《한국사 근세후기 편》, 을유문화사, 1968, 116쪽.
36) 국회도서관 編, 《간도영유권관계발췌문서》, 262쪽.
37) アジア アフリカ國際関研究会, 《中國を めぐる國境紛争》, 厳南堂書店, 1967, 177쪽.

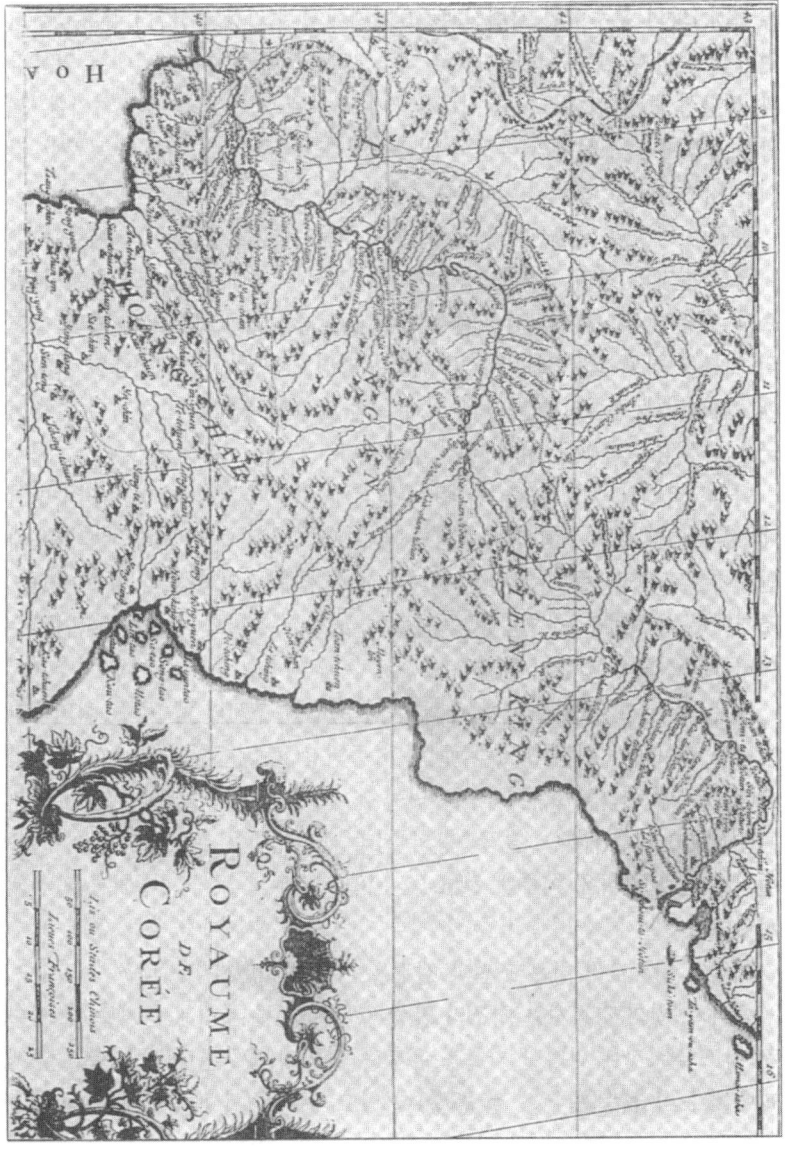
▲ 조선과 청국의 국경선(1718년). 당빌의 새 중국지도에서

문자 그대로 일방적이었던 것이다.

　서기 1710년 조·청간에는 '李万技사건'이 발생됨으로써 청은 이를 기화로 이제까지 일방적으로 획정하였던 국경을 현지 경계조정을 통하여 확정하려고 1711년 오라총관 목극등을 전기한 사건 현장에 파견하고 이를 조사 보고케 함으로써 조·청국경 심사를 정식으로 명하였다.

　국경심사 상유上諭 내용은 다음과 같다.

　　朕前特差能算善畵之人將東北一帶山川地理俱照天上度數折算, 詳加續圖 視之混洞江自長白山後流出, 由船廠, 打牲烏剛向東北流, 會於黑龍江入海, 此皆係中國地方. 鴨綠江自長白山東南流出, 向西南而往, 由鳳凰城, 朝鮮國義洲 兩間流入於海, 鴨綠江西北係中國地方. 江之東南係朝鮮地方. 以江爲界. 土門江西南係朝鮮地方, 江之東北係中國地方, 亦以江爲界. 此處但己明白. 但鴨綠江土門江二江之間地方知之不明, 前遣部員二人往鳳凰城會審朝鮮人李万技事, 又流出打姓烏柳擺管種克登同往, 此審地方情形庶得明白.

　위 글의 요지를 개괄해 보면, '짐朕이 전에 산수와 회화에 능한 사람을 파견하여 동북일대의 산천지리를 모두 천상도수에 비추어 추산하고 상세한 해설을 이 지도에 첨가하니 혼동강(현 송화강)은 장백산 뒤에서 유출하여 선창船廠 : 길림 타성오라打牲烏喇에서 동북으로 향해 흘러 흑룡강으로 들어간다.

　압록 서북은 중국 땅이고 강의 동남은 조선 땅이며 강으로써 경계로 함이 명백한 일이다. 단지 압록과 토문 양강 사이의 지방은 분명하게 알 수 없어 부원 2명을 보내 봉황성으로 가서 이만지李万技사건을 회심케 하고 또 타성로라총관打姓烏喇總管 목극등을 파견하여 같이 가도록 하라'38) 한 것으로서, 희대의 조·청국경문제를 발생시키는 요인을 낳게 하였다. 이에 따라 간도귀속문제 역시 정계비 건립 경유가 매우 중요한 계기가 되고 말았다.

이 책에서 정계비 건립의 전반적인 배경을 모두 다룰 수 없어, 다만 석비 건립 당시, 청 측의 목극등 일행의 통역을 맡았고 통문관지通門館志의 저자이기도 한 김경문金慶門의 기록을 간추려 보는데 그치려 한다.

청의 목극등 일행을 우리 측이 맞이한 장소는 1712년 4월 29일 삼수군 운곤運困이다. 당시 목극등 일행을 수행한 인원은 수백 명이라 하였고, 낙타와 말은 200여 필, 소 20여 마리에 소요 물자를 싣고 와, 우리 측에 폐를 끼치지 않으려고 하였다 한다.

우리 측 대표인 박권朴權이 이들을 위한 식량과 고기를 바치었으나 받지 않고 돌려보내고, 단지 탐계探界를 위한 안내만을 요구하였다. 동년 5월 5일 접반사 박권과 함경도 관찰사 이선부李善簿가 숙종이 하사한 금 500량을 전했던바, 처음에는 한사코 사양하다가 나중에는 받으면서 몹시 기뻐했다고 한다. 이처럼 우리 측은 청의 일행에게 비위를 거슬리지 않고 환심을 사려고 몹시 신경을 썼다.

목극등이 탐계 등정로를 백두산 남쪽 방향에서부터 오르고자 함에 우리 측은 그곳의 산로·수로가 몹시 험악하여 예로부터 한 번도 등정한 바 없어 안내가 어렵다고 극구 반대 했으나, 목의 위세에 눌려 5월 6일 목의 수행원으로 필생 소이창, 통역 이가二哥, 가노家奴 20명과 낙타·소·말 40~50필, 인부 3, 4인을 거느리고 떠났다.

우리 측은 접반사로 박권朴權, 군관 이희복李曦復, 순찰사 이공선李公善, 군관 조태상趙台相, 거산찰방 허량居山察訪 許樑, 나난만호 박도상羅暖

---

38) 국회도서관 編, 《간도영유권관계발췌문서》, 309쪽.

麗万戶 朴道常, 통역관 김응헌金応憲·김경문金慶門 및 안내자 3명, 도끼잡이 10명, 말 40필, 인부 47인이 동반하게 되었고, 목극등을 수행하였던 소윤蘇倫과 악세鄂世는 목의 신변안전을 위해 호위하였던 1백여 명의 수행원을 데리고 허항령許項嶺을 넘어 귀국함으로써 목의 탐계 임무수행에 따른 경호를 조선 측이 맡게 되었다.

탐계探界를 위한 등반 도중 목은 우리 측 대표인 박권과 이선부를 연로하다는 구실로 하산케 함으로써 박·이는 후세에 미칠 국가막중지사國家莫重之事를 위해 신명을 다 바쳐 직분을 수행치 못했다는 비난을 받게 되었다.

백두산 정계비 건립에 따른 후속조치

목극등은 압록, 토문 분수계상에 정계비를 세우면서 토문강이 송화강의 한 지류임을 알지 못하고 두만강의 상류인 것으로 오인하였다. 정계비를 세우고 무산茂山에 내려온 우리 측 수행원들은 접반사 박권에게 토문강은 수원의 단류처가 많아 표시가 없이는 피차 경계를 분명히 할 수 없다고 함에 박권 등이 말하기를 그곳에 나무가 있기도 하고 없기도 하니 차라리 형편에 따라 흙을 쌓거나 혹은 돌을 모아 놓던지 또는 목책을 설치하는 것이 좋을 것이라고 하여 합의를 보고, 우리 측 부담으로 이해 8월부터 공사를 시작하였다.

그런데 이 표시 공사를 실시하면서 목극등이 경계로 지적한 토문강은 두만강의 상류가 아님이 자명해졌다. 그러나 이 공사를 책임맡은 차원差員[39]들은 이와 같은 심산유곡지역에 사람들을 자주 동원하는 것이

---

[39] 차원(差員)은 조선조 때의 벼슬명으로 중요한 임무를 띠고 한시적으로 파견되는 관리를 지칭한다.

큰 폐단이 된다고 여겨 우선 목극등이 지적한 토문강 쪽에서 표석공사를 하였다.

당시 이 공사의 차원이었던 허량許樑, 박도상朴道常 등은 표석한 지점에 대하여 다음과 같이 말하고 있다. 비碑가 서있는 아래로부터 25리는 목책 혹은 돌을 모았고, 그 아래 물이 나는 곳의 5리 가량과 물이 마른 지점 20여리는 산이 높고 골짜기가 깊어서 냇가의 흔적이 분명하므로 표식을 하지 않았다.

그리고 그 아래 물이 솟아 나오는 곳까지 40여리는 전부 단을 설치하였다. 그러나 이 중에서 5, 6리만은 나무도 돌도 없고 토질이 척박함으로 다만 흙무덤을 쌓았다고 한다. 이에 따르면 정계비 아래 골짜기 즉 토문강원에서 약 32~36km의 거리는 목책, 돌각담, 흙무덤을 쌓았음을 알 수 있다.

현재 정계비가 서있던 분수계의 동쪽 골짜기의 석축에 따라 대개 사람의 머리만한 돌들을 모아 커다란 돌각담 모양으로 만든 것이 일렬로 표시 되어 있다. 돌각담은 토문과 같이 양안이 절벽으로 된 곳까지 있고 그 아래는 더 가보아도 그런 곳이 없다.

그리고 돌각담의 총수는 106개이고 돌각담이 처음 있는 지점으로부터 끝나는 곳까지의 거리는 5,391m에 달한다. 흙무덤도 전혀 없고 목책이 썩은 것조차 보이지 않는 곳도 있다. 이것은 대체로 위의 허량 등이 '비가 서 있는 아래로부터 25리는 목책 혹은 돌을 모았고, 그 아래 물이 나는 곳의 5리와 물이 마른 20여리는 산이 높고 골짜기가 깊어서 냇물의 흔적이 분명하므로 표식하지 않았다'고 하여 당시의 석축내용과 부합되는 흔적이 남아 있어 역사적 사실을 밝혀주고 있다. 이와 관련 1712년(숙종 38년 · 강희 51년) 백두산에 정계비를 세우고 난 이후 후속조치를 위해 다음과 같은 자문咨文[40]내용이 전해지고 있다.

■ 칙사문의입책편부자 勅使問議立柵便否咨

　명을 받들고 변경邊境을 답사한 대인 목극등은 조선접반사 관찰사에 자문을 보낸다. 변경을 답사하는 일로 우리가 친히 백산에 이르러 압록·토문 양강을 살펴보니 모두 백산 밑에서 수원水源이 발원하여 동서 양변으로 분류한다. 본래 정해지기를 강북은 청국의 경내이고 강남은 조선의 경내로 되어 해를 지난지 이미 오래나 의정하지 않았다.

　그밖에 양강이 발원하는 분수령 가운데 비를 세우고 토문강 수원에서 물을 따라 내려가며 살펴보았더니 수 십리를 내려가서는 물의 흔적이 보이지 않고 석반 밑으로 암류한다. 여기서 1여리를 더 내려가야 거수巨水가 무산茂山 양안으로 흐르는 것을 볼 수 있다. 이곳은 풀이 없는 평지이므로 사람들이 변계를 알지 못한다.

　그러므로 서로 경계를 넘어서 집을 짓고 또 지름길로 교통이 번잡하므로 이것을 접반사, 관찰사에게 같이 의론하여 무산, 혜산惠山에서 가깝고 또 물이 없는 땅에 어떻게라도 설책하여 굳게 지켜서 여러 사람이 경계가 있음을 알고 감히 경계를 넘어 사고를 일으키지 못하도록 하려한다.

　이렇게 하면 황제가 생민을 염려하는 지극한 뜻에 부응하게 될 것이다. 또 그대는 우리 양국의 변경에서 일이 없어야 함을 생각해야 한다. 이것을 상의하기 위하여 자문咨文을 보낸다.

■ 책설편의정문 柵設便宜呈文 41)

　조선국 접반사 의정부우참찬 박권과 함경도관찰사 이선부 등은 삼가 글을 올린다. 경계를 살피고 목책과 표목을 세워서 후일의 폐단을 막는 일은 엎드려 생각하건대 첨대인僉大人이 황명을 받들고 폐방을 찾아 험준한 곳을 다 지나고 교계를 답사하여 분수령 위에 비를 세워 계표로 하고 또 토문강의 수원

---

40) 자문(咨文)이란 중국과 왕복하는 공문서를 지칭함.
41) 정문(呈文)은 하급관청에서 상급관청으로 보내는 공문서나, 주로 동일한 계통의 관청사이에 행하는데 한 면에 다섯줄로 쓰는 것이 특징이며, 고(稟), 상문(詳文), 신문(申文) 이라고도 함.

이 보이지 않게 흘러 분명하지 못함을 염려하여 이미 도본圖本으로 친히 입책 立柵의 편부를 지시하고 또 대면해서 문의하였으되 오히려 더 상세하지 못할 가 염려해서 이 자문을 보내 다시 문의하니 이는 황상의 어진 마음을 본받아 서 소방에 생사하는 단서를 염려하는 까닭에 이같이 자세한 사정을 거듭 말 하니 감격한 마음 비유할 데 없다.

요즘 합하가 설책의 편의로서 문의를 했는데 직등의 생각으로는 목책은 장 구한 계책이 아니므로 혹은 축토도 하고 혹은 취석도 하며 혹은 설책도 하되 농사의 여가를 이용하여 작업을 시작할 뜻을 시사했고 청국인의 감독 여부를 물어 보았으나[42] 대인이 말하기를 이미 정계한 뒤인 즉 표목을 세우는데 청 국인이 감독하는 일은 없을 것이고 농민의 사역도 불가하며 또 하루가 급한 일이 아니니 감사의 주장대로 형편에 따라 작업을 시작해서 비록 2, 3년 후 에 마치더라도 또한 무방하다.

매년 사절使節이 올 때 작업한 상황을 통역관에게 일러 보내면 황상께 전달 할 길 또한 없지 않을 것 이라고 말함으로 직등은 돌아온 뒤 이 뜻을 우리 국 왕께 보고하였다. 자문 중에 양국이 무사한 길은 이밖에 다시 더 말할 것이 없고 또 회답해도 이 이상 말할 것이 없으니 합하는 이해하기 바란다.

백두산 정계비 건립 과정기

우리나라 근세 영토변천사에서 백두산상의 정계비 건립은 민족사 에 중대사건으로 그 영향 또한 심대하다. 이같은 사실에 대해 정계비 건립당시의 상황을 살펴 보는 것은 매우 의의 있는 일이라 하겠다. 이 에 정계당시 생생한 체험을 기록한〈白頭山記〉[43]는 영토사료로서 그

---

42) 조선왕조실록(朝鮮王朝實錄), 卷五十一, 숙종 38년, 임진 6월 10일, 壬戌条.
43) 이 글은 조선조 숙종대의 시인이며 문장가로 유명한 柳下 洪世泰의 柳下集 十四卷에 실 린 백두산기를 초역한 것이다. 이와 유사한 기록이 적지 않게 있으나 백두산정계비 건립실황을 이 보다 더 사실적으로 기록한 글은 없다. 백두산 정계비를 논하는데 있 어 반드시 참고하여야 할 자료로 평가된다.

▲ 백두산 정계비　　　▲ 백두산 정계비를 세운 뒤 청국 측에서 간행한 지도

가치가 매우 높은 것이다.

　따라서 이 기록은 후기 조선조 영토론자들에 주된 참고자료가 되어 왔다는 점에서도 주목되는 자료이다. 이에 백두산기를 국역하여 당시의 국경관國境觀을 살펴보고자 한다.

　　백두산은 북방 모든 산의 조종祖宗이다. 청태조가 여기서 일어났으며, 우리의 북쪽 경계로부터 300여리 떨어져 있다. 중국은 장백산이라 하고, 우리는 백두산이라고 부른다. 두 나라가 백두산 마루에서 흘러내리는 두 줄기의 강으로써 경계하고 있다. 그러나 지세가 워낙 넓고, 크고, 멀리 떨어져 있어 상세하게 알 수 없다.

　　조선왕조 숙종 35년 임진(1712년) 3월 청나라 임금이 오라烏喇총관 목극등穆克登과 서위 포소륜布蘇倫 주사 악세鄂世를 백두산에 보내 두 나라의 경계를 획정하려 하였다.

　　우리 조정은 자못 의아해 하였다. 즉 사군四郡이 폐지되고 다시는 우리 땅이 되지 않을까 걱정이 앞섰기 때문이다. 또한 흑자는 육진六鎭44)이 염려된다 하였다.

　판중추判中樞 이모李某는 가로되 "마땅히 백두산 꼭대기에 있는 연못을 반씩 나누어 그 중간선을 기준으로 경계를 정해야 한다"라고 하였다.

　접반사 박권45), 함경도 관찰사 이선부를 보내어 함께 가 살펴 처리하라 하였다. 김경문이 통역을 잘 함으로 딸려 보냈다. 이미 산에 올라 경계를 정하고 돌아와 경문이 나에게 그 사실을 다음과 같이 전하였다.

　이해 4월 29일 김경문이 역마를 타고 서울을 출발하여 1천여 리의 변경에 도달하여 삼수군 운곤에서 목극등과 만났다. 목극등을 따라온 청국인이 수백명, 낙타와 말이 2백여 필, 소가 20여 마리이었다.

　접반사 박권의 심부름꾼이 그 노역을 도왔고, 또한 먹을 쌀과 고기를 보냈으나 받지 않고 말하기를 "우리 황제께서 조선국에 폐를 끼칠까 염려하여 극등에게 하사하신 물자와 양곡이 심히 많다. 우리가 갖고 온 물자로서도 넉넉하니 염려하지 말라"하였다.

　목극등이 북경에 있으면서 우리나라 사신을 만남에 일러 가로되 "백두산을 올라 갈 때에 남쪽길을 택하고자 하니 너희 쪽에서 알아보라"하였다. 목극등이 김경문에게 등산길을 물으매 답해 가로되 "그 길은 혜산을 거쳐야 합니다. 공의 이번 걸음은 기필코 경계선을 밝혀내어 획정하려 함에 있는 줄 아는바, 백두산 마루에 큰 못이 있어 그 못물이 동쪽으로는 토문강이 되고 남쪽으로 압록강이 된다고 합니다.

　혜산으로부터 물줄기를 타고 거슬러 그 근원지에 도달하게 되는데, 그 사이의 산로山路와 수로水路가 심히 험하고 가로 막혀 있어서 옛적부터 통하지 못하고 있습니다. 간혹 사냥꾼이 올라가려고 나무를 휘여 잡고 원숭이처럼 기어오르나, 아직 산꼭대기까지 올라가 본 자 없다고 합니다. 공이 어찌하여 그와 같은 험난한 길을 밟으려 합니까"하였다.

---

44) 육진은 세종15년(1433)년에 설치한 경원·경흥·부령·종성·온성·회령을 말한것. 남방각지의 백성들을 이곳에 이주시켜 북방에 대비했다.

45) 숙종 12년 문과에 급제, 백두산 정계비 건립 시 우리나라 대표이었다. 吏·礼·戶·兵·四 曹의 判書를 두루 지냈다.

극등이 답하되 "내가 황제의 명을 받고 왔는데 어찌 그 험난함을 두려워 하리요! 너는 너의 나라 경계선이 여기에 있다 하지만, 어찌 그것만으로 우리 황제께 주상奏上하여 경계를 정할 수 있느냐. 네가 하는 말이 너의 나라 사적 史籍에 실려 있느냐"하고 반문하였다.

김경문46)이 대답하기를 "우리나라에서는 그것이 우리 국토의 경계선임을 어린아이들도 다 알고 있습니다. 그와 같이 뚜렷한 사실을 어찌 새삼 황제께 주상하며, 문자로써 운위云謂한다는 말입니까?

지난해 황제께서 창춘원暢春苑에 계실 때에, 우리나라 사신을 불러 서북의 경계를 물으시매, 우리 사자가 그와 같이 답했습니다. 귀공도 응당 들었을 것입니다. 압록·토문 두 강의 그 근원이 이 못에서 흘러나와 천하의 대수가 되어 있으니 이는 하늘이 남북의 경계를 정한 것입니다. 공이 한번 보시면 알 것입니다."

오월 초하루. 구가진旧加鎭에 도달하여 임금의 친서를 전달하였다.

오월 초사흘. 아침 일찍 출발하여 장령長嶺에 올라 북녘을 바라보니 백두산이 하늘 끝에 길게 뻗어 있다. 높고 크고 먼 창공이 마치 흰소 한마리가 초원에 누워 있는 것 같다. 극등克登이 망원경으로 바라다 보고 "300리쯤 되겠구나"했다.

오월 초나흘. 허천강을 건너 혜산진에 도달하였다.

오월 초닷새. 접반사 박권과 함경도 순찰사 이선부 두 어른이 들어가 극등을 만나보고 난 후 사람을 보내어 "우리 임금께서 드리는 선물입니다." 하고 금 오백냥을 주었더니 처음에는 사양하다가 나중에는 매우 기뻐하면서 말하기를 "황제께서 굽어 이 나라를 염려하시므로 우리가 여기에 와 경계를 정하여 변방사람들이 영내에 침범하지 못하게 하려는 것이다"47)라며 친절히 대해 주었다.

지방사람 애순이 일찍 산삼 채취차, 백두산에 등산한 일이 있어 남로南路를

---

46) 김경문은 정계비건립 시 우리 측 역관으로 자는 守謙 호는 蘇巖이다. 벼슬은 判中樞府使에 이르렀으며, 조선조의 대외관계문서인 《通文館志》를 펴냈다.

47) 《통문관지》, 숙종대왕 38년 임진조.

잘 안다는 것이다. 극등이 애순을 불러다 물어 가로되 백두산에 올라가는 길을 네가 잘 알고 있다지, 나 지금 너의 죄를 용서할 것이다. 숨김없이 말하라 하였다.

애순이 모른다고 대답하였다.

극등이 웃으면서 사람들에게 일러 가로되 "저 놈을 앞세우면 길을 알게 될 것이다" 하였다.

오월 초엿새. 극등은 필생筆生 소이창蘇二昌, 통역 이가二哥, 그밖에 가노家奴 20명, 낙타, 소, 말 사오십필, 인부 43인을 거느렸고, 우리 측은 접반사 박권 그를 수행한 군관 이희복·순찰사 이공선, 그의 군관 조태상·거산찰방 허량·나원만호 박도상·통역관 김응헌·김경문 및 안내자 3명·도끼잡이 10명과 말 40필, 인부 47명이 동반하게 되었다.

목극등을 수행했던 소륜과 악세 일행은 허항령을 넘어 본국으로 돌아갔다.48)

오월 초이레. 조반을 하고 난 후 털모자와 좁은 소매 옷에 무릎까지 올라오는 긴 장화를 신고 서로 바라보며 웃었다. 패궁정掛弓亭49)으로부터 강가에 내려가, 오시천五時川까지 올라갔다. 오시천은 경성군鏡城郡 장백산에서 근원을 발하여 이곳 압록강수와 합류한다.

여기서부터는 거친 돌과 자갈이 널려있고 인가는 없었다. 북으로 압록강을 건너 나아감에 돌벽이 쇠를 깎아 세운 듯하여 더 이상 앞으로 나갈 수가 없었다. 백덕에서 셋길을 만들어 가장 높은 산언덕으로 걸어갔다.

언덕이 비스듬히 잇달아 높아지다가 그 위가 평탄해진 곳을, 북방에서는 '덕'이라 하는데 백덕은 곧 백두산 기슭인 것이다. 여기서부터는 잣나무가 많으며 길이 몹시 가파르고 급하다.

이미 등성마루가 약간 평탄한 곳에 올랐는데 지세地勢는 한 걸음 한 걸음 더 높아 갔고 하늘을 뒤덮은 산림 속을 뚫고 들어가니 큰 나무 뿌리들이 여

---

48) 목극등을 수행하였던 청인은 약 100여명에 달했던 것으로 보이며 이들이 무산 건너편 강을 건너 돌아감에 이때부터 목극등의 경호는 조선 측이 맡게 되었다.

49) 패궁정은 활을 걸어두는 정자각을 말하는데 변방에서 군사들이 조련하던 활터에서 비롯된 지명이다.

▲ 백두산의 울창한 밀림

기 저기 엉켜져 있었다.

　도중에 비를 만나 길이 축축히 젖어 걷기가 어려웠다. 70리를 걸어 검천劍川에서 일박을 했다. 오월 초파일 검천을 건너 25리를 걸어 곤장우昆長偶에 도달하였다.

　처음 출발할 때 박권과 이선부가 백두산 꼭대기까지 올라가겠다 하니 목극등이 "내가 보건대 조선의 재상들은 움직이면 반드시 가마를 타는데, 더욱이 연로한 당신들이 그토록 험한 곳에 갈 수 있겠는가, 중도에서 넘어지면 대사를 그르칠 것이다"하고 허락하지 않았다. 그리하여 두 분은 극등과 작별하고 또한 우리 측 6명과 함께 술을 마시고 위로하고 돌아갔다. 15리쯤 가니 큰 내가 있었다. 서쪽으로 건너매 물은 얕으나 흐름이 달리는 말과 같았다.

　오월 초아흐레. 애순50)에게 시켜 10명의 도끼잡이들과 함께 길을 가로 막고 있는 나무를 베게 하였다. 강의 낭떠러지가 급하여 5리 정도 길이 끊겼으므로 다시 평평한 산언덕으로 올라가 길을 걸었다.

화피덕, 시백덕이라고 불리우는 이 언덕은 더욱 높고 험하며 그 꼭대기가 크고 넓은데 타다 남은 등불 심지가 버려져 있었다. 이가二흟가 마름麦[51]을 가리키며 애순에게 묻기를 "너 길을 안다니 여기서 자고 간 사람을 알겠구나"하니 애순이 묵묵 부답이었다.

80여리를 걸으니, 조그마한 못이 있었다. 사람이 쉬고, 말이 물을 마셨다. 목극등이 소 한 마리를 둘로 나누어 반은 우리에게 주고, 반은 자기네가 차지했다. 해가 넘어가려 할 때 하늘이 음산해지고 뇌성이 진동하더니 소낙비가 쏟아졌다.

청인들은 모두 휘장 하나씩을 가져다 쓰니 그들은 비를 맞지 아니하고, 우리 편 여섯 사람은 오직 삼베로 만든 휘장 하나와 손바닥만한 기름종이 한 장이 있을 뿐, 그 휘장과 기름종이 속에 개미와 같이 모여 들어 비를 피하였다. 따라온 사람들은 앉아서 비를 맞으며, 추위에 떠는 가운데 밤이 깊어져서 비가 그쳐 겨우 죽음을 면하게 되었다.

오월 열흘, 동으로 강을 건너 우리편 강 언덕을 따라 얼마쯤 가다가 다시 청국 측 강가를 30여리를 걸었다. 이 30여리 사이에서 아홉 번 강을 건넜는데 평탄한 곳이라곤 두서너 걸음을 옮길 정도일 뿐 나머지는 모두가 폭포수와 여울이었다. 시백덕으로 부터 140여리를 올라갔다.

거목이 산에 가득 차 있고, 하늘에 높이 솟아 해를 가렸다. 그중 큰 나무는 둘레가 30여척 되며, 빽빽하기가 직물을 짜놓은 것과 같았다. 나무와 나무사이의 틈으로부터 빈 곳을 찾아 옆을 뚫고 나와, 이곳에 당도하니 비로소 하늘을 보게 되었다.

그러나 역시 평탄한 남향의 곳이 아니면 햇빛을 얻어 볼 수 없었다. 이따금 자빠진 나무가 누워 있는데, 가지가 어금니와 같이 뻗어 있어 앞으로 갈

---

50) 애순은 백두산 일대에서 산삼을 캐러 다녀 등산로를 잘 알고 있던 무산지역의 원주민이었다. 천민으로 성이 없어 애순으로 호칭하고 있다.

51) 마름은 늪에서 자라는 1년생 식물로 바늘꽃과에 속한다. 옛말로 말밤, 말배라고도하는데 열매가 있어 따서 먹기도 한다.

수가 없었다.

이리저리 피하면서 가야 하는데, 그럭저럭 100리, 200리가 되었다. 나무는 삼나무·전나무·잣나무·자작나무·북나무 등이 많은데, 소나무는 한 그루 밖에 보지 못했다. 붉고, 흰 작약 꽃이 만발해 있었다. 나무가 있되, 키가 몹시 작았다. 초생 잎이 새파란데 이러한 나무들을 속칭 '두을죽荳乙粥[52]'이라 한다.

김경문 일행은 백두산 관목지대[53]를 지나고 있었다.

오시천부터, 새를 보지 못했으나 이곳에 오니 누런 새가 있다. 잣나무 기름을 쪼아 먹고 사는 이 새는 그 울음소리가 몹시 성급하였다. 지방사람들이 이것을 '백조'라 하는데 깊은 산에 들어서니 백조 또한 울지 아니 하였다.

범과 표범은 없고, 곰·돼지·사슴·노루 등이 떼를 지어 놀다가 사람을 보고 놀라 뛰어 멀리 흩어져 달아났다.

담비·이리·족제비·탁쥐·쥐제비·날다람쥐 따위는 없는 곳이 없다. 조금 나아가 비탈진 긴 언덕에 오르니, 산이 굴곡을 지어 급경사의 골짜기를 이루고 있는데, 그 모양이 지극히 장엄하고 험준하다.

애순이 말하되 "이곳은 한덕립의 지당입니다. 이 지방에서는 물이 돌에 부닥쳐 솟아올라, 사나운 소리를 내어 사자처럼 울부짖는 곳을 지당이라 합니다. 여름철이 되면 뭇사슴이 이곳에 모여들어, 깨물고 쏘는 벌레의 해와 독을 피합니다. 덕립이 이 골짜기의 출입구를 독점하여 많은 사슴을 잡았으므로 '덕립의 지당'이라 합니다"하였다.

다시 비탈을 올라 8·9리를 가다 극등이 낭떠러지 언덕 위에서 말을 멈추니, 모두들 발을 멈추고 굳어져 멈추었다. 나, 또한 말에서 내려 보니, 절벽이 몇 1,000장丈이다.[54]

대지가 터지고 갈라져 가운데는 벌어져 있는데 폭포수가 높은 돌벽에서 토하듯 깊은 계곡에 떨어진다. 물줄기가 부닥쳐 진동을 치니, 뭇바위 봉우리가

---

52) 두을죽은 들쭉이라고 하는 것으로 생김새와 맛이 포도와 비슷하다.
53) 교목 또는 고목이라고도 하는데 비교적 키가 큰 나무들이 밀집된 지역을 말함.
54) 장(丈)은 길이의 단위로 1장(丈)은 10척(尺)이다.

두려워하여 우뚝 서있다.

　　좌·우의 계곡에서 여울물이 모여들어 화살과 같이 달린다. 혹은 소용돌이 쳐 웅덩이가 되고, 혹은 돌과 격투를 벌려 장엄하게 울린다. 다시 10여리를 가니, 나무가 성글고 산이 점차 드러났다.

　　이제부터 산은 뼈대뿐이요, 빛깔은 창백하다. 싸이고 싸인 기운이 웅결하여, 하나의 큰 물방울과 같은 암석이 된 것이다. 동쪽 한 봉우리를 바라다보니 험하고 힘차게, 우뚝 솟아 하늘의 받침대가 되어 있다.

　　애순에게 "산이 가까우니, 오늘 중에 꼭대기에 당도하겠느냐?"라고 물어보니, 애순은 "그렇게 안 됩니다. 저 산은 소백산인데, 소백산을 지나 서쪽으로 10여리를 더 가야 백두산 터전에 당도합니다. 터전에서 꼭대기 까지는 20~30여리가 되며, 또한 조금 더 가면 동쪽 고개가 있는데 이것을 소백산의 지산이라 합니다. 높고 험한 그 등마루에 오르면, 비로소 백두산이 보입니다. 웅장하고 높아 1,000리 밖 하늘아래 오직 그 산마루만이 보입니다. 그 모양이 마치 높은 도마 위에 백색의 독을 거꾸로 엎어 놓은 것 같습니다. 그러므로 산 이름을 백두라 하는 것입니다. 이 마루턱부터는 한주먹의 흙과 한 포기의 풀도 없습니다. 간혹 소나무와 삼나무가 있으나 강풍에 시달려 왜소하고 구불구불 합니다"라고 답하였다.

　　수 십리에 걸쳐 나무가 있으나 역시 울퉁불퉁 혹이 나있고, 그 높이가 두어 자R[55]지나지 않는다. 이것을 속칭 '박달朴達'이라 한다. 여기를 지나니 모두가 민둥산이다. 때는 저녁노을이 한참인데, 산허리에 조각구름이 있었다. 산꼭대기에 일어 드리우듯 밑으로 내려왔다가 별안간 똘똘 말려 올라가 퍼져 하늘에 가득 찬다.

　　애순이 "큰 바람이 불고 비가 오겠다"하고 두려워하는 빛을 보였다.

　　목극등이 보고 "왜 그렇게 무서워하느냐"하니, 애순이 답해 가로되 "우리가 지금 여기까지 올라왔는데, 이 산에서 비가 오면 반드시 사람이 죽습니다. 바람이 불면, 돌이 물거품과 같이 떠올라, 사방에서 쏟아져 내려 눈 한번 깜짝할 동안에, 비탈진 골짜기를 메꾸워 버립니다. 헤아릴 수 없이 깊은 곳에

---

55) 자(尺)는 우리나라 재래의 길이의 단위로 1자는 약 33cm임.

묻혀버리면, 살아날 방도가 없지 않습니까. 백두산에 올라오는 사람은 반드시 목욕재계하고 무사함을 기도합니다."

극등이 가로되 "나, 천자의 명을 받고 온 관원인데, 어찌 너희 채약사採藥師56)와 사냥꾼 같이 하겠느냐"하였다. 경문이 답해 가로되, "공의 말이 옳습니다. 그러나 옛적부터 기도와 제사는 숭상해 왔지 않습니까?"라고 하였다.

또 한사람이 말하지 아니하여도, 자기 자신은 일과 적이 있음을 알고 행해야 한다는 것이 옛사람의 말입니다.

목극등이 김경문을 돌아보고 초를 찾아 기도하라 했다. 저녁이 되니 구름이 개이고, 달이 떠올라 머리위에 있었다.

홀연 귀신과 같은 괴물이 나타나 우뚝하고 털이 많이 난 모양으로 좀 떨어진 곳에서 사람을 때리려 하였다. 자세히 보니 모두 낮에 본 노목들이다. 사람으로 하여금 부지불식간에 두려워하게 하는 것이다.

오월 열하루날. 새벽밥을 먹고 저들 셋 관원과 우리 측 관원 6명이 제각기 두 사람씩의 발걸음 좋은 자를 거느렸다. 또한 목극등이 데리고 온 화공 유원길 및 애순등과 함께 떠나 50~60리를 걸었다.

산이 문득 횡으로 갈라져 구덩이를 이루었는데 깊이는 한이 없고 갈라진 폭은 겨우 이척이다. 말이 겁내어 벌벌 떨면서 건너지 못하였다.

사람이 내리고 마부가 먼저 뛰어넘어 고삐를 잡아 당겨 말을 건네 했다. 그렇게 한 후 극등이 먼저 뛰어 넘으니 사람들이 모두 뒤따랐다. 그러나 경문, 소이창 이의복은 넘지 못했다.

극등이 키 큰사람으로 하여금 손을 내밀어 붙잡고 건너게 했다. 5리쯤 올라가니 또 아래와 같은 구덩이가 있는데 폭은 한자 남짓하다. 길이 더욱 험하고 급하여 타고 갈 수 없어 말을 멈추고 나무를 쪼개어 다리를 놓고 건넜다.

약간 서쪽으로 향해 내려와 압록강 상류를 건너 그 북쪽 언덕에 앉았다. 극등과 더불어 강역의 경계를 논의하다 여기서 약간 기운을 얻어 천천히 걸으니 심신이 상쾌했다. 다시 4리쯤 앞으로 나가니 길은 더욱 사납고 경사는 더한층 급하다. 다리에 힘이 없고 땀은 비오듯 흘렀다. 다시 4리쯤 가니 목이 마르고

---

56) 생약(生藥)의 약재를 캐러 다니는 사람을 일컬음.

기운이 다 하여 움직이지 못했다.

목극등의 씩씩하고 민첩한 모양은 원숭이의 날램과 같아 따를 자 없었다. 허량이 뒤에 가고 박도상, 조태상, 두 통역관, 그리고 이가의 차례로 올라간다. 소윤, 이공선, 나 김경문은 맨 아래였다.

모두들 허덕이는 모양이 눈이 목까지 빠진 소가 허덕이는 것 같아 차마 볼 수 없었다. 앞서 가는 사람을 따르려고 사력을 다하나, 다리를 잡아매어 놓은 것 같아 걸음을 내칠 수가 없었다. 역부가 갖고 온 포대를 허리에 걸고, 시종자 두 사람이 좌우에서 당기게 했다.

멀리 미치지 못하여 앞서 가는 사람을 바라보니 모두들 구름기가 이는 아득한 곳에 있었다. 산정이 멀지 않으나, 아직 반밖에 못 왔다는 느낌이 들었다. 조금 쉬고 또 가니 마음이 더욱 두려워졌다. 몇 발자국 가다 넘어지고 몇 발자국 가다 멈추곤 하였다. 혹은 부축하고 혹은 땅에 배를 대고 엉금엉금 기어갔다. 힘을 다해 뒤따르나 더욱 뒤떨어졌다. 산정에 도달하니 이미 한낮이었다.

백두산은 먼저 서북에서 일어나 곧 동으로 향해 오다가 이곳에서 높이 솟은 것이다. 그 높은 하늘에 다다랐는데 꼭대기에 큰 못이 있다. 사람의 머리 위에 숨구멍이 있는 것 같다. 둘레는 20~30리인데 물빛이 검푸르기도 하고 검기도 하여 그 깊이를 헤아릴 수 없다.

때는 초여름인데 얼음과 눈이 조금씩 쌓여 있었다. 바라다보니 사방이 전부 바다라 산의 형상이 멀리 있을 때에는 독을 엎어 놓은 것 같더니 올라와 보니 산머리는 주위가 불룩하고 그 가운데가 파져 독이 위로 향해 있는 것 같다.

밖은 희고 안은 붉으며 사변의 벽이 깎은 듯이 서있어 마치 호단전과 같다. 중국인들이 "하늘을 보고 외친다" 하였다. 이날 낮, 맑게 개어 사방이 내려다보이는데 똑바로 1,000리가 사무치게 넓고 아득하며 편편하게 눈 아래 있었다.

산을 둘러싼 눈이 점을 찍은 듯이 여기저기 이어져 있어 마치 흰 솜이 흩어져 있는 것 같다. 서북쪽 뭇 산이 겹쳐 나갔는데 모두들 두각頭角이 반쯤 드러나 구름과 서로 삼키고 뱉는다.

그것이 조청양국 어느 쪽 산인지 알 수 없다. 그러나 경성의 장백산과 그 동서의 큰 산들은 분명히 알 수 없으나 가히 미루어 인정할 수 있었다. 포哺·다多·회會·관關·민民' 등은 소백산계 여러 봉우리는 모두 백두산의 크고 작은 지맥이다.

그 외의 것은 시력이 미치지 못해 분별할 수 없었다. 목극등이 가로되 "나, 《대청일통지》57)를 관할하는 자로 칙지勅旨를 받들고 우리나라 각처를 탐방, 내 발길이 천하에 두루 미쳤는데 백두산의 험하고 뛰어남은 생각지도 못하리만치 기발하다. 비록 중국의 명산에는 미치지 못하나 웅대한 세는 중국의 모든 명산보다 훨씬 낫다"하였다.

극등이 못물을 가리키며 '이 가운데 무엇이 있느냐'고 묻자 경문이 답해 가로되 '오래된 큰 조개가 있다 합니다'하고 답했다.

극등이 말하는바 '어떻게 그것을 아느냐. 나 듣건대 명월주는 깊은 못에서 난다하니 여기에 반드시 있을 것'이라 했다. 애순이 말하되 '하늘이 온화하고 경색이 맑은 밤에는 못에서 이상한 기운을 토합니다'라고 했다.

그 광채가 하늘에 뻗쳐, 바다에서 달이 떠오르는 것 같습니다. 또한 매년 6월이 되면 얼음이 녹고, 7월에 다시 얼음이 업니다. 그 동안이 한 달인데 지중에서 광채가 쏘아 오르는 것은 반드시 얼음이 풀리는 때 입니다.

사람들이 듣고 웃으니, 애순이 경계했다. 별안간 못에서 소리가 나더니 얼음장 밑에서 뇌성이 진동했다. 애순은 질색하고, 극등은 못을 향하여 꿇어 앉아 묵념하면서 몇 마디를 중얼거렸다.

'백두산 천지에 광채를 발사하는 조개가 있다'는 이 기록은 귀담아 들을 일이다. 《습유기》는 음천陰泉에 검은 빛깔의 조개가 있는데 날아다닌다 했다. 즉 음천陰泉, 재한산북在寒山北 유묵와有黑蛙, 비상래거飛翔來去라 하였다.

또한 본초本草는 진蜃은 교룡蛟龍의 일종이라 하고 다시 진蜃의 큰 것은 뿔이 있어 형상이 용과 같고 취기吹氣를 토하여 난태欄台 또는 성곽과 같은 신기루를 만들어 낸다고 강희자전康熙字典에58) 말하고 있는데 목극등이 말한 명월

---

57) 청건륭 8년(1742년) 356권으로 편찬된 것이 20년 후인 1763년에는 500권으로 증보된 청조의 팽대한 地誌이다.

주와 애순이 말한 이기異氣는 우리의 흥미를 돋구었다.

통아通雅에 "주珠는 조개에서만 나오는 것이 아니라, 주비독줄어와珠非獨出於 蛙也"라하여 "용의 구슬은 후두(목구멍의 가장 요긴한 곳)에 있고, 거북이의 구슬은 발에 있고, 거미의 구슬은 배에 있다. 그러나 그 모두가 구슬만 못하다"했다.

산정에서 내려 동쪽으로 가는데 곰 한마리가 모퉁이에서 튀어 나왔다. 극등이 대갈일성, 주먹을 휘두르면서 쫓으니, 곰이 놀라 산등성이 쪽으로 뛰어 달아났다.

경문이 극등에 일러 가로되 "공은, 황제의 측근인데, 어찌 그와 같이 가볍게 행동하느냐"하니 극등이 웃으면서 "내가 하는 짓이 곧 자중自重이다. 불의에 맹수가 나왔을 때에 내가 두려워하면 맹수가 나를 업신여길 것이니 어찌 버려둘 수 있느냐" 하였다.

산등성이의 마루를 따라 어슬렁어슬렁 4리쯤 내려오니, 비로소 압록강의 근원이 발견되었다. 물거품이 일면서 솟아오르는 샘이 있다. 줄기차고 풍성한 물은, 산하의 못 물이 뚫어져 있는 구멍을 타고 흘러내리다가 여기서 지표에 나타난 것이다.

물이 졸졸 소리를 내면서 화살과 같이 달리는데 불과 수백m 지점에서 좁게 벌어져 있는 천검의 골짜기로 쏟아져 들어간다. 양손으로 움켜 떠 갖고 마시니 물맛이 시원하며 상쾌하였다.

동쪽으로 짤막한 산등성이를 넘어서니 또 하나의 큰 샘이 있다. 샘물은, 서쪽으로 흘러 불과 1000여m 지점에 두줄기로 나누어진다. 그 중 한 줄기는 동으로 흘러내리는데, 이 줄기는 매우 가늘다.

다시 동으로 한 산등성이를 넘어서니 거기에는 제3의 샘이 있다. 동쪽으로 흘러 불과 50m 지점에 제2의 샘이 있는 산줄기에서 동으로 흘러오는 물과 합류한다.

극등이 제2의 샘물이 갈라져 흐르는 중간지점에 앉아, 경문을 보고 일러

---

58) 《강희자전》은 서기 1716년에 발간된 중국 최대의 한자사전으로 총 42권으로 되어 있다.

▲ 백두산 천지 위성 사진

가로되 "이곳이 이름 지을 만한 분수령이다. 여기에 비를 세워 경계선으로 정함이 어떠하냐"하였다.

경문이 답해 가로되 "옳고 밝은 처사입니다. 공의 이번 행차의 처사는 마땅히 이 산과 더불어 영원할 것입니다. 이 두 물줄기가 나누어져 사람 '人'자가 되어 있고, 또한 갈라진 곳에 작은 바윗돌이 마치 범이 엎드려 있는 것 같습니다"

극등이 가로되 "이 산에 이러한 돌이 있는 것은 심히 기묘하고 이상스러운 일이다. 가히 비석의 받침돌을 만들 만한 곳이다"하였다. 산을 내리니 어두워졌다. 천막에서 밤을 새웠다.

오월 열 이틀. 목극등이 말해 가로되 토문의 원류가 단독적으로 땅 밑에 들어갔다가 노출되어 강역의 경계선으로는 분명치 못하다. 비 세우는 일은 경솔히 논할 수 없다"하고 곧 그가 데리고 온 두사람 소이창, 이가二哥와 애순을 보내어 수도水道를 찾게 했다.

조선측 김응헌과 조태상[59] 두사람이 뒤를 따랐다. 일행이 60여리를 갔다가 날이 저물어 돌아왔다. 소이창, 이가 두 사람이 아뢰어 가로되 "그물이 과연 동으로 흐르고 있습니다"했다.

극등이 사람을 시켜 비석을 만드니 너비가 2자요, 길이가 3자였다.

또한 그 분수령에 비석의 받침돌을 만들었다. 비석이 이미 다듬어졌으며, 다음의 글을 새겼다. 즉 "大淸" 두자는 조금 크게 하고 오라총관 목극등은 황제의 명을 받들고 변방을 시찰하기 위하여 이곳에 와 답사했다.

서는 압록강이 되고 동은 토문강이 된다. 그러므로 이 이수二水의 분수령에 비석을 세워 기록하였다.

康熙五十二(一七一二)年 五月 十五日

筆貼式 蘇爾昌 通官 二哥

朝鮮軍官 李義復, 趙台相, 差使官 許樑

朴道常, 通官 金応憲, 金慶門 등이 만들고 새겨서 세우다.[60]

이미 공사를 필함에 산을 내려 무산에 당도했다.

극등이 접반사 박권, 함경도 관찰사 이선부에게 일러 가로되 "토문의 원이 끊기는 지점에 높직하고 평평한 돈대를 쌓아서 그 하류와 접속시켜 경계를 분명히 들어나게 하시오. 이번 걸음의 왕래가 무려 3개월인데 그 행로가 수 1,000리에 달한다"라고 하였다.

나, 옛 전기를 읽음에 곤륜산은 그 높이가 2,500여리인데, 황하의 원源이 거기서 발하였다. 한나라 장건張騫이 그 원源을 알아내었으며, 사마천이 이것을 전하고 찬양했다.

백두산은 동북방의 곤륜산인데 아직 올라가 본 자가 없다. 이제 금생慶門이

---

59) 조태상은 이의복과 같은 군관으로 정계시에 목극등을 끝까지 수행한 자로 정계비문에 명기되어 있다.

60) 정계비에 새겨진 글자수는 총 9행 82자이다. 자세한 내용은 拙著 《한국변경사연구》 47쪽을 참조.

능히 그 꼭대기를 밟아 압록·두만 양대 강의 원을 찾아 강역의 경계를 정하고 돌아왔으니 장하지 아니하냐.

그러나 나만은 한무제 때와 같은 성세盛世를 만나지 못하여 장건과 같이 이 산에 올랐으나 하나의 노복奴僕이 되어 오라총관의 심부름꾼이 되었으니 이것이 개탄스럽고 한恨이 된다.

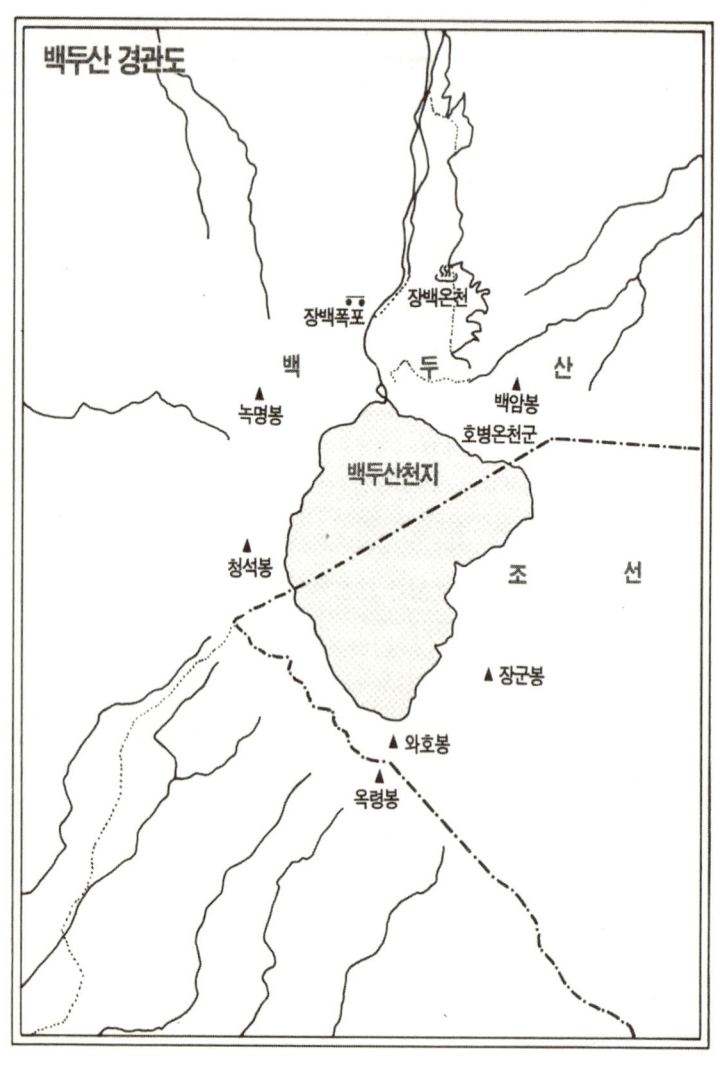

▲ 1963년 4월 북한과 중국간에 맺어진 백두산 분할선

▲ 두만강하류 국경선도

녹둔도 鹿屯島의 상실

두만강 하류의 녹둔도

러시아와 청은 동부국경 설정문제에서 아무르강으로부터 두만강 상류의 20여리에 달하는 지점과 이로부터 흥개호興凱湖 이북지역은 그런대로 수긍이 되나 그 이남지역은 조약상으로나 지리적 상황으로도 불명료하여 양국간에 합의를 보지 못하고 미결상태로 남겨두었다. 다만 동조同條 제3조에 흥개호 동방에서 두만강구에 이르기까지 계표界標를 세워 경계를 구분하도록 하자고만 하였다.

이러한 임무를 이행하도록 양국정부는 각기 위원을 임명하고 우수리강구에서 회동하여 현지조사를 통해 추진해 나가도록 하였다. 그리하여 이듬해인 1861년 4월淸 咸豊 11년에 회담을 가질 예정이었으나 청측의 사정으로 회담장소를 흥개호 서안으로 할 것을 제의함에 러시아 측에서도 별다른 이의 없이 받아들여졌다. 당초보다 한 달 가량 늦게 그해 5월 21일 일명 홍개호 계약으로 알려진 북경조약 추가조관 및 정계도, 국경설명서에 조인을 하였다. 그러나 회담 중, 또 다시 북경조약에 관한 청 측의 이의가 제기되었다.

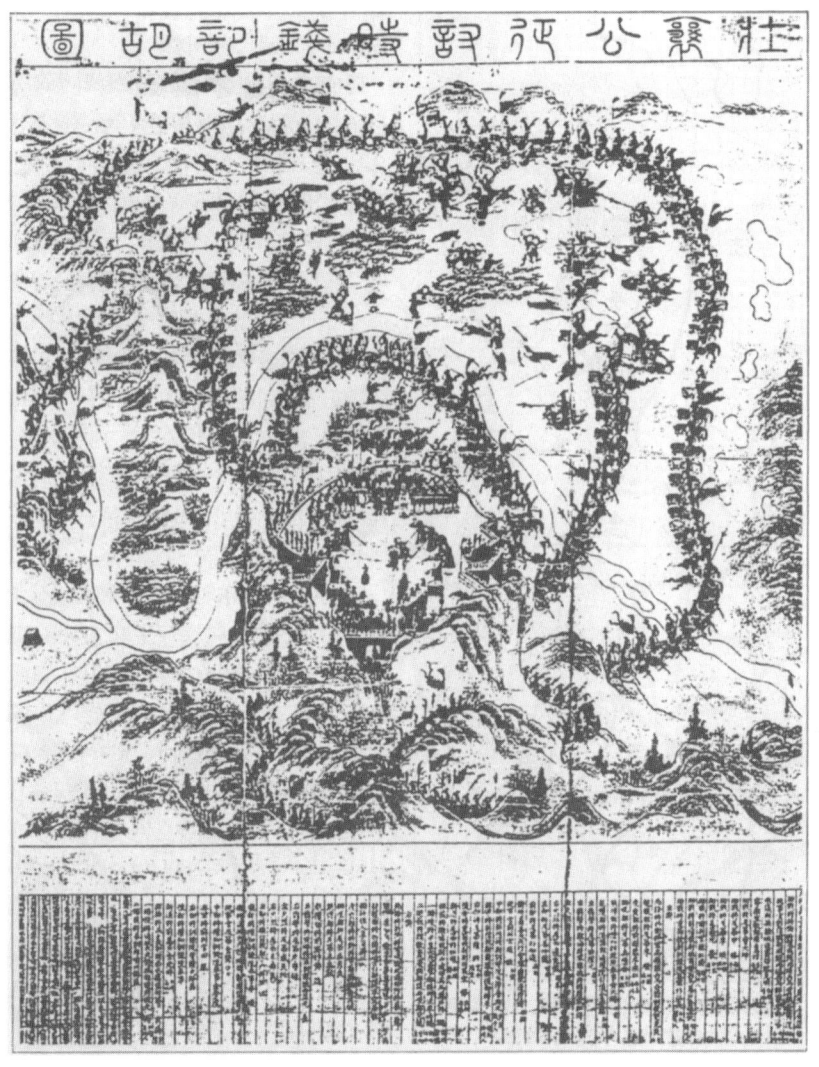

▲ 1588년의 녹둔도 전투를 그린 그림(육사박물관 소장)

▲ 녹둔도는 이순신 장군이 활약한 곳이다(KBS 드라마의 한 장면)

그러나 러시아 측은 그들 의도대로 회담을 성사시키고 말았다. 이 때가 서기 1861년 6월 28일이었다. 이로써 러시아는 문자 그대로 내륙으로부터 아무르강을 통한 연락망을 확보함으로써 '동방을 점령하자[61]'라는 러시아어의 블라디보스톡이라는 명칭의 항만을 확보케 된 것이다.

반면, 청국 측으로서는 영고탑寧古塔에 인접한 수분하류역綏芬河流域을 상실하였을 뿐만 아니라 훈춘 가까이 국경이 설정됨으로써 동해안의 포세이트만을 잃게 되어 만주滿洲의 길림성吉林省은 내륙의 성이 되고 교통지리사상 일대변혁을 초래하게 되었다.[62]

흥개호 계약으로 약정된 국경은 하천 국경에서와 같이 명확한 자연

---

[61] 妹尾作太男・三谷庸雄, 《日露戰爭史》, 時事通信社, 1979년, 120쪽.
[62] 滿鐵調査月報社, 〈滿洲東部國境の諸問題〉, 《滿鐵調査月報》, 第19卷, 第3号, (1939년 3월).

물을 활용치 못하고 한계가 불분명한 산령山嶺으로 국경를 정함으로써 부득이 인위적인 방법으로 경계를 설정할 수밖에 없었다.

그러나 수분하류역이나 훈춘방면의 교통로를 제외한다면, 이 밖의 지역에는 양국의 지배권 접촉이 극히 제한되어, 대부분의 산악지는 전인미답지로 양국간의 중간지대로 남게 되어 관념상의 국경으로 양국간의 이의가 없는 상황이었다.

이러한 지역은 지도선상의 명시일 뿐 당해지역의 경계에 필요한 시설물은 설치하지 않았다. 경계설정에 위임을 받은 양측 위원들도 굳이 험준한 산악을 따라 곳곳에 계표를 설정하는 것이 어려워, 될 수 있는 한 국경선의 요지라 할 수 있는 양국민의 접촉지대에 한해 계표를 세워 양국 군관민들의 주위를 환기시키는데 그쳤다.[63)]

계표작업은 약 3개월에 걸쳐 끝

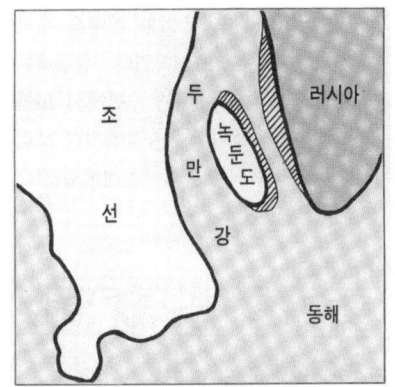
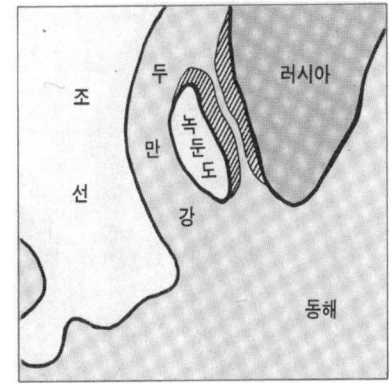
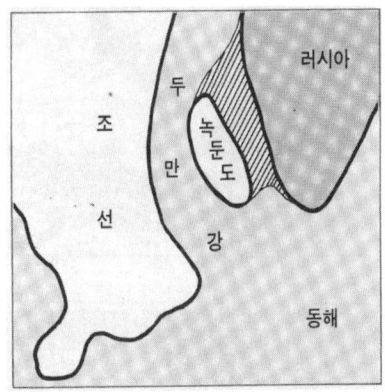

▲ 녹둔도의 연육과정. 연해주와의 사이에 토사가 쌓이면서 육지와 맞닿았다.

---

63) 〈滿洲東部國境の地域的考察〉, 《滿鉄教育研究所要報》, 第11輯, 1937년 4월.

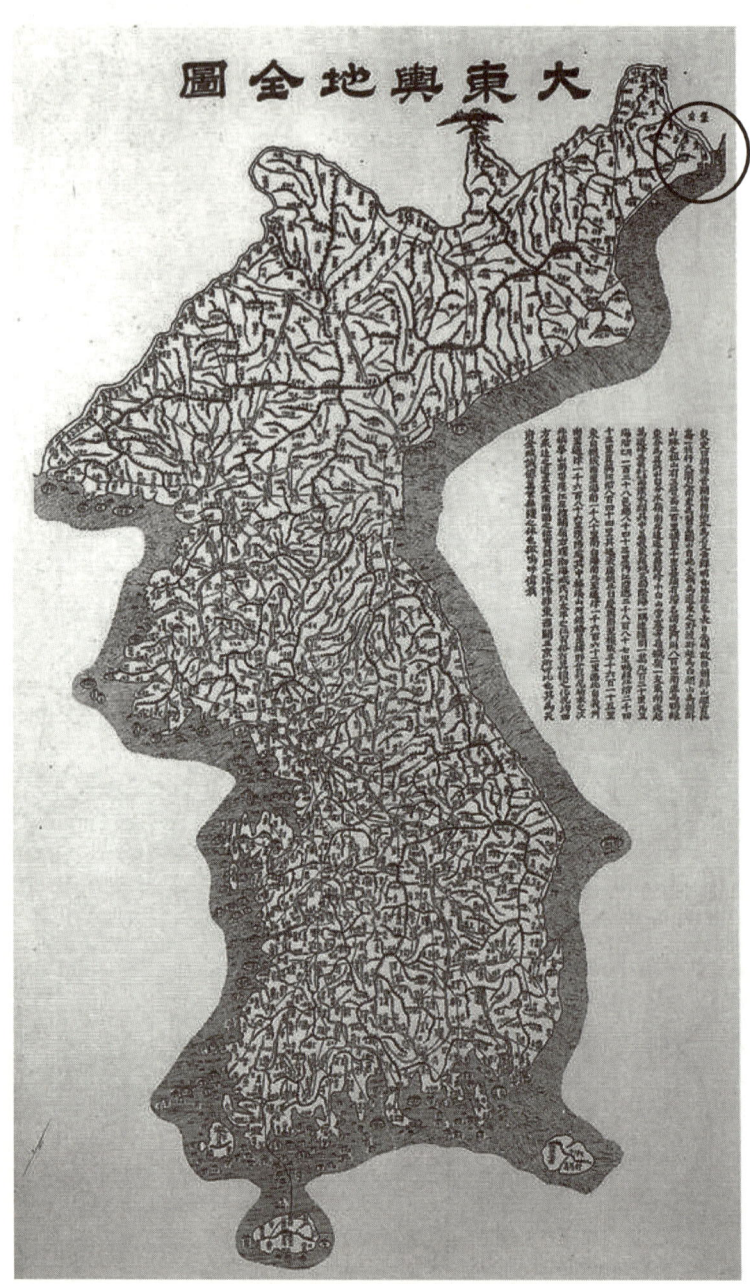

▲ 김정호의 대동여지도(1861)에 나타나 있는 두만강 하구 일대와 녹둔도

났는데64) 우리나라 두만강 대안 훈춘 인접지점에 세워진 토土자비 설립당시의 상황이 1861년 7월 30일(음) 망덕산 에서 관측되어 경흥부사 이석영李錫永에게 보고되고 조정에 알려 지게 되었다.

　망덕봉수대에서 김대흥이 두만강 건너편에 호인胡人이 막사를 짓고 있음을 부사에 보고하고 경흥부사 이석영은 이들과 필담을 통해서 그들이 청인과 러시아인들이며 계표를 세우려 한다는 것을 알게 되었고 이들이 서책을 보여줌에 이를 필사하였다는 것이다. 이렇듯 중대한 사건이 우리나라 북방에서 일어나고 있음에도 조정에서는 전혀 알지 못하고 있었을 뿐만 아니라 이러한 보고를 받은 후에도 별다른 조치를 취하지 못한 것 같다. 이들의 동부국경 계표설치작업은 우리나라 두만강 건너편의 계표 설립으로 마감이 되었는데 이들 계표는 목재인 까닭에 세월의 흐름에 따라 비바람에 씻겨 그 흔적이 불명할 뿐만 아니라 산불 등으로 타버려 국계표시의 기능이 상실되었음을 뒤늦게 알게 되었다.

　1876년光緖 1년 9월 청·러 양국지방관의 공동조사가 흥개호계약에 따른 국경획정 이후 15년 뒤에 이루어졌는데 조사 결과 온전한 계표는 한 개도 없었다. 이에 양측은 표의 재건을 위해 광서光緖 3년 6월에서 8월 말까지 영고탑 삼성 훈춘의 3개 지방관과 러시아 측의 대표 마취닌과 회합한바 삼성三姓의 부도통副都統, 장린長麟은 야자패耶字牌, 영고탑 부도통 쌍수双壽는 적자패赤字牌를 비롯하여 객객喀, 랍拉, 나那, 왜倭, 박자패拍字牌 등을, 훈춘협령 눌목금은 토자패土字牌를 훼손된 원위치에 전과 같은 양식으로 목패로를 재건하였다.

　재건된 8개의 목패는 우수리 강안과 동부육지 국경의 북단인 백능하 부근 청·러교통의 요충지인 수분하 연안에 2개씩 세우고 동부국경의

---

64) 增田忠雄,《滿洲國境問題》, 中央公論社, 1927년, 106~107쪽.

종단인 두만강 연안에는 1개의 패를 세웠는데 그 후 양국의 접촉이 확대됨에 따라 많은 문제점이 발생하였다.(65)

통부국경 중에서도 특히 남쪽 방면의 국경의 경계가 매우 불확실하였다. 이를 반증이나 하듯 이들 지역에서는 러시아 측 불법행위가 광서光緒 5~6년간에 잇달아 일어나더니 동부국경 각처에 월경越境침입이 잦았으며 청국거류민의 학대사건이 계속 일어났다.

이렇듯 급박한 사건이 변경지역에서 빈발함에 청국정부에서는 오대징을 길림성변무독판으로 임명하고 국경문제를 처리하도록 하였다. 광서光緒 8년(1882년) 말경에 오대징은 변경지대를 시찰한 뒤 동북국경지대에 새로운 국경정책을 펴도록 하였다.

즉 남쪽으로는 훈춘에서, 북쪽으로는 밀산에 이르는 사이에 역도驛道를 두고 정변군을 주둔시키는 한편 국경연변에 이민을 초치招致, 개간하도록 하여 청의 지배권을 정치적 국경선까지 확충시킴으로써 러시아의 진출을 방어하는 대책을 강구하였다. 이러한 변경대책에 청·러 간의 국경문제는 미묘하여졌다.

광서 8년(1882년) 말에는 러시아군의 침입사건이 흑정자지방黑頂子地方과 두만강 연안에 공공연히 있게 되었다. 특히 러시아군은 국경 요충지에 군사시설을 하고는 좀처럼 철퇴할 기미를 보이지 않았다. 훈춘부도통 '의극당依克唐'이 엄중한 항의를 했으나, 응대조차 하지 않았다. 광서 9년 봄 훈춘에서 흑정자 불법 점령에 관한 회의를 개최하기로 했으나, 회의당일 러시아 대표인 마춰닌이 나타나지도 않아 청 측 대표인 영고탑부도통 쌍수를 곤궁에 몰아넣었다.

이에 쌍수는 또다시 이듬해인 광서 10년(1884년) 봄 국경획정준비회

---

65) 平竹伝三,《ソ連極東國境線》, 櫻木書房, 1941年, 51~52쪽.

의 개최를 제의하고 지난번의 굴욕을 두 번 다시 당하지 않기 위해 러령으로 들어가서 횡도하橫道河 감사소 근처에서 3차의 회의와 현지공동조사를 실시하였다.

현지공동조사에서 러시아 측은 장령자에서 토자목패 설립지인 사초봉까지는 조사에 응했으나 그 이남 지역인 두만강의 조사는 거절함으로써 토자패 설립지의 조약상 위치와 현재의 패 설립지상의 차이점인 오자패 문제 등의 분규는 전혀 타결을 보지 못하였다. 그 후로도 국경분규는 계속되고 해결의 실마리는 보이지 않았다.

마침내 러시아 측도 하는 수 없이 광서 11년(1885년) 말 국경획정회의 대표로 파라노흐를 파견하기로 청 측에 통고하고 청도 오대징을 대표로 임명하고 말썽이 되고 있는 흑정자 문제와 두만강 변계를 논의하기로 하고 현지에 있는 훈춘부도통 '依克唐'을 부대표로 정했다.

회의장소로는 흑정자에서 가까운 암오하(노우기에후스크)로 정하고 주 의제는 흑정자에서 러시아인의 불법행위의 시정, 그리고 두만강변계의 국지적 경계구획 문제를 다루기로 하였다.

광서 12년(1888년) 4월 22일 첫 회합이 러시아령인 노우기에후스크에서 예정대로 열려 함풍 11년(1861년)에 세운 토자패의 위치와 두만강구의 오자패에 대해 논의하였다.

지리상 정확을 기하기 위해 러시아 측이 측도해 제작한 4만분의 1의 지도(1884년 발행)를 보고 우선 토자목패의 원 위치가 두만강구에서 45청리의 사초봉에 있음을 확인하고 홍개호 계약 국경설명서의 30청리와 상이한 것이 밝혀져 나흘 후인 4월 26일 제 2차 회의에서 조문과 합당한 위치에 토자석패土字石牌를 설립키로 합의하였다.

다음달 5월 6일에는 훈춘에서 제3차 회의를 열고 토자석패의 건립과 새로이 3개의 석패를 증설하고 이밖에 7개의 목패를 석패로 교체하는 안건을 처리하고 쟁점이 되었던 러시아군의 흑정자로부터 철퇴할 것을 결정하였다.

5월 20일에는 사초봉 남쪽 10여리 지점에 길이 약 7척이 되는 화강암에 '土字牌 光緖十二年 四月立'이라 새겨 세웠고 러시아 측면에는 '토'자 대신에 T'자로 기입하였다.

5월 24일에 제 4차 회의를 가졌으나 '倭' '那'자 석패 설립문제와 '土'자 패 하류의 두만강에서 청국선박운항문제 등은 미결로 하고 여타 사항만을 가지고 훈춘계약이라는 8개 조문의 계정서를 만들었다.

조약문은 러문·중국어·만문으로 작성하고 중국어·만문을 원문原文으로 하였다. 많은 문제를 내포하고 있던 동부국경문제를 불과 1개월 동안에 끝냈는데 청 측 대표인 오대징의 회의에 임하는 자세에서 문제점을 찾아볼 수가 있다.

즉 회의 대표로 참석하기 위해 임지로 떠나오면서 전기한 오대징은 이 회의가 쉽사리 타결될 것으로 생각하여 회담의 성공을 기념하는 명문을 동주銅柱에 미리 새기도록 하였다. 즉 회담이 열리기 전인 그해 2월 봉천기기국奉天機器局에 제작을 의뢰할 정도로 공명심이 앞섰던 것이다. 명문 내용을 살펴보면 다음과 같다.

'光緖十二年四月 都察院在副都仮使 吳大澂 揮春副都統 依克唐阿奉 命會勘中俄邊界竣埈事立比銅標銘日 疆域有界國有維此柱可立不可移'[66]

여기에서 우리가 주목해야 할 것은 훈춘계약이 체결될 당시에 우리

---

66) 增田忠雄, 《滿洲國境問題》, 中央公論社, 1927, 110~120쪽.

나라 고종임금은 북경조약으로 인해 상실된 녹둔도의 반환을 청에 종용하였다. 그러나 회담대표인 오대징은 우리나라의 요청을 묵살하고 제안조차 하지도 않았다.

러시아령이 된 녹둔도

1886년에서 1890년간에 이르는 4년 동안의 수집, 보고된 일본외교문서중에 녹둔도관계 잡건은 녹둔도 정황을 살피는데 유일한 것으로, 고종 23년(明治 19년 11월)에서 고종 27년(명치 23년 9월)간에 걸쳐 일본인들의 녹둔도에 관한 정보를 첩보를 통해 탐색한 보고기록문이다. 목차를 살펴볼 것 같으면 (1) 朝鮮政府 鹿屯島ヲ 淸國讓與ノ 風說 (2) 鹿屯島開港二 關スル 報告件으로서 총 154면으로 되어 있다.

제 1편이라 할 수 있는 〈朝鮮政府 鹿屯島ヲ 淸國讓与ノ風說〉등, 3건의 기밀정보 보고서인데 녹둔도의 청국점령여부에 대한 진상을 조사 보고한 내용이다. 제 2편에 해당하는 〈がシュケゥケ開港件 關係〉는 久水領事代理의 邊境巡廻件〉으로 1886년 10월 26일부터 8월 16일까지 근 10개월에 걸쳐 총 11건에 달하는 보고서가 들어 있다.

녹둔도를 둘러싼 인접지역에서의 순항보고로, 당시 우리나라 동북 국경도시인 경흥, 경원, 회령 등지에서의 교역상황 등을 상세히 기록해 놓고 있는데, 수출입관계 품명·원가·세금 등으로 나누어 밝히고 있어 교역실정을 살피는데 좋은 자료가 되고 있다.

녹둔도의 정황을 알기 위해 경흥부의 위치, 부府내의 호수, 인가와 러시아인의 왕래, 행정상태, 육진의 상황, 두만강의 양상 그리고 경흥관리와 러시아관리간의 접촉상황 등을 싣고 있어 한러외교관계의 일면을 찾아 볼 수 있다. 제3편이라 할 수 있는 〈鹿屯島 露國テ 占領二 關スル件〉

에는 무려 10여건의 문서와 부속 지도가 있어 녹둔도연구에는 귀중한 자료가 되고 있다.67)

이제 보고문서의 종류를 개괄하여 보면 보고문서 제135호에 일본의 외무대신이던 '靑木'이 서울에 있던 '近藤'에게 러시아의 녹둔도 점령 사건여부와 점유 방법은 어떤 것인가를 전문으로 타진한 것과 이에 곧 또近藤가 즉각 전문을 보내 '서울에서는 그 같은 소문을 들을 수 없고 다만 원세개의 말을 빌리면 러시아가 淸露續約(Russo-Chinese Additional Convention)제 1조에 의하여 녹둔도를 점유한 지 수년이 되었다'고 밝히고 있다.

그후 '아오끼靑木 대신이 경질되고 오노大隈 외무대신의 좀 더 구체적인 훈령이 보고문 제44호와 45호로 응신되며 제46호에는 〈俄國鹿屯島ヲ 占領 人民該島 移住之件〉에 관한 보고가 들어 있으며, 제53호에는 〈塵屯島占領ノ位直ニ 關スル上申〉이 1890년明治 23년 6월 2일자로 보고되었으며, 녹둔도의 위치를 표시한 부속지도가 첨부되어 있다.

기밀 제63호에는 〈塵屯島占據二關係スル 風說〉에 대한 보고가 같은 해 6월 16일자로 전달되었으며, 기밀제 65호에는〈鹿屯島二關スル 川上書記生回信〉이 실려 있으며, '立田' 이라는 영사가 일본 외무대신에게 이제까지 궁금하게 여기던 청로간에 맺어진 〈通商約章類纂算〉권 23 제13안을 기재해 보고한 내용이 들어 있으며, 기밀 제7호인〈浪速艦 항해보고문〉과, 동 제14호로 〈良束艦乘組 川上書記生의 녹둔도조사보고문〉을 싣고 있다.

제8호로 러시아가 녹둔도 외에 다른 지역을 점거하리라는 보고와 제 71호에는 녹둔도 위치에 관한 보고가 1890년 7월 10일자로 타전되었

---

67) 日本外務省,〈塵屯島関係雜綴〉, 1886(明治19年) 11月~1890(明治23年) 9月.

다. 기밀 제76호는 이제까지 보고된 내용 중 가장 상세한 내용을 담은 보고문이 부속지도와 함께 1890년 7월 15일자로 일본 외무성에 보고되었다. 이어서 동년 7, 8월에 걸쳐 기밀 제3호, 9호, 15호가 잇달아 녹둔도 사정을 보고하고 있다.

이렇듯 십 수편의 녹둔도에 관한 문서는 국내외를 통해 찾아볼 수 없었던 매우 긴요한 자료들인 것이다. 그러나 매우 유감스럽게 생각되는 것은 보고서에 나타난 녹둔도의 면적이나 주민 또는 가구수, 타지역과의 거리, 러시아 주둔병의 수 등이 각기 다른 것이다. 더욱이 녹둔도의 유일한 지도인 아국여지도[68]와 견주어 보더라도 많은 상이점을 발견할 수 있다.

이렇듯 각기 다른 내용의 보고문이 나온 데는 현지답사가 불가능하고, 다만 탐문에 의한 정보 수집에 그친 것으로 추측된다. 특히 우리나라 고종의 밀명을 받고 해삼위로 밀파되었던 김용원·신선욱 등이 그렸을 것으로 추측되는 아국여지도俄國輿地圖속의 녹둔도 자료에 대한 부정확한 설명을 보더라고 녹둔도를 점령한 러시아는 이미 이곳 국경 출입을 엄격히 통제한 것으로 여겨진다.

이를 뒷받침할 만한 증거로 아국여지도에 실려 있는 녹둔도 주변 마을이 군사 시설지로 표기된 것으로 이미 일본이 정찰을 하기 시작했을 때는 러시아의 국경방지를 위한 군통제지역임을 알 수 있다. 이렇듯 부정확한 일면에 대하여는 이 방면에 관심을 가진 분들의 세심한 연구가 있지 않으면 안 되겠다.

이제 한러국경선이 형성된 지 120여 년이 지난 오늘날 우리나라의 북방국계는 중국과 800여km의 국경을 맞대고 있으며 러시아와는

---

[68] 아국여지도(俄國与地圖)의 서문 및 녹둔도 관련 기재 사항 참조.

16.5km의 국경선을 맞대고 있다.[69]

우리의 지정학적 여건으로 보아 세계 최대의 영토를 지닌 이들 양국과의 국경선이 우리의 역사나 문화·정치·경제·군사적 측면에서 심대한 영향을 미치고 있음은 새삼 언급할 필요조차 없는 것이다.

요컨대 중국과는 간도·백두산 문제 등의 분쟁요인을 안고 있는 러시아와는 두만강 하구뿐만 아니라 우리나라 고유의 영토이던 녹둔도를 상실했음을 명확하게 우리 국민은 알아야 할 것이다.

녹둔도 관계 주요사항

年月日	文書番号	報告者	家口	人口	距離	面積	其他
1886年 11月15日	機密弟 158号	杉村濬	-	-	-	-	·韓露通商之後 朝鮮政府 露側에 鹿屯島 返還
1890年 5月29日	機密弟 46号	近藤眞鋤	-	-	-	-	·1870년경 露人移住始作 鹿屯島反還要請
1890年 6月2日	機密弟 53号	近藤眞鋤	二,三十戶	-	-	-	美國人 스토프리레그 豆滿江口 巡廻
1890年 6月29日	機密弟 8号	岩栢延九	-	-	慶興으로부터 露領 煙秋까지70里	-	-
1890年 7月4日	機密弟 14号	立田革	30戶	露兵9名	慶興까지 100里	周囲八丁	·豆滿江対岸 上部 70里는 清領 下流30里는 露領 ·1870年頃 露人 移住 ·鹿屯島反還要求
1890年 7月10日	機密弟 70号	近藤眞鋤	-	-	露領烟秋는 慶興에서 70里	-	露國官吏出張
1890年 7月12日	機密弟 3号	二橋謙	-	·露國帰化 ·露兵7,8名	-	-	·英國新聞에 러시아가 鹿屯島占領 報道 鹿屯島 返還 要求 웨벨에 伝達
1890年 7月12日	機密弟 3号	二橋謙	-	·露國帰化 ·露兵7,8名	-	-	·英國新聞에 러시아가 鹿屯島占領 報道 鹿屯島 返還 要求 웨벨에 伝達

---

69) 拙稿, 〈北韓 중국간의 영토분쟁〉, 《북한》, 1979년 5월호, 180쪽.

일자	문서번호	작성자				
1890년 7月15日	機密弟 9号	久水三郎	・朝鮮人 140余戸 ・露兵7名	・慶興存까지 70里 ・撫夷堡까지 40里 ・造山堡까지 5,60 間 清露兩國境 12,3 町 煙秋까지 100里	南北20里 半 東西20里	慶興監理 金禹鉉 鹿屯島를 러시아에 返還要求했다고 證言. 後聞不明 ・포세이트에 露兵 1000名 駐屯 ・鹿屯島 2,30年前 陸續 慶興地方에서 來住耕作 者 往來禁止 ・商用者旅卷発給
1890年 7月15日	機密弟 70号	近藤真鋤	—	—	住居人朝鮮形 衣服着用	・포세이트 90里 ・煙秋까지 100里	・섬에 山은 없고 平地 임 ・煙秋에 露國步兵 2000名 ・砲兵300名 ・코미셜駐在
1890年 7月15日	機密弟 72号	近藤真鋤	—	—	—	・慶興에서 東南70里 ・撫夷40里 ・造山堡에 서10里	・住居耕作 ・数十年前(未詳)万戸撤廃
1890年 7月15日	機密弟 76号	久水三郎	140戸	780名	造山堡에서 10里		露兵退職者7名巡廻勤務
1890年 7月16日	機密弟 10号	久水三郎	—	—	・慶興에 70里		旅券発給手数料百文 ・鹿屯島에 이르는 江幅 最広三丁 最狹一丁 ・下流2,3個의 支流 広幅 一丁 狹四,五間
1890年 8月15日	機密弟 15号	川上立一 郎	—	50戸	慶兵9名	周囲20里	慶興監理事務 金禹鉉의 証言

▲ 녹둔도 일대는 과거의 흔적을 찾기 쉽지 않다.

▲ 러시아·중국·한국(북한)의 삼각국경지점 경계표

▲ 필자와 러시아 국경수비대장

간도間島 문제

간도 귀속 문제의 발단

정묘·병자丁卯·丙子 호란을 치룬 이후 조·청 양국 정부는 두만강 건너편의 흑산산맥으로부터 압록강 수계를 포함한 지역과 봉황성 주변의 책문柵門에 이르는 지대를 무인·완충지대無人·緩衝地帶로 설정하여 조청 양측은 이 지대의 출입을 금지시켜 왔다.

그러나 중국 산동山東지방민들이 점차로 만주지역으로 흘러 들어와 개간하는가 하면 제한된 지역이기는 하나 간도일대에는 주로 우리동포들이 이주하여 개척을 해 나갔다.

따라서 만주 길림성 동남부 일대에 대한 봉금정책封禁政策은 서서히 무너지기 시작하였다. 더욱이 1860년대 이후 우리나라 북방의 함경도, 평안도 지역에 극심한 흉년이 잇다른데다 질병이 만연되어 백성들의

▲ 간도로 건너가는 조선인을 바라보는 일본군인

생활은 극도로 어려워졌다.

1865년(고종2년)10월 조정에서는 이 문제와 관련 평안·함경감사와 남북병영南北兵營에 대해 월경하는 자를 엄격히 단속하고 수상한 자가 있으면 선참후계先斬後戒하라고 지시하였다. 그러나 변경의 주민들은 지방관리나 병사들을 오히려 적대시하고 무기를 탈취하는가 하면, 폭력으로 집단월경을 기도하였다.

이 당시 변경민의 어려운 처지를 《吉林地理紀要》70)같은 책에는 한인들이 그들의 처자를 쌀 한 두 되를 받고 청인들에 팔아먹었다고 기록할 정도 이었다.

고종 6년(1869년)경 두만강 건너 연해주 일대에는 한민漢民의 이주가 구수가 1천여호가 되었다고 하니 지리적으로 가일층 가까운 간도지방에는 더 많은 이민移民이 있었을 것으로 추측된다.

이렇듯 늘어나는 불법이주민에 관해 관계 지방관에 대해 책임을 추

---

70) 《吉林省地理紀要》는 吉林의 吉東書局에서(1921년)에 간행한 길림지방의 지리서이다.

궁하고 엄금주의를 견지했으나 실효는커녕 오히려 역효과만 낳았다. 고종 6년 11월 23일에는 교서敎書를 내려 서정庶政을 일신하고 제반 폐단을 일소하는 차원에서 이들을 위안시켜 나가도록 하였다.

반면 청국정부는 간도, 길림지방에 유입한 한민韓民들에 대해 1870년(고종 7년)길림장군의 명에 의해 영고탑 부도통이 영고탑 및 훈춘관내의 관원에 명해 이주민수와 생활상태를 조사 보고케 하였는데 청국관리들까지도 목불인견目不忍見에 정수가린情殊可憐이라고 기록할 정도이었다.

이에 영고탑부도통寧古塔副都統은 길림장군의 명에 따라 이해 12월 경원慶源, 회령會寧부사에게 한·청 양국의 관원을 파견하여 합동으로 현지 조사를 하고 본향으로 돌려보내 안주시키도록 하였다.

또 한편 청국은 1881년 7월 성경盛京지방의 애양靉陽, 봉황鳳凰 등 변경의 황무지를 개방한 예에 따라 길림성 동남부 즉 두만강 동북안 일대를 개방하고 9월에는 이 지역에 사람들을 불러들여 개간을 허락하였다.

그리고 청나라 예부禮部에서는 조선국왕에게 토문강 동북안 일대의 황무지에 대해 개간하고자 하니 조선의 변방관리들에게 이 사실을 주지시키고 앞으로 조선백성의 월경사례가 없도록 하고 만약 위반자는 엄벌하라고 통보하였다.

이 같은 조치는 청의 변경정책의 커다란 변화로서 기존의 조선인 이민들의 지위와 이 일대의 영유권 문제에 중대한 문제를 안겨 주게 되었다.

계속해서 청은 훈춘에 초간국招墾局을 설치, 개간업무를 관장케 하고 조사원을 파견 개간 가능지를 조사했다. 이런 가운데 수 많은 조선인이 이미 이 지역을 개간하여 조선의 함경도 관찰사로부터 지권地卷의 발급을 받고 지적地籍을 작성 중에 있음을 발견하게 되었다.

이에 청의 명안銘安·오대징 등은 이들 한인들에게 조세를 부과하고 호적을 작성, 훈춘과 돈화현 관할로 나누어 청국인으로 취적시켜 길림에 상주하는 청인들과 같이 취급토록 하였다.

이해 겨울 청국정부는 조선인이 토문강을 넘어서 개간 파종하는 자는 중국인으로 간주, 지세地稅를 납입, 중국의 정교政敎를 따라야 하며 연한을 두고 중국 관복으로 바꿔 입어야 하되, 우선은 운남, 귀주의 묘족의 예에 의해 취급한다고 하였다.

또한 호적을 사명하여 훈춘과 돈화현 관할에 속하게 하고 소송 사건은 길림에서와 같이 하여 이후로는 사사로이 월간하는 일이 없도록 하라고 엄명하였다.71)

이에 조선정부는 고종 19년 청의 일방적인 처사에 항의는 못하고 관련 유민들을 본국으로 되돌려 보내 당해 지방관들에게 적의조치할 수 있도록 요청하였다.

이해 11월 청의 명안은 황제의 지시에 따라 토문강 이서, 이북에 월간하는 조선인을 돌려보낸다고 통보하였다. 그러나 사실상 유민의 수효가 엄청나게 많고 정착하고 있는 이들을 당장 내쫓는다면 조선의 지방관들이 이들을 안착시키기 어려울 것이라고 하여 1년 간의 유예기간을 두어 돌려보내자고 했다.

우선 유민의 수효가 얼마나 되는지를 확실하게 조사하여 조선의 지방관에게 알려주어 적절히 설득, 되돌아가도록 하려 하였다. 고종 20년 4월 돈화현 측은 함경도의 회령, 경성, 양읍에 도강해온 조선인은 모두 되돌아가야 한다는〈秘示〉72)라는 공고문을 게시하였다. 돈화현의 고시를 본 조선인들은 조선 관헌들이 두만을 토문으로 잘못 알고 있음을 깨

---

71) 吉林東南邊務關係案針, 光縮 8年 2月 25日 吉林將軍 銘安幇變 吉林邊務事事宜 吳大徵 奉懤.
72) 秘示는 上國이 屬國民에 알리는 告示임.

닫고 크게 놀라 백두산에 세워진 비문을 직접 찾아 나섰다.

그리고 온성, 경성, 회령, 종성, 무산 등지의 주민들은 경성부사 이정래에게 청국관헌의 두만과 토문을 동일시 함은 돈화현이 생긴 지 얼마 되지 않아 이 지역의 지리적 지식이 부족한데다 청나라 유민들의 무고에 의한 것이니 바로 알려줄 것을 호소하였다.

즉 '土門'은 정계를 사심査審한 곳에 있는 것이며 '豆滿'은 그 발원지가 우리나라 안쪽에 있는 것이니 청국 관헌이 모를 수밖에 없을 것이며 도문圖門은 우리나라 경원慶源이하 에서 바다로 들어가는 강임을 돈화현에 알려 경계를 밝혀 주어야 한다고 하였다.

이때에 유민을 되돌아오게 하는 문제 때문에 조정에서는 서북경략사西北経略使로 어윤중魚允中을 현지에 파견하였다. 고종 20년 5월 어윤중은 종성에 거주하는 김우식金禹軾을 보내 정계비를 답사하고 분계分界 강원江源을 탐사해 오도록 하였다.

김우식이 탐사를 마치고 보고함에 재차 정계비가 서 있는 곳을 탐사하게 하고 서북경략사 어윤중은 재답사 보고를 받고 난후 종성부사로 하여금 돈화현에 통보하기를 우리나라에서는 두만강 밖에 토문강의 지류가 있음을 알고 있다. 지도가 있어 참고할 수 있기는 하나 아직 강물을 따라 올라가 보지는 못하였다.

이제 각 고을의 백성들이 개별적으로 강의 수원水源을 탐사하고 나서 보고해 옴에 이들의 말을 전적으로 믿을 수 없어 부사가 사람을 파견하여 백두산 정상의 분수령을 답사케 하고 그곳에 세워진 비석의 비문을 탁본해 오게 하였다. 토문의 원류를 답사해 본 즉 위의 백성들이 고한 바와 일치하여 단지 강안江岸이 모두 벼랑으로 되어 있어 황구령黃口嶺까지만 갔다가 돌아왔다.

우리나라 종성鍾城에서 강을 건너 90리를 가면 분계강分界江이 있다. 강 이름이 분계分界인즉 그곳이 분계分界된 것이 명백하다. 또 회령 개시開市 때 중국인의 상품들을 조선인들이 운반했는데 분계강分界江에 다달으면 이곳이 곧 너의 나라와의 경계라고 하였다.

생각컨대 귀현 측은 황지荒地를 개간하고 관서官署를 설치한 지 얼마 되지 않아 현지 사정을 잘 모르고 있는 듯 하니 실지實地를 조사하여 강희제가 확정한 경계에 따르도록 해야 할 것이다.

청컨대 귀현은 사람을 파송하여 동행을 약속하고 백두산에 있는 정계비를 실사하고 토문의 발원처를 확인하고 이어서 경계界限를 밝혀 강토를 판별케 함이 타당하다고 본다.73)

그리고 어윤중74)이 경략사로 그곳에 간 것은 청의 요구대로 처음에는 간도에 있는 한인들을 청국인으로 국적에 편입시키고저 한다는데 대한 조처에 놀라 이들 이주민들을 되돌아오게 하는 임무를 띠고 갔던 것이다.

그런데 현지 한인들이 살고 있는 곳은 길림계가 아니고 조선의 땅으로 하등 쇄환刷還에 응할 필요가 없다고 하고, 반면 청 측은 쇄환을 요구하면서도 한편으로는 초간국에서 소와 양식을 주면서 한인들을 불러 모아 개간을 시키기도 하였다.75)

이러한 제반 사정을 파악한 어윤중은 조정에 토문강 경계설을 주장하고 한청 양국이 감계사를 파견하여 경계를 살펴야 한다고 보고하였다. 이러한 어윤중의 보고에 따라 우리정부에서는 청 측에 감계담판을 제의하게 되었다.

---

73) 《通文館志》 卷六十二, 紀年續編, 今上十九年 壬午條.

74) 1813년에 서북경략사에 임명되어 백두산정계비를 중심으로 토문, 두만 두 강유역의 국경을 조사 확정케 하였다. 고종의 아관파천 때 고향인 보은으로 피신 중 백성들에게 붙잡혀 죽었다. 저서로는 從政年表가 있다.

75) 《東萊萃續錄》, 光緖七年 十月 辛巳, 招墾琿春邊荒事務候選知府, 李金鏞報告

간도문제에 대한 일본 측의 개입

한반도에서 벌어진 청·일전쟁과 러·일전쟁에서 승리한 일제는 아시아에서의 군사적 우위를 확보함과 아울러 우리나라에 대한 침략을 노골화 하였다.

예컨대 일제는 독도를 불법 부당하게 저들의 영토로 편입하는가 하면76) 1904년 2월 23일에는 군사력으로 위협하여 이른바 한일의정서를 강제로 조인케 하였다. 외형상으로는 한국의 독립을 보장한다고 하였지만 실상은 정치적 또는 군사적으로 한국을 일제의 지배하에 두고자 하는 식민지하의 제1단계 조처였다.

1904년 8월 22일에는 '제1차 한일협약韓日協定書'을 강요하여 재정분야에 일본인 고문을 앉히고, 외교에는 일본이 추천하는 외국인 고문을 초청하도록 하였다.

1905년 11월에는 '伊藤博文'을 특명전권대신으로 한국에 파견하여 '제2차 한일협약'을 군사적 위협으로 불법적이고 강압적인 수단에 의해 조인케 하였다. 이것이 이른바 망국적인 '乙巳條約'인 것이다.

이 조약에 의해 한국은 외교권을 완전히 일본에 빼앗기고 1906년 2월에 통감부가 설치되고, 일본이 파견한 통감에 의해 내정의 지배와 경제적 침탈이 자행되었다. 이로써 한국의 독립은 유명무실하게 되었고 사실상 일제의 식민지로 전락하고 말았다.

1906년 11월 18일 참정대신 박제순朴齊純 명의로 간도에 거주하는 한인의 보호를 공문으로 통감에게 의뢰하였다. 이에 이등박문은 먼저 간도 통감부 파출소를 설치하였다. 일본정부는 청국관헌과의 충돌을 피

---

76) 朴庚來, 《獨島의 史·法的인 硏究》, 日曜新聞社, 1965, 84~85쪽.

하고자 통감부 간도파출소 설치 경위를 청국주재 일본대리공사로 하여금 청국 외무부에 통고케 하였다.

즉 간도의 소속이 미정이나 10만 여의 한민보호를 한국정부로부터 의뢰받아, 통감부 직원을 파견한 것임으로 간도에 주재하는 청국관헌에 착오가 없도록 청국정부가 적절한 조처를 취해 달라는 것이었다.

통감부 간도파출소는 1907년 8월 23일 용정에 본부를 두고 간도를 장차 한국의 영토로 인정하고, 일본제국과 한민의 생명재산과 복리증진을 도모함이 당면의 책무라고 하면서 그 사무를 시작하였다.[77]

일본이 간도에 통감부파출소라는 관청을 설치하고 일본헌병과 일부 한국관리를 포함시킨 파출소원들을 파견시킨 사실이 당시 청국조야에 큰 충격을 주었다.

청은 이에 항의하면서 간도는 연길청에 속하는 청국의 영토이며, 간도 거주 한인은 월경잠경자越境潛耕者라고 하면서, 청국의 경찰권 행사를 주장하는 한편 통감부파출소의 철수를 요구하는 것이었다.

이에 일본 측은 한국 측의 영토권 귀속논리를 펴 다음과 같은 방침을 정하였다.[78]

1) 간도는 한국의 영토이다.
2) 한인은 청국의 재판에 복종할 필요가 없다·
3) 청국관헌이 징수하는 일체의 조세는 인정하지 않는다.
4) 청국관헌의 법령은 일체 이를 인정하지 않는다.
5) 청국관헌이 임명한 도향약都鄉約, 향약鄉約 등에 대해서는 일반한인과 동일한 취급을 한다.

---

77) 間島省公署 總務廳, 文書課, 〈間島史(上)橋本〉, 康德3年(1938年). 43쪽.
78) 篠田治策, 《白頭山定界碑》, 樂浪書院, 1937, 250쪽.

기타 변발 청국인 복장을 한 자는 한인으로 인정하지 않으며, 병기의 사용은 만부득이한 정당방위의 경우가 아니면 사용할 수 없다고 하는 등의 내용이었다.

또한 한민보호에 필요한 명령을 전달하고 민의의 상달을 위해 간도구역을 북도소, 회령간도, 경성간도, 무산간도 등 4개 처로 나누고 각 구역마다 도사장 1명을 두고 다시 이를 41개사로 나누어 사장社長을 두고 또 이것을 290촌으로 나누어 각각 촌장을 두었다.

그리고 헌병·경찰의 분견소를 당초 신흥평, 국자가, 호천포, 우적동, 조양천, 복사평에 두었으나 새로이 팔도구, 걸만동, 동경태 등 7개 요소에 증설하고, 간도내의 항일세력을 감시했다.

이와 함께 호구조사의 실시와 간도파출소 사무관을 명예교장으로 하는 간도보통학교를 설립했다. 또한 사립학교칙의 강화를 통해 반일민족교육의 규제, 위생시설과 통신·교통기관의 정비, 농업개량을 위한 농사시험장의 설치와 지질 및 광산물 조사와 기타 상업상황의 조사와, 금융경제의 촉진을 위해 시장을 개설하는 등 간도경영을 위한 일련의 조처를 취하였다.

한편 청국 측은 통감부간도파출소의 철퇴를 계속 요구하면서 거물급의 관원과 다수의 병력을 간도에 파견하여 일본에 대해 강경한 태도로 맞섰다. 국자가에 길림변무공서를 설치하고, 길림변무독판으로 부도통(중장급)진소상陳昭常을, 동 방편防辨으로 협도통協都統 : 소장급인 오녹정吳綠貞을 기용하고, 이들에게 많은 병력을 동반시켜 간도에 파견하였다.

그 후에도 군수품의 호송, 병력의 교체 등을 내세워 병력을 증가시켜 군경을 합해 총 4,300여명의 병력을 간도에 주둔시켰다.

이에 비해 일본헌병은 처음에 65명을 간도에 파견하였으나 그 후 몇 차례 증원이 있어 총병력은 200여명에 달하였다. 이것도 10개 처의 헌병분견소에 주둔시켰으므로 도저히 4,000여명의 청병에 대항할 수 없었다. 따라서 청병과의 충돌을 피하고, 한민보호의 현상 유지와 함께 북경에 있어서의 청·일간의 외교담판을 뒷받침하는 것으로 그쳤다.79)

이때 청국은, 두만강 이북 일대의 지방은 청조淸朝 조상의 발상지라 하여 완전한 자국영토라는 전제 하에 행동하였다. 주요 지방 147개소에 파변처派辯處를 신설하고, 국자가에 병영을 증축하고, 두만강 연안의 도선장에 보초를 배치하였다.

회령으로부터 간도에 이르는 도로상에 검문소를 두어 통행인을 검문하는 등 간도전역을 청국영토로 간주하고 시설·경영을 획책하였다. 특히 1908년 6월 변무독변으로 승진한 오녹정의 강력한 항일 태도로 청·일간 수많은 충돌사건이 발생하였다.

즉 청·일간의 공동사업인 천보산 광산에 병력을 투입시켜 봉금케 한 천보산사건을 비롯하여 한인이 종래 자유로이 벌채해 온 관습을 무시하고 산림벌채를 금하는 '산림봉금 사건', '용정촌의 교번소 건축방해사건', '방곡령사건' 등을 일으켰다.80)

특히 변무독변 오녹정의 이른바 영토주의 강행에 대해 일본 측은 간도가 한국의 영토라는 원칙을 갖고는 있었으나, 표면상으로는 간도가 소속미정의 땅이라는 입장을 취하고 있었다. 이런 가운데 계속 수세에 몰리게 된 일본 측의 간도파출소는 1909년 8월 3일에 간도를 '금후 한국영토로 확정하고 대처한다.'는 성명을 발표하고 통감부에 병력증파를 요구하였다.

---

79) 朝鮮總督府 警務局 文書課, 吉林省,《東部地方の狀況》, 同府刊, 1927, 262~263쪽.
80) 間島省公署 總務廳 文書課, 間島史(上)楠本, 康德 3年(1938年), 64쪽

이같은 간도파출소의 강경한 '한국영토권성명'은 일본정부가 안봉선개축 문제와 관련해서 청국정부에 최후통첩을 발송한 지 3일전의 일이었다.

간도문제에 관한 청·일간의 협상

1905년 12월 청국과 일본은 북경조약을 체결하여 러·일전쟁에 따른 문제들을 해결하였으나, 군용철도로 부설한 안봉선의 개수문제 그리고 만주 문제와 관련한 제반 현안문제가 대두되고 있었다.

1909년 2월 6일부터 북경에서 청국외부상서 '梁敦彦'과 청국주재일본공사 '伊集院彦吉'사이에 간도소속문제를 포함한 〈東三省六案〉에 관한 청·일간의 외교교섭이 시작되었다.81)

1) 滿鐵의 並行線인 新民屯·法庫門間 鐵道敷設權問題
2) 大石橋·營口間 支線問題
3) 京奉線 鐵道를 奉天城根까지 延長하는 問題
4) 撫順·煙臺 炭鑛의 採掘權問題
5) 安奉線 沿線의 鑛山問題
6) 間島所屬問題 등 이었다.

먼저 청국대표 양둔언이 간도문제를 가장 중요시하여 우선적으로 처리 할 것을 역설한 다음, 무순탄광문제를 간도소속과 교환조건으로 해결하고자 제의한데 대해서 일본대표는 청국이 무순탄광문제에 양보

---

81) 위와 같은책, 66~67쪽.

하면 일본도 간도문제에 대해서 양보할 것이라고 했다.

　일본은 교섭 당초부터 〈東三省五縣案〉 문제의 해결과 교환조건으로 간도귀속문제를 처리하고자 했던 것이다. 1909년 2월 17일 제2차 회담에서 일본대표는 중국이 〈東三省五縣案〉 문제에 대해서 적절히 대처한다면, 일본은 간도에 대한 중국의 영토권을 승인할 수 있다고 하였고, 한민보호를 위해 한민에 대한 재판권 행사의 유보와 그리고 장길철도를 회령까지 연장시킬 것 등을 강경하게 주장하였다.

　이에 대해서 중국대표는 일본이 중국의 영토권을 인정하면서, 재판권을 보유한다면 영토권은 유명무실한 것이 될 것이라고 반박했다. 그리고 조약에 의해 외국인은 내지內地에서 경작할 수 없으나 월간 한민으로 토지를 소유한 자에 대해서는 중국이 재판권을 관할하고, 왕래, 무역, 여행하는 사람은 조약에 따라서 일본의 재판을 인정할 것이며, 중국이 한 두 곳의 상업지를 개설하여 한민의 거주무역을 허락할 것이라고 맞섰다.

　3월 1일의 제3차 회담에서 일본 측은 또다시 재판권과 경찰권을 요구한데 대해서 청국 측은 영토권을 인정하면서 재판권과 일본의 경찰관서를 설립하고자 하는 것은 청국의 통치권을 침해하는 것이라고 반박하였다.

　3월 18일의 제4차 회담은 청국외무부 참의 '조여림曹汝林'과 일본공사간에 열렸는데, 일본 대표는 영토권의 퇴양退讓과 경찰서 설립의 철거를 내세우면서 한민에 대한 재판권을 계속 주장하였다. 이에 조여림은 재판권 문제는 청국 안을 승낙하고, 사업지대에 있는 자만 일본영사재판의 관할로 하는 것이 가장 합당하다고 응수하였다. 일본 측이 계속 재판권문제를 주장함에 따라 중국 측은 이 문제를 헤이그에 있는 국제사법재판소에 제소할 것을 제의하였으나 일본 측은 이에 반대했다.

그 후 일·청간에 몇 차례 〈東三省六縣案〉에 대한 담판이 있었으나 타결을 보지 못하다가 1909년 8월 7일에 청국 측이 간도한민에 대한 재판권은 양보할 수 없다는 전제하에 철도문제 등 5안에 대해서 양보안을 제시했다.

일본 측은 만주의 각종 이권획득이 간도문제보다 우선되어야 한다는 속셈에서 결국 일본이 〈東三省五案〉과의 교환조건으로 간도의 영토권과 재판권 등을 청국에 넘겨준 것이다.[82]

간도영유권문제에 관한 일·청간의 교섭은 1907년 8월에 시작되어 만 2년이 지난 1909년 9월 4일에 중국 측의 전권 대표와 일본 측 전권대표 간에 이른바 〈간도에 관한 청·일협약〉이 북경에서 체결되어 1909년 9월 8일에 발표되었다. 청·일 양국어로 된 간도협약문을 우리말로 옮겨보면 다음과 같다.

■ 간도에 관한 청·일협약

　　大日本帝國政府 及 大淸國政府는 善憐의 好誼에 비추어 도문강이 淸·韓 兩國의 國境임을 서로 確認함과 아울러 妥協의 精神으로써 一切의 辯法을 商定함으로써 淸·韓兩國의 邊民으로 하여금 永遠히 治安의 慶福을 享受하게 함을 愁望하고 이에 左의 條款을 訂立한다.

第1條　淸 日 兩國政府는 도문강을 淸 韓 兩國의 國境으로 하고 江岸地方에 있어서는 定界牌를 起点으로 하여 石乙水로써 兩國의 境界로 할 것을 聲明한다.

第2條　淸國政府는 本協約 調印後 可能한 한 속히 左記의 各地를 外國人의 居住 及 貿易을 위하여 開放하도록 하고 일본政府는 比等의 地에 領

---

82) 註 70)과 같은 책, 250~251쪽. 노계현, 〈간도영유권 문제에 관한 연구〉, 《世林韓國學論叢》 제1집(1907), 183~186쪽.

事館 또는 領事館分館을 配設할 것이다. 開放의 期日은 따로 이를 定한다.

第3條 淸國國政府는 從來와 같이 도문강 以北의 地에 있어서 韓國民 住居를 承認한다. 그 地域의 境界는 別圖로써 이를 表示한다.

第4條 圖門江 以北地方 雜居地區域內 墾地 居住의 한국민은 淸國의 法權에 服從하며 淸國地方官의 管割裁判에 歸附한다. 淸國管轉은 右 한국민을 淸國民과 同樣하게 待遇하여야 하며 納稅 其他 一切 行政上의 處分도 淸國民과 同一하여야 한다.

右 한국민에 關係되는 民事 刑事 一切의 訴訟事件은 淸國管割에서 淸國의 法律을 按照하여 公評히 裁判하여야 하며 일본국領事館 또는 그의 委任을 받은 官吏는 자유로히 法廷에 入會할 수 있다. 但 人命에 關한 重案에 대하여서는 모름지기 먼저 일본국領事館에 知照하여야 한다. 일본국領事館에서 万若 法律을 考案하지 않고 判斷한 條件이 있음을 認定하였을 때는 公正히 裁判을 期하기 위하여 따로 官吏를 派遣하여 覆審할 것을 淸國에 要求할 수 있다.

第5條 도문강 以北 雜居區域內에 있어서의 한국민 所有의 土地 家屋은 淸國政府가 淸國人民의 財産과 같이 保護하여야 한다. 또 該江의 沿岸에는 場所를 選擇하여 渡船을 設置하고 双方人民의 往來를 自由롭게 한다. 但 兵器를 携帶한 者는 公文 또는 護照없이 越境할 수 없다. 雜居區域內 産出의 米穀은 한국민의 販運을 許可할 수 있다.

第6條 淸國政府는 將來 吉長鐵道를 延吉南境에 延長하여 한국 會寧에서 한국鐵道와 連結하도록 하며 그의 一切 辯法은 吉長鐵道와 一律로 하여야한다. 開辯의 時期는 淸國政府에서 情形을 酌量하여 일본국政府와 商議한 뒤에 이를 定한다.

第7條 本條約은 調印後 直時 效力을 發生하며 統監府派出所 및 文武의 各員은 可能한限 速히 撤退를 開始하며 2個月 以內에 完了한다. 일본국政府는 2個月 以內에 第7條 新約의 通商地에 領事館을 開設한다.

右証據로서 下命은 各其의 本國政府로부터 相當한 委任을 받고 日本

文及 漢文으로써 作成한 各 2通의 本協約에 記名調印한다.

明治 42年 9月 4日
宣統 元年 7月 20日 北京에서

大日本國 特命全權公使 伊集院彦吉 印
大淸國欽命外務部尙書會辯大臣 梁敦彦 印

위와 같은 간도협약에서 일본이 간도영유권을 포기한 대가로 〈東三省五案에 관한 日淸協約〉[83]에서 획득한 주요 이권으로서는

1) 露日戰爭중에 軍用鐵道로 敷設한 安奉線을 本鐵道로 改築한다.
2) 滿鐵並行線인 新民屯·法庫門의 鐵道敷設에 대해서 일본과 商議한다.
3) 大石橋·營口間의 支線을 일본이 敷設하고 그 支線의 末端을 營口로 延長한다.
4) 撫順·煙台의 炭鑛採掘權을 認定한다.
5) 奉安鐵道 沿線 및 南滿洲鐵道 幹線 沿線의 鑛務는 日淸合辯으로 한다.
6) 京奉鐵道를 奉天 城根까지 延長한다. 라는 내용을 들 수 있다.

간도협약의 불법, 부당성

청일간의 간도협약에서 일본이 대륙침략의 일환으로서의 이른바 만주 경영에 긴요한 철도부설권 및 지하자원 개발권등의 이권을 획득하

---

[83] 日本外務省, 間島問題及 滿洲五案に關する 日淸協約一件(大正15年 2月~昭和 6年 2月), 29~48쪽.

는 교환 조건으로, 두만강 이북의 간도 영유권이 청국에 귀속되는 것을 인정함으로써,84) 한국조야韓國朝野가 오랫동안 토문국경설을 전제로 한 두만강북의 간도영유권은 불법적으로 침해되고 말았다.

이에 대해서 통감부 간도파출소의 법률고문이자 총무과장으로서 그 시초부터 간도문제에 직접 관여한 시노다篠田治策도 일본외교의 실패라고 전제하고 만주제현안과의 교환조건으로 간도의 영토권을 양보한 것은 유감천만 이라고 하였다.

이상과 같이 청일간의 간도협약이 국제관계면에서 갖고 있는 문제점을 지적해 보면

첫째 한·청간의 을유乙酉·정해감계회담丁亥勘界會談이 아무런 타결을 보지 못한 상황 하에서, 일본이 불법적으로 강제적인 을사조약을 체결, 한국의 외교권을 박탈하였고, 한·청간의 간도영유권문제가 중단상태에서 일·청간의 문제로 옮겨졌다.

일본이 을사조약에 의해서 한국의 외교권을 대리 행사할 수 있다는 이유만으로, 형식적이나마 국가의 주권을 갖고 있는 한국의 영토권문제를 내용으로 하는 협약을 당사국인 한국을 배제, 보호한다는 구실 하에 일방적으로 희생시켜, 이권을 획득한 대가로 간도를 청국의 영토로 양여한 행위가 국제법상 정당한 권한행사로 간주될 수 없다는 점이다.

설사 외교권의 박탈을 전제로 한다 하더라도 일본에게 한국이 영토처분권을 부여하는 어떠한 조약이나 약정을 체결한 바 없기 때문에 한국의 경우, 청일 간도협약의 유효성을 인정할 수 없는 것이다.

둘째로, 청국 측이 내세우는 논거가 대체로 1) 토문강원의 방향과 강류의 지역임을 감안해 볼 때 토문·두만이 동일함이 자명하다 하고 2)

---

84) 篠田治策,〈統監府間島派出所の 事蹟槪要〉, 稻葉博士還曆紀念,《滿鮮史論叢》, 1938, 383쪽.

광서 13년(1887년) 정해감계시에 한국이 자유의사로 감계에 참여 결정한 것임으로 유효함과 동시에 도문강이 길림·조선의 국계임으로 도문강(두만강)북의 주권은 청국에 속한다고 하는데 이상의 주장이나 논거는 모두 논리의 타당성을 완전히 결여한 억지 주장이다.[85]

두 말할 것도 없이 토문강은 송화강의 지류로서 두만강과 하등의 관계가 없고, 그들이 건립한 백두산정계비의 〈동위토문〉의 토문은 분명히 두만강과는 별개의 강으로, '토문·두만 동일설'은 어디까지나 일방적인 주장인 것이다. 경계문제는 상대국의 승락을 거쳐서 비로소 효력을 발생하는 것임에도 불구하고 청국의 일방적인 의사만으로서 협정미결의 정해감계를 유효한 것으로 간주하는 것은 어불성설이라 하겠다.

도문강豆滿江이 길림·조선의 국경 운운하는 '두만강 이북 통치설'이 정계비의 반증이 될 수 없을 뿐더러 간도지방의 황무지를 옥토로 개척한 선주민인 한민에 대해서 청국관헌이 그들의 영토인양 권력을 행사코자 함에 따라 국경분쟁이 발생한 것으로, 한국정부가 추호도 이를 용인한 바 없는 것이다.

따라서 한국이 을사조약에 의해 비록 외교권이 피탈되어 형식적이나마 국가주권을 갖고 있던 상황 하에서 청국 측이 〈東三省五案〉의 이권을 일본에 양보하고 그 교환조건으로 한국민의 의사에 반한 간도 영유권 처리는 모든 조약은 당사국간에만 유효하다는 국제관계의 원칙에 위배되는 것이다.

간도협약이 일본 측은 한민보호를 위한 것이라고 하고 있으나 그것은 어디까지나 간도주재 한민에 대한 일본의 지배권을 위해서 일본이

---

85) 日本外務省, 間島問題及 滿洲五案に關する 日淸協約一體 間島協約解釋題(大正15年 2月~昭和16年 2月), 10~80쪽.

청국에 강요한 합병 후의 간도에 거주하는 모든 한인들은 일본제국신민으로 간주, 일본의 지배에 복종해야 한다는 논리를 펴기 위한 구실이었을 뿐이다.

말하자면 간도의 영토권은〈東三省五案〉과의 교환조건으로 청국에 양여하고, 반면에 간도거주 한국민에 대한 지배권을 강화한 것이라 할 수 있다. 이같은 일본의 태도는 한국민에게 이중적인 고통을 강요하는 것이었고, 그것은 국제 관계에 있어서 그 유례를 찾아 볼 수 없는 간교한 조치이었다.[86]

한편 이 같은 청·일간의 간도협약은 그 이듬 해인 1910년 8월에 일본이 한국을 강점하고 또한 신해혁명辛亥革命에 의해서 1912년 청조淸朝가 타도되었음에도 불구하고 중·일양국간에서 새로운 교섭이 없이 상호 묵인 된 것 같은 형태의 답습조치는 불법부당하다고 볼 수밖에 없다.

---

86) 金炅泰,《間島問題의 歷史的背景과 國際關係硏究》, 1981, 發行所未詳, 49쪽.

제3장
국경하천화된 압록강과 두만강

압록강 鴨綠江

압록강명의 유래

압록강명에 대한 기록은 우리나라 최고의 문헌인 《삼국유사》에 다음과 같이 전한다.

高麗本記云, 始祖東明聖帝姓高氏, 諱朱蒙, 先是北扶余王解夫婁. 旣避地于東扶余及夫婁薨 金蛙嗣立, 于時得一女子於太白山優南拔水, 問之, 云我足河太白之女, 名柳花, 興諸弟出遊, 時有一男子, 自言天帝子解慕漱, 誘我於熊神山下 鴨綠邊室中私之, 而往不返[87]

또한 동시대의 기록인 《삼국사기》에도 이와 같은 내용이 기재되어

---

[87] 《三國遺事》, 卷一, 紀異第二, 高句麗編 참조.

있기도 하다.

  이 밖에 중국 측 문헌에서는 《신당서新唐書》에 강물 빛이 오리머리 색깔 같다고 하여 압록이라 부르게 되었다는 기록을 비롯하여, 시인 이백李白의 글 중 "看漢水鴨頭綠恰似葡萄初醱酵"라 한 구절과 육유陸遊의 시에 "一篙湖水鴨頭綠千樹挑花人面紅"이라고 한 글귀로 보아 물빛이 녹색을 띠고 압두鴨頭의 빛깔과 같은 녹파綠波를 일으킴으로써 압록이라는 명칭을 갖게 되었음을 알 수 있다.

  중국 진·한 시대에는 '마수馬水' 부여에서는 '엄리대수奄利大水' 고구려에서는 '청하淸河' 당唐이후에 와서는, 압록鴨淥 또는 '鴨綠'이라 하고 이밖에 '익주강益州江'이라 불렀다고[88] 육당 최남선은 기술하고 있다.

  그런가 하면 단재 신채호는 우리말 고어에 '우두머리'를 'ᄋ리'라 하였다고 하면서 이 같은 사실은 장백산의 옛 이름인 '아이민상견阿爾民商堅'이 '阿爾'라 함이 이를 증명하는 것으로 주장하고 있다.

  '鴨'의 경우 이를 우리말 발음으로 'ᄋ리'라 하여 '鴨水-阿利水'가 이를 입증한다고 하고 대체로 옛 사람들이 '長江'을 일컬어 통칭 'ᄋ리가람'이라 하였다고 말하고 있다.

  한자를 벌어 이두문자화吏讀文字化할 때 'ᄋ리'의 음을 따라 '阿利水', '鳥列江', '句麗河', '都里河' 등으로 썼는데 'ᄋ리'의 'ᄋ'를 '鴨'에서, '리'는 '綠'의 음에서 취한 것으로 짐작된다.

  '長江'을 옛사람이 'ᄋ리'라 불러 온 것처럼 중국인들이 '조렬수鳥列水', '욱렬수郁列水' 등을 줄여서 '列水', '洌水'라 하였고 '列水'는 곧 압록강을 일컬음이요 'ᄋ리 나리'가 '長江'임을 뜻함으로서 여러 강명이 'ᄋ리나리'로 불려 왔다는 것이다.[89]

---

88) 崔南善,《朝鮮常識 地理編》, 國文社, 1953. 75쪽.

89) 金道泰,〈鴨綠江의 今昔史〉,《新東亞》, 第33号, 1934. 7. 44~45쪽.

또 한편 고대에는 큰 강들을 패강浿江이라 불러 왔다고 한다. 이 패강이 오늘날의 압록강인지 대동강인지 또는 만주의 요하나 애하인지 분별하기 어렵기는 하나, 다산 정약용 같은 이는 압록강은 패강이 아니라고 논증한 바 있기도 하다.[90] 그러나 압록강을 패강으로 보는 견해도 적지 않다.

이밖에 압록강을 '마자수馬訾水'라고도 한다고 하는 기록도 있다. 당서에는 "高麗馬訾串靺鞨之白山 色衣鴨頭故号鴨綠江"이라 하였고, '班固'의 지리지에도 "鴨綠曰馬訾水"로 기록되어 있다.

한서지리지의 '玄菟郡西蓋馬縣 註'에 "馬訾水, 西北入藍難水, 西南至西安平入海 過郡二 行二千一百里"라 하는 기록 가운데 압록강을 마자수馬訾水로 칭하고 있다. 여하튼 오늘날 압록강의 명칭 유래를 규명하기는 쉽지 않으나 압록강을 일명 '마자수馬訾水'로 칭하였음은 분명하다.

압록강 유역의 지리적 상황

압록강의 발원점은 함경남도 갑산군 보혜면 대연지봉이라고 하는가 하면[91], 최근에 북한 측은 병사봉 남서쪽에서 수백m 내려가면 부석돌 짬에서 천지의 맑은 물이 새어 나오는 곳이 있는데 이곳이 바로 압록강의 시원이라고 주장하기도 한다.

여하튼 압록강 유로流路의 길이는 790.4km로 알려지고 있다. 압록강의 유로流路를 대별하여 보면 발원지인 대연지봉에서 중강진 부근까지를 상류부로 보며, 길이는 약 270km로 잡고 있다.

---

90) 丁若鏞, 〈我邦疆域考〉, 筆寫本, 浿水辯, 참조.
91) 朝鮮総督府 編, 《朝蘇土木工事誌》, 鴨綠江河川改修編, 同府刊, 1938. 65쪽.

이 상류부는 심한 감입곡류 현상을 나타내고 있는데 혜산진을 지나 함경남도 접경으로 접어드는 어간에는 우리나라 측으로부터 압록강의 제1지류라 할 수 있는 허천강(211km), 장진강(261km)을 비롯한 가림천, 오계수, 삼수천, 후주천, 후창강과 만주쪽으로 흘러 들어오는 두도구 등 20여개의 대소지류가 합류하여 상류를 이루고 있다.

중류부라 할 수 있는 중강진 부근에서부터 만포진까지의 약 22km에 달하는 유로에는 길이 104km에 달하는 자성강 이외에는 별다른 지류가 없으나 하류부라 할 수 있는 만포진에서 강구까지 약 300km에 달하는 유로에는 독노강(239km), 위원강(90km), 충만강(138km), 삼교천(239km)의 4대 지류와 초산천, 동천, 남천, 합수천, 청성천, 운수천 등 수많은 소지류와 합류하고 있다.92)

만주 쪽으로부터는 동가강(432km) 일명 혼강으로 불리는 대지류와 길이 197km의 애하 및 포소하, 안평하, 흡마당하恰蟆塘河 등 중소지류가 압록강과 합류되어 일대 장관을 이루고 있다.93)

압록강의 최상류부는 장백산맥과 강남산맥상의 중간 계곡만을 흐르는 강이니만큼 양안에 충적지가 적어 만포이상의 중·상류부는 산세가 더욱 급해 감입곡류의 현상이 심하게 나타나 강상 항행을 어렵게 하고 있다.

이 같은 유로현상은 만포滿浦 이서以西의 하류부 곳곳에서 볼 수 있는데 때로는 유로의 변경을 가져오기도 한다. 특히 수풍발전소가 들어서면서 유로는 인공적으로 변형된 바도 있다.

하류인 의주 서북쪽에 있는 어적도에 이르러서는 강물은 세 갈래로 나누어지는데 남쪽으로는 구룡연 방향으로, 서쪽으로는 서강(일명 삼강)이라는 곳으로 흘러가고 그 중간으로 흐르는 강을 중강 또는 소서강

---
92) (북한)사회과학연구소, 《역사사전(Ⅱ)》, 사회과학출판사, 1976. 1198쪽.
93) 《평안북도지》, 동편찬위원회간, 1973. 171쪽.

이라고 하는데 금동도에서 다시 합류되어 흐르다가, 수청돌에 다 달아서는 다시 두 갈래로 분류되어 남쪽으로 위화도를 감돌아 인산 남쪽에 이르러 고진강과 합친다.

미륵당 쪽에 이르러서는 북쪽 유로와 합쳐져 대총강이 되어 양하를 지나 서해로 들어가게 되는데, 의주 이하로 내려오면 강 양안에 옥야가 펼쳐진다. 유속도 완만하여 수운水運이 편리할 뿐더러 퇴적작용도 왕성하여 수많은 삼각주와 범람을 이루면서 드넓은 강벌을 이루고 있다.

압록강은 발원지로부터 하구까지 직선거리로 측정하면 전장 유로의 반 밖에 되지 않는 400km의 거리에 불과하다. 그럼에도 불구하고 직선거리의 2배에 달하는 약 800km가 되는 것은 강류가 감입곡류(Incided Meander)를 이루기 때문이다.[94]

특히 전장에 걸친 유역의 총면적은 넓다 하겠으나 실상은 유로를 따라 길게 뻗어나감으로써 경지면적으로 활용될 수 없는데, 이는 유로가 심한 하각현상으로 감입곡류함에 따라 공격사면(Under Cut Lope)에는 도로가 형성되지 못하고 상류에서 중강진에 이르는 사이에는 급류인데다 암초가 많으며 연안이 가파르게 경사져 있기 때문이다.

중강진 이하는 완만하여 도처에 여울이 있으며 의주 이하에는 강반에 평야가 널리 전개되어 있다. 그러나 이 하류지방에는 잦은 홍수가 있어 그 피해는 적지 않은 실정이다.

참고로 압록강 지류의 발원점과 합류천을 열거해 보면 다음과 같다.

---

94) 강석오, 《한국지리》, 새글사, 1957. 199~202쪽.

압록강을 형성하는 지류 및 분류 상황[95]

本流	支流	分流	發源	河口	流域	流域延長	舟運距離	備考
鴨綠江			咸南甲山郡普惠面(惠山邑)	平北龍川郡龍岩浦邑	31,749	790.35 921.0	680	
	佳林川		〃	〃		54.3		
	虛川江		豊山郡安水面	甲山郡惠山邑		210.7		
		雲寵江	甲山郡雲興面	甲山郡別東面		71.4		
		熊耳江	豊山郡熊耳面	甲山郡山南面		85.00		
		西洞川	〃	豊山郡熊耳面		43.3		
	三水川		三水郡三南面	三水郡好仁面		66.2		
	長津江		長津郡新南面	三水郡江鎮面	121.0	261.05		
		越戰江	新興郡東上面	長津郡東下面 北面				
	厚州川		厚昌郡東興面	厚昌郡東興面		59.8		流筏 25.7km
	厚昌江		厚昌郡厚昌面	厚昌郡厚昌面		10.0		
	中江川		慈城郡閭延面	慈城郡慈城面		41.0		
	湖芮川		慈城郡長上面	慈城郡長上面		30.0		
	慈城江		厚昌郡東面	慈城郡慈下面		104.5		
	禿魯江		江界郡竜林面	江界郡高山面 渭原郡風山面		238.5	103	流筏 63km
		千北川	江界郡城千面	渭原郡密山面		47.5		
	渭原江		渭原郡大德面	渭原郡密山面		86.5		
	忠滿江		楚山面挑原面	楚山郡城面		137.85	49	流筏 48km
		忠面川	楚山郡東面	楚山郡南面		44.1		
		古面川	楚山郡東面	楚山郡板面		53.5		
	東川		碧潼郡鶴会面	碧潼郡碧潼面		55.35		
		南川	碧潼郡城南面	昌城郡碧潼面		30.0		
	昌州川		昌城郡神面	昌城郡昌淵面		35.0		
	九谷川		朔州郡朔州面	義州郡青水邑		42.75		
	堂木川		義州郡玉尚面	義州郡加由面		40.75		
	三橋川		亀城郡天厚面	竜川郡光城面 竜川郡陽下面		129.00	21.7	
		古津江		義州郡月革面		81.00		三橋川上流

95) 註 5)와 같은 책, 65쪽.

압록강의 수자원

압록강 본연의 최대자원은 수자원이다. 일제는 압록강 수력 자원을 이용하여 수력발전소를 건설하고 수년간에 걸쳐 면밀한 답사와 조사를 진행한 후, 1937년 9월 소위 만주사변을 일으킨 지 2개월 후에 수풍 발전소 건설에 착수하였다.[96] 압록강의 수량은 매 초당 2만 톤 이상의 유량인데다 여름철의 대홍수량을 감안한다면 그 수량은 가히 세계적이라 할 수 있다.

댐 건설을 위한 기반 조성을 위해 압록강 하류로부터 수 백km에 이르는 길이에 유수량流水樓 90% 이상을 이용하여 낙차 500m의 7개 제방을 쌓았는데 이 지역이 의주, 위원, 수풍, 집안, 자성, 후창 등지이다.

이 7개 제방 가운데 수풍을 제1후보지로 선정하였는데, 이곳이 압록강 수계의 3분의 1을 모을 수 있고 또한 여타 지역보다 공정에 소요되는 자재 운반에 편리했기 때문이다. 압록강 수력 발전소는 이렇게 하여 강구로부터 상류로 약 120km지점인 평안북도 삭주군 구곡면 수풍동에 세워지게 되었다.

수풍 발전소를 건설하기 위하여 일제는 소위 일·만 양국 정부 간에 관련 각서를 교환케 하고 일본 측은 '朝鮮 鴨綠江水力發電株式會社'를, 만주 측은 '滿洲鴨綠江水力發電株式會社'를 창립케 고 각각 자본금 5천만 원을 투자토록 했으며, 총 1억 원의 자산금으로 착수하였다. 그리하여 압록강 본류의 164km와 만주쪽 혼강 34km의 유로에 저수면적 345m², 총 저수용량 116억m³ 유효수량 76억m³를 수용하도록 하였다.

저수지 확보 면적은 우리나라 쪽으로 3천 만 평, 만주 쪽으로 3천 만

---

96) 朝鮮鴨綠江水力発電株式會社編, 《水豊堤堰の 建設》, 朝鮮, No.319. 1941. 11~12쪽.

▲ 압록강과 위화도

평인데 이 지역 내에서 거주하던 주민 7만 명을 이주시키는데 보상비만도 1937년 당시의 금액으로 2천여 만 원에 달했다.[97]

건설 소요비용은 당초 예산보다 증가됨에 따라, 양측에서 출자한 자본금 5천 만 원을 1억으로 각각 증액시켰으며 이에 따라 주주를 늘렸는데, 만주 측은 단일 주주로 되었으나 일본 측은 '東洋拓植株式會社', '朝鮮水力電氣株式會社', '朝鮮送電株式會社' 명의로 3분하고 전체 비율로는 만주에 5, '東洋拓植'과 '朝鮮水力電氣株式會社'가 각각 2, 나머지 1은 조선송전주식회사의 지분으로 하였다.

이렇게 하여 댐 건설에 소요되는 75만 톤의 시멘트 공장이 인근에 세워지게 되고 년 간 18만 톤을 생산함으로서 1,500만 포대의 시멘트가 댐 건설에 투하되었다. 이렇듯 엄청난 자재 수송을 위하여 전용 철로가

---

97) 武居軍次郎, 《水豊堤堰科学訳》, 朝鮮, No.319, 1941. 1~3쪽.

국철에 연결되었는데 우리나라 쪽에 820m, 만주 쪽에 80여m의 광구철도를 부설하는 자본금 1천 만 원의 '平北及鴨北鐵會社'를 설립토록 하고 철도 부설에 박차를 가했다.

약 4개년에 걸친 공사를 진행함으로써 1941년 여름 그 일부가 준공되어 저수되기에 이르렀고, 1942년 말에 완공을 하게 되었다.

총공사비 2억 3천 만 원이라는 엄청난 자본금이 투입됨으로써 가동케 되었는데 kW당 당시 3백 원의 비용으로 송전하였다. 송전 주파수는 우리나라에 60사이클, 만주 쪽에 50사이클로 하고 백분 비율로 양분하여 만주로는 안산행 2회선, 안동 경유 대련으로 2회선, 우리나라 쪽으로는 신의주, 평양, 진남포에 2회선으로 하였다.

발전소의 주건물은 우리나라 쪽에 세워졌는데 건물의 폭은 약 23m, 길이는 174m, 높이 38m의 단층으로 되어 있고 부속 건물은 폭 17m, 길이 48m, 지하 1층, 지상 3층으로 되어 있다. 건물 하류 쪽으로 약 1만평의 옥외개폐소를 세웠다.[98]

이리하여 수풍 저수지의 연면적은 345km²에 달하고 그 낙차는 100m 정도에 불과하나 유량이 풍부하여 64만kW의 발전량을 생산함으로써 동양굴지의 수력발전소가 되었다. 이러한 맘모스 공사를 위해 동원된 총 인원은 5백 만 명에 달한다고 당시의 보고서는 기록하고 있다.[99]

수풍발전소로 인해 생겨난 수풍호는 오늘날 민물고기를 키우는 양식장으로 이용되고 있다고 하는가 하면 압록강 관개 공사를 함으로써 강물은 천리 수로를 따라 평안북도 정주까지 흘러내려 광대한 면적의 논밭에 농업용수로 이용, 식량 증산에 도움을 주고 있다고 한다. 따라서 저수지 면적도 늘어나 365km²가 되었다.[100]

---

98) 동아출판사편, 《한국대관》, 동아출판사, 1961. 495쪽.
99) 북한사회과학연구소편, 《역사사전Ⅱ》, 사회과학출판사, 1976. 1198~1199쪽.

▲ 압록강 철교

  오늘날 수풍 발전소의 운영은 한국전쟁으로 70% 가량의 시설이 파괴되었던 것을 1954년부터 복구에 착수, 1960년에 소위 '조·중 압록강 수력발전회사'를 설립하여 중국 측과 공동 관리 운영하고 있는데 발전 배분 및 관련 사항을 해마다 '압록강수력발전위원회'를 통해 협의 운영해 나가고 있다.

  또한 8·15이전에 어느 정도 발전시설을 위한 공사가 착수되어 있던 운봉지역과 만주 쪽 대안을 막아 운봉호의 저수력을 이용, 1970년에 완공된 것으로 알려지고 있는데, 발전소와 수로공사는 중국 측이, 댐건설은 북한 측이 담당하였다고 한다.[101]

  이렇듯 압록강의 수자원은 수력발전에 주요지로 각광받고 있는 반면, 수로의 공동이용이라는 면에서 국경하천으로서의 문제점 또한 적

---

100) 日本 國際関係共同研究所編,〈朝中國境-両國の 友好関係の 度合ひか、敏感に反應する國境地帯〉,《北朝鮮研究》, No.57 19793. 9〜10쪽.
101) 조선총독부 철도국편,《압록강 교량공사개축》, 동국간, 1938. 1〜33쪽.

지 않다. 수풍댐과 함께 한·중간에 중요 공동 관리 시설인 압록강 철교는 1908년 8월에 기공하여 1911년 10월에 준공되었다.

철교의 길이는 944.24m로 연인원 5만 명이 동원되어 놓여진 이 다리는 중앙에 철도를 부설하고 좌우 양쪽에 2.6m의 보도를 깔았다. 교행은 12연으로 강을 오르내리는 범선을 통과시키기 위하여 우리나라 쪽에서 아홉 번째 연을 개폐식으로 만들어, 열면 십자가 되고 닫으면 일자가 되어 해빙기에는 통행하도록 설계되었으나 결빙기에는 개폐식으로 활용할 수 없었다. 그러나 1934년 11월부터는 교량의 항구적인 보존을 유지키 위해 개폐식의 운용을 중지시켰다.

1932년의 통계에 의하면 철도의 보도 통행자는 연간 260만 명이나 되었다.[102] 이 철교는 6·25전쟁기에 파괴되었고 50년대 중반기에 조중 우의 철교라는 새로운 철교가 부설되었는데 오늘날 보행통행자는 거의 없다. 교량 관리는 양측이 반분하여 보수 관리를 맡고 있으며 선박 통행은 국경하천통항협정에 의해 운영되고 있다.

압록강의 수운상황

압록강의 수운상황은 상류 쪽이 전술한 바와 같이 급류인데다 하상 河床이 급경사로 이루어져 암초가 매우 많고, 유로流路는 분망하여 뗏목의 이용조차 위험할 정도이다.

이러한 상류지역을 거슬러 올라갈 때는 10여명의 승선자가 일단이 되어 강안江岸을 도보로 걸어가면서 배를 끌어 올려야 할 정도이어서 10~20 리를 가는데도 적지 않은 노력을 기울여야 한다.

---

102) 東亜出版社編, 《原色世界大百科事典》, 卷20, 東亜出版社, 1983, 121쪽.

예컨대 안동安東에서 목선을 타고 회인까지 소상溯上할 경우 보통 지역이면 5~6일 정도 걸릴 거리이나 실제로는 20일 가량이나 걸린다고 한다.103) 소상溯上운행이 이처럼 어려운 것은 배를 저어가지고는 올라갈 수 없어 좌우 강변에 승선자들이 나누어서 배를 끌고 올라가야만 하기 때문이다.

수풍水豊댐이 건설되기 이전까지만 해도 압록강 상류지방의 주민들은 생필품을 조달하는데 이 같은 불편으로 말미암아 주로 육로를 통해 나르는 수밖에 없었다.

8·15 이전까지만 해도 강상 운항을 함에 있어 우리나라 측에서는 신의주·중강진 사이에 왕래가 빈번하였고 만주 쪽으로는 안동에서 모아산 사이로 왕래가 자주 있었다. 이때 양측 운항선의 구분방법으로 우리 측 배는 흰 기를 달았고 중국 측 배는 붉은 기를 달고 운항하였다.

승선인원은 보통 한 배에 10명 내외 정도로 3~4척의 배가 1대가 되어 거슬러 올라갈 때는 급상류에서는 30~40명이 힘을 모아 배 한 척씩을 끌어올리기가 일쑤이었다.

이들 배의 적재량은 많을 때가 4천관 내외이고 적을 때가 7~8백관 정도인데 신의주나, 안동 쪽에서 중강진 방면으로 거슬러 올라가는데 소요되는 기간이 보통 40일이나 되었으며 반대로 하류로 내려올 때는 불과 7~8 일밖에 걸리지 않았다.104) 압록강에서의 운항구간을 몇 단계로 나누어 살펴보면 다음과 같다.

다음의 운항 소요시간 측정은 야간이 아닌 주간에 한한 것으로 거슬러 올라가는 소요시간과 내려가는 시간의 차이는 대략 3대 1의 비율이 된다.

---

103) 金道泰,〈鴨綠江의 今昔史〉,《新東亞》, 第33号, 4卷 7号, 1934. 7, 51쪽.
104)〈鴨綠江 送船に 就いて〉,《朝鮮彙報》, No61, 1920. 2. 82~84.

압록강 주요 운항구간

區間	地名
第1區間	惠山鎭-新乫坡鎭
第2區間	新乫坡鎭-中江鎭
第3區間	中江鎭-高山鎭
第4區間	高山鎭-新義州

역항시逆航時 지역 간 거리 및 소요시간[105]

지역	거리	소항시간(溯航時間)	下流日數
新義州-碧潼	約350里	5日	3日
碧潼-楚山	約150里	6日	1日
楚山-中江鎭	約500里	13日	4日

　강상 운항의 난항지역難航地域은 수 없이 많으나, 이중 가장 극심한 지역은 신의주·벽동 간에 2개소가 있으며 벽동·초산 간에 4개소, 초산·중강잔 사이에 약 6~7개소로 모두 10여개 소가 난항코스로 알려지고 있다.

　이러한 난항코스를 통과하는 데는 대체로 짧은 곳이 3~4시간 걸리며 심한 곳은 여러 시간이 걸린다. 최대 난항코스로 알려진 지점은 벽동의 대안 2개소와 고산진 상류, 그리고 벌등진 하류 약 10리 지점이다.

　이밖에 자성강구에서의 하류 약 20리 지점, 토성리 위쪽 약 5리 지점과 중강진 하류 약 10리 지점이 모두 험난한 운항코스로 지목되는 곳이다. 압록강의 벌목운항은 주로 강물의 합류지점인 후주의 후창강구와

---

105) 〈鴨綠江岸國境貿易狀況〉, 《朝鮮彙報》, NO.4, 1915. 4, 80~84쪽.

자성강구인데 가뭄으로 강물이 줄어들 때는 연안에 벌목을 적체시켰다가 강우량이 많은 때에 맞추어 내려 보낸다.

여하튼 압록강은 국경방비의 역할뿐만 아니라 뗏목 등 상류지방의 삼림 개발에 따른 수로로서의 이용도가 매우 높다. 또한 동계에 강물이 결빙이 되면 강 연안의 한·만 양측의 주민들은 8·15 광복이전 당시까지만 해도 직통왕래를 하면서 자유롭게 교역을 하기도 하였다.

압록강 하류의 주요도서

역사적으로 너무나도 유명한 위화도에 대해 먼저 살펴보기로 하자 이 섬은 평안북도 의주군 위화면에 속해 있으며 이 섬은 압록강 철교 상류에 있어 만주 대륙과 대치하여 있다.

섬의 넓이는 동서로 약 20리이며, 남북으로는 약 20정町에 달한다.

압록강 하류 주요 도서명과 면적

所在	島嶼名	面積 km²	周圍 m	最高点 m	所在	島嶼名	面積 km²	周圍 m	最高点 m
竜川郡 薪島面	迎門崗 信澗坪	3.58	9,000	10.0 薪島面	竜川郡	細島	0.048	600	32.0
	露積島	0.064	14,500	31.0	〃	丁足岩	0.064	1,000	5.0
	獅子島	0.032	600	38.0	〃	達島	0.032	700	34.0
	水島	0.16	1,500	28.0	〃	草介島	0.032	500	32.0
	末島	0.14	600	38.0	龍川郡 外上面	臥島	0.032	500	32.0
	薪島	6.77	15,000	91.9		蟬島	0.48	3,000	45.3
	羊島	0.14	500	31.0	竜川郡 府羅面	大多獅島	0.21	2,600	40.1
	馬鞍島	0.3	2,300	75.0		小多獅島	0.05	700	25.0
	長島	0.032	500	28	〃	大煙章島	0.16	1,500	29.5
	丑島	0.21	2,200		〃	小煙章島	0.11	1,000	31.0
	艾島	0.064	600	35.0	〃	門泊島	0.016	500	18.0

앞에서 언급한 위화면은 위화도 부근의 마도, 추상도, 소상도, 어풍도, 조단도. 무명도 등을 합하여 1개 면을 이루고 있다. 위화도는 강상의 중강대와 만주 안동현 사이에 있는 본도 북단 북하동의 안동시와 대치하고 있어 도하편이 좋다.

이 섬은 조선 태조 이성계가 여말에 요동정벌을 위해 출정했다가 본도에 주둔, 대안에 상륙하지 않고 회군한 곳으로 이 섬은 한때 구룡도로 기록되기도 하였는데 여기에는 전대畑台를 설치 사방을 경계한 바 있다.

조선조 중종 27년에 명나라 사람들이 이 섬에 들어와 개간함에 이들을 퇴거케 하고 그들의 살던 가옥은 불살라 버렸다. 그 후로는 이 같은 사례에 따라 명나라 사람들이 들어오면 추방 조치하였다.

위화도와 관련한 문헌상의 기록으로는 《東史網目》,《燃黎室記述別集》, 《東國与地勝覽》, 《龍湾誌》 등을 들 수 있다.

이렇듯 자명한 지역에 대해서도 청인 길대춘이라는 자가 자기의 경작지를 빼앗겼다고 하면서 반환청구 소송을 의주부윤에게 제출한 사실이 있기는 하나 별 문제시하지 않았다. 위화도의 부속 도서라 할 수 있는 마도는 위화도 북부에 자리 잡고 있으며, 한때 마도라고 부르기도 하였다.

이곳에는 1900년 초까지도 32가구에 160명의 주민이 농업에 종사한 바 있다. 《龍湾誌》에 따르면 "麻島在府西南二十里 周十三里 把守五幕"이라 기록하고 있다. 또 한편으로는 "麻島上田十八日三時排脫樓三石中 田二十七日 三時網 母日觀脫樓二石 下田二日半時 排脫樓 一石屬大同庫"라 하고 있어 당시 본도本島에 파수막이 있음과 동시에, 국경방술지로서 이곳에서 산출되는 농산물은 징세되어 대동고에 귀속되었음을 알 수 있다.

마도와 마찬가지로 위화도에 속해 있는 추상도는 넓이 약 70정보에 위화도 서방 애하구 관하상자 사이에 있는데 추상도는 소상도와 대상도로 나누어진다. 북쪽의 것이 대상도이고 남쪽의 것이 소상도이다. 용만지에 따르면 "大桑島在府西南二十七里威化島西周七里 小桑島連付大桑島"라 하고 있다.

'鳥卵島'는 위화도와 추상도 중간에 있는 작은 섬으로 인가는 없다.

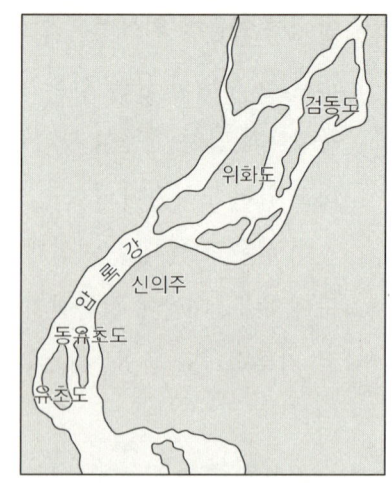

▲ 위화도

여러 하구河口 도서 중 특별히 관심을 가지고 주시해야 할 섬이 신도이다. 신도는 전술한 바와 같이 북한 측이 비단섬이라 호칭하고 지도상의 표기도 동일하게 하고 있으나 중국 측은 여전히 신도로 표기하고 있는 가운데 자국령으로 표시하고 있어 의아감을 감출 길 없다.106)

지난 60년대 이후 중국 측에서 나온 지도에 한결 같이 신도를 중국 국경선내에 두고 있다. 또한 중국이 60년대 이후부터 발해만에서 석유 탐사작업을 하고 있는 것과 관련하여107) 북한 중국 간에는 미묘한 감을 풍기고 있다.

요컨대 북한 중국 간에는 압록강을 경계로 국경하천관리와 하상 도서에 대해 상당히 신경을 곤두세우고 있다. 이런 징후는 북한·중국 간의 제반 의정서를 살펴봄으로써 유추할 수 있는 바, 예컨대 '목재 운송에 관한 의정서' 내용을 살펴보아도 알 수 있다.

---

106) 近間에 중국측에서 발간된 지도 참조.

107) 水沢透,〈朝蘇半島をぬぐる石油資源問題〉,《日韓貿易》, 1982. 2. 15(No.242).〈趙華, 渤海湾で, 油田開発の 現況〉,《人民中國》, 1983년 8월호, 38~43쪽. 참조.

압록강 연안 도서상황[108]

島嶼名	位置 및 關聯狀況	住民	行政區域
荏島	압록강 철교 上流 10里 내외의 거리로 위화도와 의주군 古城面 麻田洞 및 細下同의 中間에 있음	39名 235戶	義州郡 固城面 薪島洞
薪島	義州西南쪽 25里에 위치. 把守 二幕이 있었음	90戶 530名	上同
東泰坪	朝鮮人 金泰煥이 植蘆함에 東은 東國人, 泰坪은 그의 이름 字를 따서 부른것이라 함(一名 揚新坪)	약40戶 약 150名 面積 95町步余	竜川郡 揚西面 見一洞
迎門端	草生地로 滿潮때 일시 水没되었던 것이 점차 蘆生地가 됨. 清人과 소유권 다툼이 있었음	中國人 住居한 바 있음 現在 未詳 面積 445町步 (東西 10町 西南 약 10町)	龍川郡 竜川面 長串洞
馬島	中國과의 國境要地로 軍幕을 두고 烽燧隊를 설치 경비하던 곳임(一名 馬鞍島)(말의 안장 같다는데서 由來)	2戶, 7名 漁業에 종사 面積 東西 三町 南北 四町	平北道 竜川郡 薪島面 南州洞 薪島西方 약 10里 干湖時 通行可함
丑島	一名 築島	2戶, 8名 漁業에 종사 面積 東西 二町 南北 三町	竜川郡 薪島面 東州洞
九里島	朝鮮朝 時代에 把守幕을 두어 河川 및 対岸경비를 하였음. 우리나라 측 沿岸은 一面에 沙礫地로서 地盤이 낮어 増水時 이 沙礫地 太半이 侵水됨.	150戶, 700名 農業에 종사, 총면적 138만6692평	義州郡 水鎮面 石溪洞
於赤島	1508년(中宗3年)에 閉放하도 중시 그 후로 개간, 把守六幕을 두고 있었다. 防島와 합쳐 1개의 섬이 됨.	123戶 990余名 農業에 종사	義州郡 州內面 於赤洞
水口島	180여년전 義州 居住人 李天慶이 처음 개간, 그 후 그 손자 李潤榮 소유 때에 大洪水로 太半이 流失되고 난 다음 7년뒤 재 개간함(中國名 韓難)	5戶 30名 총 12만평 農業에 종사	義州郡 水鎮面 水口洞
官馬島	官馬의 飼料를 조달한데서 부쳐진 이름으로 竜湾誌에는 小九里島라고 함.	7戶 30名 農業에 종사	義州郡 水鎮面 石溪洞
小官馬島	官馬島의 소유자 金松竹과 徐奉年이개간 점차 경작지가 확장된 것이다(一名 小島)	면적 3만평	上同
幕沙島	於赤島의 일부로서 大洪水때에 상당 부분 流失되었다.	7戶	義州郡 州內面 於赤同

---

108) 金正柱, 《韓國統治史料》, 第9卷, 宗高書房, 1972. 102~213쪽.

點同島	中國의 使臣들이 압록강에 도달하는 3갈래길의 하나로 이용되었다. 把守五幕을 두고 江中 및 對岸의 警備処가 되어 왔다.	353戶 2350名 農業에 종사	義州郡 州內面 西湖洞
長島	150여 년 전 淸人의 개간에 의해 淸人部落의 書堂所有 財産이었으나 후에 義州郡民 所有가 됨.	常住人없음	義州郡 広坪面 青水同

북한·중국 국경선상의 교량

함경남도 혜산시와 중국의 장백현 사이를 오가는 '국경 통행버스 운행' 개통식이 압록강 북한·중국 친선다리인 혜산교 위에 있었다. 혜산과 장백현 사이 국경버스운행이 개통됨으로써 양국민간의 교류상 편의를 도모하게 되었다.

압록강 상에는 철교 5개소, 인도교 9개소가 있다. 대부분 일제시대에 건설된 교량으로 6·25 당시 파괴 또는 관리유지를 제대로 실시하지 못하여 오늘날에는 철교 5개소 중 신의주와 단동, 남양과 도문, 만포와 집안 간 철교만 이용되고 이밖에 인도교 9개소 중 신의주교, 회령교, 남양교, 혜산교 만이 이용되어 왔다.

북한과 중국은 1982년 2월 '국경무역 협정체결'로 연변 조선족 자치주 교포와의 인적 물적 교류가 증대됨에 따라 중국의 장백과 북한의 혜산간을 연결하는 교량(북한 : 혜산교, 중국 : 장백대교로 호칭)을 1985년 5월에 착공하여 10월 21일 개통한 바 있다.

이 다리는 한·만국경선상인 압록강상에 최초로 신설된 교량이다. 본 교량의 길이 148m에 폭은 9m이다. 현재 북한과 중국 간의 정기 국경버스 운행은 중국 길림성 도문과 북한 함경북도 남양 간을 1백20여 회 왕복 운행하고 있다.

혜산과 장백 간 정기 국경버스 운행은 2번째 노선으로 앞으로 북한의 양강도 지역과 중국 동북부지역의 경제적 유대를 더욱 강화하는데 기여하기 위한 것으로 판단된다.

한·중 국경 압록강상 교량[109]

■ 철교

구간	길이(m)	비고
신의주-단동	920	사용 중
남양-도문	400	사용 중
만포-집안	590	사용 중
삼봉-개둔산	330	불사용
청수-상하구	520	불사용

■ 인도교

구간	길이(m)	폭(m)	비고
신의주교	920	6	사용 중
회령교	400	6	사용 중
남양교	500	6	사용 중
혜산교	148	9	사용 중
중강교	500	6	불사용
온성교	750	6	불사용
훈개교	500	6	불사용
새별교	600	6	불사용
은덕교	600	7	불사용

---

109) 북한연구소편, 〈한중국경 압록강상 교량〉, 《북한》, 1993. 7. 219쪽.

두만강豆滿江 유역 국경문제

두만강豆滿江명의 유래

 '두만강豆滿江'은 '고려강高麗江'이라 불리웠는가 하면 '도문강圖們江', '사문강士們江', '통문강統門江', '도문강徒門江' 등으로도 표기된 바도 있다.
 이중 '圖們江'의 어원은 만주어의 '卍'자의 한역漢譯110)으로 보는가 하면 '도문색금圖們色禽'이란 문구에서 '色禽'을 떼고 '圖們'이라 한데서 비롯되었다고 한다.111)
 '圖們色禽'이란 뜻은 새가 많이 사는 골짜기라는 여진어女眞語라고 풀이하고 있다. 또 한편으로는 원나라 때 지방관제에 '만호万戶', '천호

---

110) 竹內虎治,〈豆満江の水運並同流域の木林〉,《滿鐵調查月報》, 1933. 5. 48쪽.
111) 谷光世,《滿洲地名考》, 滿洲事情案內所, 1938. 53쪽.

千戸' 등의 관직이 있었는데 여진어 발음으로 만호를 '두맨'이라 하는 데서 기인되었다고도 한다.112)

'두맨'이라는 여진어는 '광만鑛万', '土門', '圖們'의 한자역漢字譯인 듯하고113) 이 말을 쓴 하수河水는 훈춘하의 지원支源인 대소도문하大小圖們河 두발하豆發河의 원류인 계림鷄林 토문하土們河 등 모두 동일어로 문형門形의 토벽 유무와는 관계되지 않은 것 같다.114)

그럼에도 불구하고 청 측은 두만강을 토문강과 동일시하는 주장을 고집하여 한·청간에 커다란 이견을 불러일으켜 국경분쟁의 요인을 낳게 하였다.

여하튼 우리나라에서는 두만강이라 통칭하고 있으며 두만강과 토문강은 전혀 다른 별개의 강임을 명백히 하고 있다.

조선조 세조 14년(1468년) 여진정벌에 공을 세운 '남이장군南怡將軍'의 유명한 시구 중 "백두산석마도진白頭山石磨刀盡 두만강수음마무豆滿江水飮馬無"라 한 귀절을 보더라도 오래 전부터 우리나라에서는 두만강으로 표기하고 있음은 주지의 사실이다.

그러나 일제의 한반도 침입과 때를 같이 하여 일본제국주의자들은 청 측이 사용하고 있는 도문강圖們江이란 변칭을 두만강 대신 왕왕 사용함으로서115) 우리 고유의 강 명칭에 혼란을 일으키게 하였다.

두만강의 유로流路

---

112) 漢淸文鑑, 《同文類解》, 數詞 參考.
113) 司空桓, 〈豆滿江流域을 舞台로 한 文化史〉, 《新東亞》, 제4권, 7호, 1934, 54쪽.
114) 大韓民國 國会圖書館, 〈間島領有権関係抜萃文書〉, 同館刊, 1975, 327쪽.
115) 일제의 한반도 침략이후 출간된 공간행물 중 대다수가 두만강을 圖們江으로 표기하고 있음.

두만강의 발원지는 백두산 동남 측의 대연지봉 동편 무두산(해발 1930m) 북록北麓이다. 유로의 길이는 북한 측은 547여km라 하고[116] 중국 측은 480여km로 보고 있다.[117]

유역의 면적은 41,242km²로 이중 우리나라 측만의 유역 면적은 32,920km² 이다.[118] 주요지류는 소위 간도협약에 의해 한·청간의 국계로 된 '석을수石乙水'와 '홍단수紅湍水'가 '서두수西頭水'와 합류하는 무산 근처의 연면수와 양류다 성천수를 만나 두만강 중류를 지나게 된다. 회령천이 두만강과 합류하는 지점에서의 6km 상류에는 포을하천(볼하천)이 함경산맥에서 발원하여 회령천과 같이 합류한다.

이 지역은 두만강 중류 지방에서 넓고 비옥한 평야를 이루고 있는가 하면, 팔을수, 오룡천 등의 물줄기와 합류되면서 유로가 북쪽으로 흐른다. 온성방향에 이르러서는 남동방향으로 돌아 나오며 다시 용당 나루터 근처에서 흐름이 급전되어 동해로 흘러 들어간다.

두만강은 우리나라 여러 하천 중에서 유로의 경사도에서는 제1위이며 그 길이에 있어서는 제3위이고 유역면적으로는 제5위이다.[119]

두만강을 상·중·하류로 구분해 본다면 상류는 연면수까지이며, 중류는 만주 쪽에서 흘러 들어오는 해란강 부근까지이며 그 이하는 하류로 나누고 있다. 상류는 그 지류가 여러 갈래로 얽혀 있으나 중류와 하류는 단류이다.

두만강의 지류 가운데 '서두수西頭水'는 분기류分岐流가 가장 많은 유로를 형성하고 있는데 이는 수지형하계망樹枝型河系網인 까닭이다. 이들

---

116) (북한)사회과학원 역사편찬연구소, 《력사사전 I》, 사회과학원출판사, 1972, 552쪽.
117) 중국길림성, 《자연보호》, 길림성자연보호관리국, 1978, 57쪽.
118) 강석우, 《한국지리》, 새글사, 1957, 168쪽.
119) 함경북도지편찬위원회편, 《함경북도지》, 동위원회간, 1970. 23~25쪽.

지류들은 서두수 지류 동측에서 부터 동계수, 형제수, 박천수 등이 합류하는 삼사면 연암동 부근이다.

이 지역은 삼각형지대가 발달하여 있는데다 표고 1,700m의 평지면을 이루고 있고, 백두산 화구에서 흘러나온 용암대지로서 넓은 지역에 영농이 가능한 지역이기도 하다.

두만강의 유로를 상류에서 하류 측으로 살펴볼 때 유로의 기복이 가장 심한 데가 세 곳 있는데 그 첫 번째가 홍단수와 본류가 합류하는 지점이고 두 번째가 회령군과 무산군의 경계 지점이며 세 번째는 만주 쪽에서 흘러나오는 해란하와의 합류점이다.

두만강의 유로에 따른 각 지역간의 거리를 개략적으로 추산할 때 수원지에서 농사동까지를 200리로 보며, 농사동에서 회령까지 410여리, 회령에서 온성까지 230여리, 온성에서 하구인 토리 부근까지를 360리 정도로 보고 있어 속칭 1,300리라 하고 있다.

하천의 폭과 수심을 강유역의 몇몇 곳을 선정하여 조사한 것을 보면 먼저 농사동 부근의 하폭이 5~6간, 수심은 2~3척이고, 삼하면에서는 하폭 70~80m에 수심은 2~3척이고 무산 근처에서는 하폭이 대체로 60m~100m이며 최고 수심은 약 8~9척이다.

온성 부근에서는 하폭 290m에 수심이 3m 정도이며 선아산에서는 하상폭 600m, 수심 10척이다. 경흥 근처에는 하상폭이 가장 넓은 곳은 800m이고 가장 좁은 곳은 600m이며, 수심은 가장 깊은 곳이 13척이고 가장 낮은 곳은 6척이다.

유속은 가장 급한 곳이 초당 3척8촌, 느린 곳일 경우는 2척4촌이다. 최하류인 토리부근에서는 하폭이 최대 600m 최소 500m이며, 수심은 가장 깊은 곳이 12척내지 15척이며 유속은 1분간에 60간이다.

요컨대 삼하면부터 상류는 급류로 뗏목을 내려 보내기 조차 어려운 지경이며 점차 하류로 내려감에 따라 급류가 둔화된다. 온성 부근부터는 현저하게 완만하나 하안의 굴곡이 심해 수류는 좌충우돌하고 수심 또한 고르지 못하다. 갑자기 깊어지는가 하면 얕아져 곳곳에 사주沙洲가 형성되어 있다. 하류로 내려가면서 갈수기渴水期에는 걸어서 건널 수 있는 곳도 있다. 이 때문에 옛부터 강안의 왕래는 잦은 편이다.

교통편은 '강연안江沿岸'을 건너다니는데 곳곳에 간이교량이 있고 또한 나루터가 있다. 1915년대에만도 삼하면 대안에 9개소, 농사동 대안에 137개소의 교량이 있었으며, 나루터는 삼하면에서 두만강하구에 이르기까지 무려 104개소나 있었다고 한다.[120]

결빙기에는 도처에서 우마차의 통행이 가능함은 물론 갈수기에는 도보로 건널 갈 수 있는 곳도 적지 않다.

한·청 관계

1712년에 백두산정계비白頭山定界牌 건립 이후 한·청간에는 특기할 분쟁이 없이 지내오다가, 1869년에서 1870년(고종 6~7년) 2년간에 걸친 관북지방의 대흉작으로 인해 월경주민이 급격히 늘어나기 시작하였다.

이에 조정에서는 월경민에 대한 단속을 강화하였으나 계속 단속만 할 수 없는 사태에 이르자 단속을 완화하여 월경경작越境耕作을 공인하고 두만강 중의 섬과 대안지방에 대해서는 함북지방관이 지권地券을 발급하고 토지대장을 만들어 세금까지 납부케 하였다.[121]

이후부터 약 10년 후인 1881년(청·광서 7년)에 청의 길림성의 금산

---

120) 조선총독부편, 〈국경시찰복명서〉, 1915. 4, 도문강연안지방중 하류 편 참조.
121) 김형식, 〈관북일대답파기〉, 《조선일보》, 1932년 4월 8일~5월 2일, 연재분 참조.

위장 禁山圍場을 개방하고 훈춘에 초간국을 설치하여 개간 가능지대를 조사하게 되었다. 이 지역에는 이미 한인이 정착 영농하고 있음을 보고 이 지역을 청의 관할지로 간주, 여기에서 생업하고 있는 자는 청국민으로 다스리겠다고 우리 조정에 통보해 오자 우리 조정에는 주민 쇄환를 고시하게 되었다.

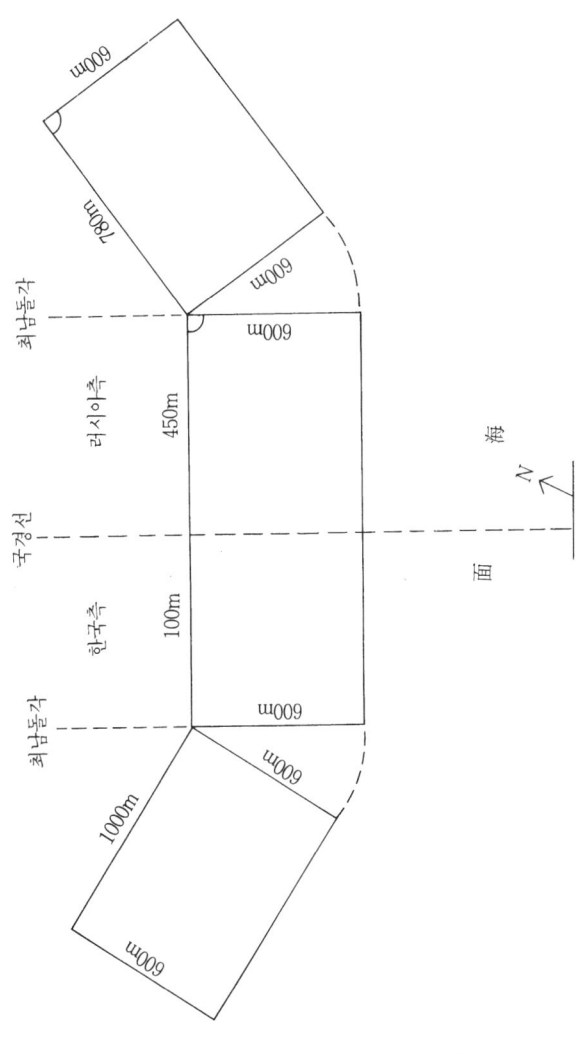

▲ 한·러 국경 강상 수면도

정계비 건립 이후 170여 년간에 걸쳐 사소한 월경시비越境是非를 제외하고는 별다른 문제가 없었으나 이 고시로 말미암아 연강沿江의 변민들은 청이 두만강을 토문강으로 오인, 두만강을 국경으로 알고 있음에 경악하고 정계비와122) 토문강을 실제로 답사한 후 종성부사로 하여금 돈화현에 조회하여 한·청 양국이 상호 파원하여 계한界限을 사명査明할 것을 제의하였다.

이리하여 고종 22년 감계담판이 시작되었는데 우리 조정에서는 백두산 정계비를 기초로 하여 비를 세운 직후에 표계標界한 돌무덤, 흙무덤과 목책 등을 살펴 토문강으로 정할 것을 주장하고 나섰다.123)

그러나 청은 토문, 도문, 두만이 동일한 강임을 주장하고 도문강의 원류를 탐사하여 계한으로 하자고 맞서 감계는 결렬되었다. 2년 후인 정해년에 다시 재감에 임했으나 청의 정치적 위세와 협박으로 우리 측 감계사 이중하는 하는 수 없이 두만강 기초설에 동의하고 말았다.

두만강의 원류가 홍토수, 홍단수, 석을수 셋 중 어느 것이냐를 가지고 양국위원이 논란을 펴게 되자 우리 측 감계사 이중하는 끝까지 홍토수임을 주장하였다. 청 측은 홍단수를 주장하다가 마지못해 석을수로서 도문강의 상류로 할 것을 제의하였으나 우리 측의 동의를 얻지 못하고 정해감계도 결렬되고 말았다.

이러한 감계에 임한 우리 측 감계사 이중하는 숙종 때에 백두산정계비 건립을 위해 접반사로 임했던 박권 등과는 대조적으로 초지일관 '此頭可斷國土不可縮(목은 자를 수 있을지언정, 영토는 한 치도 빼앗길 수 없다)'이라는 영토애를 발휘, 후세에 귀감이 되고 있다.

한편 국제정세의 변화로 청일전쟁·노일전쟁이 이 땅에서 발발되고

---

122) 대한민국 국회도서관, 〈간도영유권관계 발췌문서〉, 동관간, 1975. 13쪽.
123) 이중하, 〈감계교섭보고서(全)〉, 필사본, 1887.

일제의 침략으로 우리의 주권이 침탈됨으로써 미결상태에 있던 감계 문제는 일제군국주의자들의 중국대륙침략의 야욕으로 말미암아 희생물이 되었다.

즉 안봉선 개수문제 및 동삼성東三省 6안을 일제에 유리하게 해결해 준다는 조건으로 이른바 간도에 관한 조약을 우리의 의사와는 상반되게 체결함으로써 분쟁의 요인을 계속 남겨 놓게 되었던 것이다.

두만강과 관련한 영토 문제는 간도 문제 뿐만 아니라 하상 도서의 귀속문제까지도 영향을 미쳤다. 무엇보다 지도상에 나타나 있는 섬만도 무려 15개 정도이며 이중 오늘날 중국 측 점유 도서는 대략 8개 도서나 된다.[124] 이러한 사실은 전체적으로 두만강 유역을 우리 땅으로 알고 있는 우리 국민의 인식과는 상반되는 것이다.

이들 도서의 문제에 관해서는 간도협약 체결 이전에도 분쟁이 있었다. 그 대표적인 예가 경원 훈춘 사이의 두만강 안에 있는 고이도와 유다도를 들 수 있다. 이들 섬은 오랜 기간 무인도로서 양국이 버려두었으나 점차로 개간의 여지가 보임에 인근주민들이 경작하게 되면서 문제시 되었다.

즉 청 측이 이 섬들을 자국령이라 주장함에 우리나라 조정에서는 융희 2년(1908년 : 고종 19년) 서북경략사 어윤중으로 하여금 청 측의 팽광예와 담판, 이곳에 비석 세 개를 上·中·下로 나누어 세웠다. 그 중 중, 하는 없어지고 상上만이 남아 있었다.

이를 근거로 하여 한국령으로 확정한 바 있는데 또다시 청이 1908년 이곳을 청령이라 하면서 측량을 하고 우리 측 주민의 경작을 방해하였다. 이에 따른 정황은 당시의 함경북도 관찰사가 보고한 내용으로 전해

---

124) 〈조선 지도첩〉, 학우서방, 번각, 1972, 71쪽.

오고 있다. 유다도 역시 고이도와 유사한 사건으로 한·청 양국민간에 시비가 있었으나 당시 일제의 간여로 인하여 한국령으로 낙착되었다.[125]

그러나 두만강은 본래 유로가 감입곡류(Entrenched Meander)현상을 이루고 있는데다 잦은 홍수에 급류를 이루어 피아간에 적지 않은 문제를 제기해 왔다.

이 같은 현상은 오늘날에도 마찬가지여서 북한·중국 간에는 하천운항협정이라든가, 뗏목 수송, 제방 및 사방사업, 공해방지 문제 등등 관계 사항을 의정서 형식으로 절충하여 최대한 양측의 마찰을 줄이려 하고 있다.

한·러 관계

17세기 중엽 이후 제정러시아의 동방진출 야욕은 지속되어, 19세기 중엽에는 흑룡강구로 진출하더니 1851년에는 두만강 대안인 블라디보스톡을 점령, 군항을 건설하고 1860년 북경조약을 체결하여, 우수리강 이동의 연해주 7백리의 땅을 청으로부터 할양받았다. 이에 따라 우리나라는 두만강을 사이에 두고 두만강 하류로부터 16.5km에 달하는 국경을 접하게 되었다.

뿐만 아니라 북경조약으로 인해 우리나라는 북방 전략요새지인 녹둔도를 잃어버리게 되었다.[126] 녹둔도는 조선조에 있어 북변의 야인침입과 왜구의 침입을 막는 전초지로서 매우 중요한 지역이었다.

녹둔도는 조산보에 속해 있었는데 조선 중종 때에는(중종 23년 7월) 왜구의 침략선 이백여 척이 서수라에 침입하자 군사를 동원, 물리친 바

---

125) 김정주 編,《조선통치사료》, 제9권, 한국사료연구소, 1972, 214~230쪽.
126) 拙著,《한국의 국경연구》, 동화출판공사, 1981, 90쪽.

있다. 명종 6년 정월에는 두만강 대안 남부 '우수리烏蘇里'지방의 오랑캐들이 조산에 침입해 이를 물리친 일도 있었다.

이러한 외적의 침입에 대비하여 순찰사 정언신은 녹둔도에 둔전을 설정하고 경흥부사로 하여금 개간케 하였다. 그 후 선전관 김경눌을 둔전관으로 보내 녹둔도에 목책을 세우고 개간을 대대적으로 추진하였다.

그러다가 선조 19년에 이순신 장군으로 하여금 조산만호로서 둔전을 겸장케 하고 개간을 독려케 하였다.[127] 이듬해 9월 이순신은 경흥부사 이경록과 함께(만호군을 지휘하여) 추수를 하던 때에 여진족들이 양곡을 탈취키 위해 침범, 목책을 포위 공격해 오자 이를 격퇴시켰다.

그 당시의 승전을 기리는 승전대비가 오늘날까지 함경북도 웅기군 두만강유역에서 약 30리 떨어진 조산리 마을에 남아 있다. 이 비는 화강암으로 된 받침대 위에 대리석을 다듬어 세웠는데 전면에는 승전대라 적고 뒷면에는 이순신 장군의 전적을 기록하고 있다.

또한 마을 동북쪽에 솟아있는 산봉우리는 승전봉이라 명명하여 길이 추앙하고 있다.[128] 이처럼 우리의 북방변경 방어지로서 유서 깊은 녹둔도가 우리나라와는 하등의 사전 협의나 사후 통고도 없이 러시아가 연해주일대를 영토화하는데 청국이 합의함으로써 두만강 하구의 녹둔도는 러시아령이 되고 말았다.

이에 대해 우리 조정에서는 뒤늦게 청을 통해 이 섬의 반환 협조를 요청했으나 청은 성의를 보이지 않았으며 그 후 러시아와 국교가 체결됨에 녹둔도의 반환을 요청한 바 있다고 하나 후속효과는 없었다.[129]

---

[127] 위와 같은 책, 142쪽.
[128] 《咸鏡大觀》, 정문사, 1967, 283쪽.
[129] 〈녹둔도 관계 기밀문서〉, 제15호(1890. 8.15).

그런가 하면 러시아는 이 섬을 점유한 뒤에 즉시 병영화하고 이 지역의 출입을 통제함으로써 일반인의 접근이 어려워지게 되었다.

이러한 녹둔도에 대한 지형도가 극비리에 작성되어 고종에게 보고된 녹둔도도가 있어130) 일본외교문서중의 녹둔도 관계문서와 함께 귀중한 자료가 되고 있다.

녹둔도가 러시아에 병합되는 계비설립작업에 대해 당시의 관아에서 중앙에 보고한 내용 중에 경흥군 무이진 소관하의 망덕산 봉수대를 지키던 병사의 목격담을 통해 기록한 것을 보면 기마를 탄 호인들이 한여름에 나타나 천막을 치고 수명의 장정들이 드나드는 모습이 보였다고 한다.131)

이는 청·노 양측이 계비작업界碑作業을 한 것인데 이로부터 한·러 국경선은 획정되고 말았다. 그러나 당시의 우리나라 변경주민들은 국경획정과는 상관없이 종전과 같이 강을 건너 농경을 하고자, 적지 않은 수의 월경민이 생기게 되었다.132) 이에 대해 러시아 측은 방관 내지 오히려 협조함으로써 미개척지의 개간을 이들 월경민들에게 맡겨 영토를 경략케 하였다.

이러한 상황은 청·러 양국의 입장이 다르기는 하지만 간도지역에서의 청의 한인 축출과 비교할 때 자못 대조적이라 하지 않을 수 없다. 여하튼 러시아가 우리나라와 국경을 접하게 된 후로는 기회 있을 때마다 정식 통상을 요구해 왔다.

그리하여 1885년 7월 7일 양국 간에 한·러 통상조약이 체결되고 3년 후인 1887년 8월 8일에는 육로통상장정이 조인되어 경흥지역이 러

---

130) 아국여지도 중 녹둔도도 참조.
131) 拙著, 《한국의 국경연구》, 동화출판공사, 1981, 99쪽.
132) 笹森儀助, 〈シベリア旅行日記〉, 필사본, 1899, 33쪽.

시아에 개방되기에 이르렀다. 이어서 두만강 및 압록강 유역과 울릉도 삼림 벌채권을 얻어내는 등 막대한 이권을 차지하게 되었다.

그러면서도 러시아의 연해주 한국이주민에게는 매우 불평등한 조치를 취하였다. 이 같은 사례는 당시 연해주 일대에서 한국신민에게 러시아 거주권을 교부하는 절차를 규정한 규칙에 잘 나타나 있다.

러일전쟁에 패한 후 이 땅에서 물러간 러시아는 한때 두만강 인근의 장고봉전투를 일본과 벌임으로써 영토분쟁을 야기한 바 있다. 오늘날 북한과는 국경표석 토자비가 세워진 중국 접경지역으로부터 두만강하구에 이르는 16.5km간의 국경선을 유지하면서 양측은 각기 국경문제 담당 전권대사를 포시에트(Posiet)와 청진에 두고 국경문제 조정에 관한 협약에 의해 처리해 나가고 있다.

현재에도 북한과 러시아는 국경 문제에 관한 협약을 맺고 있는데, 6·25전쟁 이전에도 이와 유사한 협약은 있었다. 그러나 휴전 이후 북한 러시아간에 있어서 빈번한 교류 접촉에 따른 제반 사항을 규제하기 위해 러시아 위주에 편향된 협약으로서, 1885년에 맺은 한·러 수호통상조약이나 조아육로통상장정의 내용을 크게 벗어나지 못하고 다만 미세한 부문에 이르기까지 제재적 요인들만 추가되고 있는 듯한 인상을 주고 있다.

비록 16.5km라는 얼마 되지 않는 국경선이지만 오늘날 러시아가 연해주 일대를 시베리아 개발이라는 대역사와 연결하고 있는 데다 훈춘을 경계로 하는 삼각국경지대가 예나 지금이나 국경선상의 마찰 요소를 그대로 안고 있다.

무엇보다 전술한 간도와 녹둔도의 상실로 말미암아 한·중 간에 분쟁 상태에 있던 간도영유권문제가 부당하게 일제의 대륙침략의 희생물이 되었다. 또한 두만강하구에 있던 우리의 전래적 고유의 영토이었던 녹둔도가 러시아의 영토가 됨으로써 우리나라 북방강역관계는 서북방면의 국경선 획정보다 동북방면 국경선 획정에 숱한 난제와 심각성을 내포하고 있다.

무엇보다 전술한 이주민의 처리 문제가 한·중·러 삼국 간에 걸쳐 제기되는 가운데 우리 민족은 이국민시 되어 호혜평등의 원칙 보다는 차별화 속에 수난을 받고 있다.

우리나라 북방변경주민들이 두만강 대안의 만주지역이나 하구의 시베리아 연해주 일대로 이주한 까닭은 이 지역 일대가 민족지연상으로나 인문지리상으로 우리의 강역이라는 의식에서 발로된 것으로 춘경추귀하는 예는 허다하였다.

국경획정 이후에도 국법으로 도강월경이주渡江越境移住를 엄히 막았으나 강 건너 넓은 들이 결코 낯설고 물설은 타향이 아닌 본향이라는 의식이 잠재함으로써 도강을 서슴지 않았던 것이다. 다시 말해, 생존을 위한 호구지책의 방편만이 전부는 아니라고 본다.

그 같은 견지는 국권상실 이후, 우리의 애국선열지사들이 두만강을 건너 만주일원과 시베리아 연해주일대에서의 항일독립운동을 전개하면서 숱한 비애와 고난을 마다하지 않았음과 마찬가지로 민족본향의 의식에 기인된 것이다.

여하튼 두만강 유역은 우리 민족에게는 타율에 의한 국경선으로 제재를 받기는 하였으나 우리민족 속에 잠재되어 있는 의식은 두만강이 정겨운 향리의 내하라는 향수를 버릴 수 없는 것이었다.

오늘날 불행하게도 이 지역 일대에 대한 우리의 주권이 미치지 못하고 북한 당국자들의 손에 내맡겨져 있기는 하나 언젠가 민족의 통일이 이루어질 때 두만강영역에 대한 영토 관할 문제는 제기되어야만 한다.

따라서 우리는 이 지역 일대에 대한 연구를 다방면에 걸쳐 지속적으로 수행해 나가도록해야 할 것이다. 또한 오늘날 북한과 중국·러시아 간에 있어서도 두만강을 사이에 두고 국경선상에 적지 않은 문제점이 제기되고 있어 지대한 관심은 잠시도 멈추어서는 안 된다.

일제치하의 두만강 하류관리

1712년 백두산에 정계비가 세워지면서 '동위토문東爲土門'[133)]이라는 문구에 따라 우리나라 동북부지역의 국경선을 우리 측에서는 송화강 지류인 문자 그대로 토문강으로 알고 있는 반면에 청 측은 토문이 두만강이라는 인식하에 북경조약 체결 이후 청·러 양측이 자의적으로 두만강을 국경하천시國境河川視하며 이곳을 국경으로 획정하였다. 이렇게 정해진 두만강 국경하천에 따른 계표 건립도 다분히 러시아 측의 주도하에 설정되었고 청 측은 추인하는 형태에 불과하였다.

그 결과 이 지역의 지리적 상황에 어두운 이들은 매우 피상적이고 관념적인 입장에서 원칙과 기준 없는 계표를 세웠다. 그 같은 단적인 예가 두만강 하구의 토자비 설립인 것이다.

이러한 사례는 1861년 '흥개호계약興凱湖界約'에 의한 토자비 설립 위치와 1886년 훈춘계약에 따른 위치가 상위함으로 말미암아 불과 25년 만에 북방 삼각국경선이 달라 지게 되었다. 우리나라는 전래적으로 압록강 두만강을 국내하천으로 보아왔으며 강상의 여러 섬은 당연히 우리나라 영토로 간주해왔다.

그러나 압록강 두만강이 국경하천화 되면서 강상의 도서 및 사주들에 관한 귀속문제가 야기되기는 하였으나, 불행 중 다행으로 대체로 우

---

133) 1712년 5월에 세워진 백두산 정계비문에 서위압록(西爲鴨綠), 동위토문(東爲土門)이라 하여 서쪽은 압록강, 동쪽은 토문강으로 경계를 짓는다고 적고 있다.

리나라 영토로 확정된 바 있다.[134]

그런데 근대이후 국제법에 의한 국경하천의 경계구분이 강폭 중심으로 구분지어 지는가 하면 강의 최심선最深線을 경계기점으로 삼게 되어 두만강상의 선박항행, 어업권, 하상도서에 대한 귀속문제가 발단되었다.

즉 한·러 간의 국경하천이용, 어업채취, 도강 및 인적교류, 교역과 관세율 등의 문제가 제기되었다. 1911년 러시아는 한·러 국경하천에 관한 ① '두만강어업에 관한 협약'을 비롯하여 ② '두만강하류 및 강구에 있어서의 어업구역협약', ③ '두만강어업 및 한러국경교통에 관한 협약', ④ '러시아 세관관제 및 관세구역', ⑤ '두만강 및 그 부근해면에 있어서의 어업 및 한러양국의 경계, 항행, 교통 및 화물수출입에 관한 협약'[135] 등등으로 양국 간의 국경하천을 관할하기에 이르렀다.

위의 제반 협정 가운데 국경 문제를 직접적으로 다룬 ⑤는 전문 10조로 구성되어 있는데, ⑤의 제1항에 강 최심하상의 중앙으로서 경계를 삼으며 이 경계를 표시하기 위해 적당한 표식을 하도록 하는가 하면, 최심하상最深河床의 위치가 현저하게 변경된 경우에는 양측은 협의를 통해 다시 경계를 정한다고 함에 따라 강변의 국경선이 점선으로 둔갑되었다.

구체적인 내용은 1911년 7월에서 1913년 10월까지의 '도문강어업圖們江漁業에 관한 일로협약日露協約' 체결 내용에 의하면, 국경왕래에 따른 도선장渡船場은 토리-작포도, 조산-와룡, 용현-와봉 등 3개 처로 했다.

---

134) 조선조 말기 이래 압록강, 두만강상의 여러 섬들에 비해 중국의 명청대에 영유권 분쟁이 있었으나 대체로 우리나라 영토로 확인되었다.
135) 《韓國史学論叢(3)》, 탐구당, 1982, 126쪽.

결빙기結氷期에는 지역의 제한이 없이 왕래가 가능함에 따라 이를 단속을 못하고 다만 가축(소, 돼지 등)의 수출입에 한해 경흥부윤으로 하여금 서수라 및 용현에 징세원을 두어 수출입세를 징수하게 하였다.

와봉(포츠고르누이)에는 수출입하는 소의 검역소를 두고 내왕인들에 대한 취체도 아울러 하였다. 1907년(융희 7년) 조산과 서수라에 주재소가 설치되고 대안의 와봉에 있던 검역소를 철폐, 세관지서로 하고 왕래인에 대한 검문을 하였다.

1910년(융희 4년) 7월에는 토리·조산·증산 등 국경 연안에 헌병분경소를 설치하고 러시아 측은 녹둔도(일명 : 그라스노이세키) 위쪽에 국경수비대를 주둔시킴과 동시에 세관감시초소를 설치 국경왕래자를 철저히 조사하였다.

이듬해인 1911년 1월에는 강안 주민들의 내왕을 엄격히 제한하고 어쩌다 일용품 거래를 하다 발각되면 가혹한 벌금을 징수하고 정상에 따라 연추(노후기에스크)로 압송하였다.

또한 내왕자는 입국허가증을 발급하여 체류기간 위반 시에는 벌금을 물게 하였다. 이렇듯 국경통행에 제한을 가하자 매월 300여명이나 되던 국경내왕자는 나중에는 4~50명으로 감소되었다.

허가증의 유효기간은 1년으로 그 수수료는 75전이었다. 특히 러시아 관헌들은 포시엣트 근해의 출입을 엄격하게 경계하고 밀입자를 고발하는 자는 3천원의 현상금을 걸 정도로 일반인의 접근을 막았다. 포시엣트에서 녹둔도 및 고읍연안, 박석거리 부근에 전화가설과 연추, 블라디보스톡 사이의 도로 개수 등은 이 시기부터 착수한 것이다.

이처럼 러시아가 연해주일대를 대대적으로 개발하면서 두만강연안 국경지대에 대한 출입국 통제가 강화되었고, 국경선 획정에 따른 원천적인 문제점들을 백안시하고 불법 부당하게 점유한 영토도 자국령 시하는데 급급했다.

이런 가운데 이해 당사국의 이의제기는 묵살해 왔다. 그러나 우리는 역사적, 지리적, 국제법상의 근거를 들어 부당한 국경획정으로 인해 상실된 영토의 회복과 국경선의 조정을 민족사적 전통성에 입각해서 바로 잡아나가야 할 것이다.

두만강변의 핫쌴(장고봉)사건[136]

장고봉은 두만강 하구 근방의 홍의동 강 건너 북쪽 4km 지점에 위치한 해발 149m의 고지이다. 이 장고봉은 동서로 전망이 좋아 동쪽으로는 포시에트만 일대의 해군기지, 잠수함 기지, 항공기지를 감시할 수 있고 서쪽으로는 나진으로부터 만주로 연결한 한만국경 철도와 BAM철도[137]가 장고봉정상에서 내려다 볼 수 있을 뿐만 아니라 사방 10km를 감시할 수 있는 위치이다.

이러한 지대에 러시아가 블라디보스톡, 포시에트, 하바롭스크 일대를 극동 진출을 위한 전략기지화함에 따라 국경전초기지로서의 매우 유용한 고지가 되었다.

장고봉의 서쪽을 흐르는 두만강 폭은 600~800m에 수심은 3~5m에 불과하고 하저河底는 진흙이기 때문에 도하작전을 할 경우 커다란 장애가 되며 강변까지 차도는 세 곳이 있으나 비만 오면 진창으로 통행이 불가능한 지대이다.

---

136) 사회과학편집부, 《북한력사사전》 II (1973) 934쪽.
137) 바이칼, 아무르의 영문약자표기로 시베리아철도 명칭임.

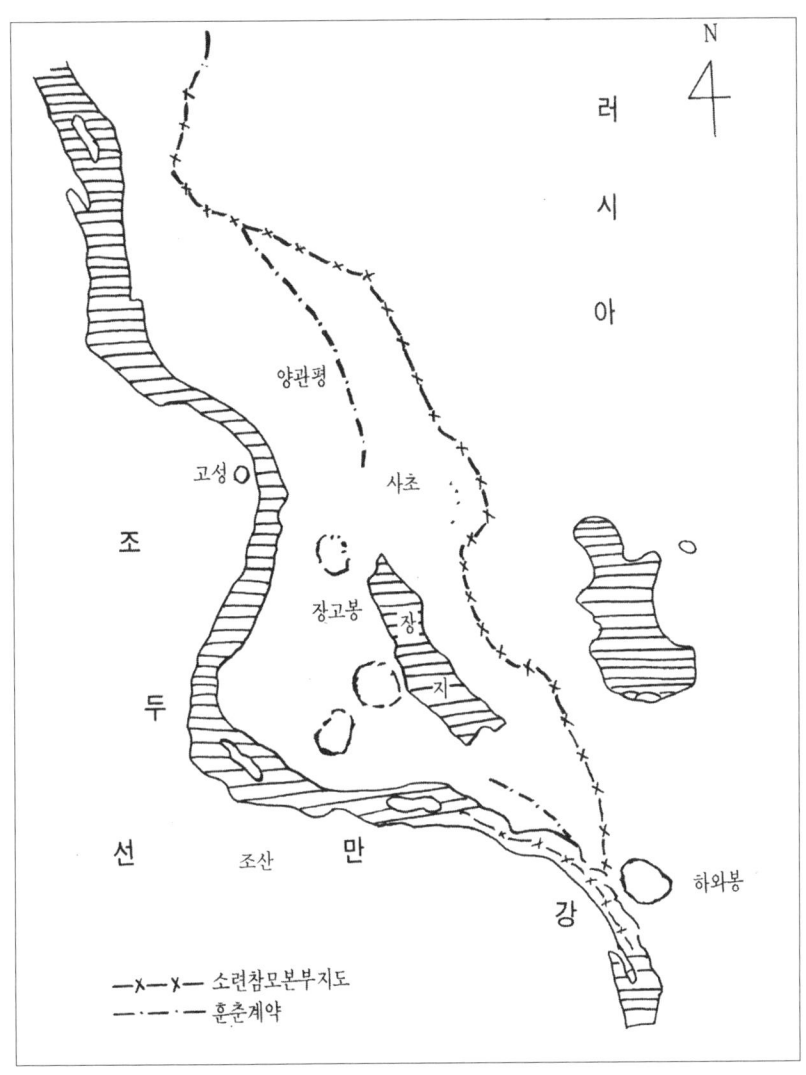

▲ 두만강 국경 부근 장고봉 위치도

▲ 장고봉 전투로 폐허가 된 조선인 가옥

　장고봉 주위는 어느 길이나 험하고 남쪽의 52고지로부터 북쪽의 사초봉 사이를 제압할 지점은 장고봉과 장군봉 뿐이다. 이들 산봉우리들은 깎아지른 바위 벼랑으로 관측이나 사격하기 어려운 사각지대를 형성하고 있다. 그러나 비교적 완만한 경사부면은 서행으로 전차의 진출을 시도할 수 있으나 주변의 진흙과 연못 주변의 진흙벌은 전차의 통행에 장애를 끼쳤다. 이 지역 대부분이 나무 한그루 없는 민둥지대로 상공은 무방비 상태이고 아래쪽 강변을 향해 수수밭과 키가 큰 잡초류가 무성해 지상관측을 방해하였다.[138]

　장고봉 동쪽은 핫싼호가 있고 그 동안의 대지는 장고봉을 향해 관측지점이 되고 있었는데, 주민들이 살고 있는 러시아 측 지역으로는 노브키엠스크를 비롯하여 포시에트항 인근의 촌락이 있을 뿐이고 두만강

---

[138] 조선총독부, 〈국경지방시찰복명서〉(1913) 도문강편 참조.

서안으로는 우리나라 사람들의 규모가 작은 농토와 2~3호에 불과한 마을이 있었다.

강 동쪽으로 인구 480명에 73호 가량 되는 오막살이 집과 40호 가량이 모여 있는 양관평 그리고 사초봉에 3개 부락이 있었다.[139] 이러한 지역에서 이른바 러·일 간에 핫싼호 전투가 벌어진 바 있다.

이 전투의 발발 배경은 1860년 북경조약 체결로 인한 두만강하구에서의 토자비 건립지로부터 홍개호 간의 약 600km에 달하는 동부국경지대의 국경선이 명확하지 않아 양측 어느 편의 국경수비대가 먼저 점거하느냐에 따라 국경선은 항상 유동적이었다.

이 시기에 러시아는 1933년부터 시작한 제2차 5개년 계획에 의해 극동지역의 경제개발에 역점을 두면서 극동지역에 군사력도 함께 증가시켜 나갔다. 즉 1933년에는 군용기가 350대, 1936년에는 1200대로 증강될 정도이었다. 반면 만주국 괴뢰정부를 급조한 일본 측은 관동군의 세력을 강화시키면서 그 여력이 변경지역에까지 미쳐 국경방위문제가 구체화됨으로써 지역별 소규모 분쟁이 빈번해졌다.

이러한 분쟁은 1935년도에 들어오면서 급증되었다. 즉 1931년에서 1934년 까지 약 2년 반 사이에 152건의 분쟁이 일어난 데 비해 1935년 한 해 동안에는 136건, 1936년에는 203건으로 급증, 종전 무렵에는 1,600건 이상이나 되었다.[140]

이러한 국경분쟁은 1934년 이전의 분쟁이 매우 소규모적인 것이었으나 1935년에 접어들면서는 분쟁의 규모도 점차 확대되는 추세이었다. 이렇듯 러·일 간의 적대감이 악화되어 가고 있는 가운데 이 지역의 철도문제를 둘러싼 분규는 양측의 감정을 증폭시키는 요인이 되었다.

---

139) 拙稿,〈한중소 3국 국경상의 장고봉 사건〉《군사》 10 참조.
140) 註 53)과 같은 책, 위의 글, 122쪽.

이러한 분위기에서 만주지역을 둘러싼 국경선은 1689년 청·러 간에 체결한 네르친스크조약[141]을 비롯한 11개의 조약과 협정에 의해 유지되어 왔는데 만주국이 들어서면서도 이들 조약이나 협정은 그대로 계승되어 상호간에 해석상의 차이는 커져만 갔다.

무엇보다 경계지역에 설치한 경계표는 극소수인데다 그나마 오랫동안 방치하였기 때문에 경계표의 구실을 할 수 없었다. 이러한 실정 속에 1938년 7월 9일 장고봉 정상에서 러시아군 10여명이 공사를 하기 시작하다가 11일~13일 간에는 무려 40여명으로 늘어났는가 하면 기마 30필, 천막 11개가 설치되었다.

이 산 정상으로부터 30m 전방 서쪽에는 철조망과 화기용 엄폐물을, 그리고 그 앞쪽 50m 지점에는 감시호를 구축해 놓았다. 이밖에 병참지 원용 보트가 핫싼호를 운항하는가 하면 포시에트만 내에는 각종 선박 활동이 빈번해졌다.

▲ 장고봉 사건으로 희생된 간도의 조선인

---

141) 1689년 러시아는 네르친스크조약을 체결함으로써 중·소간의 분쟁지역이었던 아무르 강 주요유역을 러시아 영토로 확인케 되었다.

이에 대해 일본의 관동군은 장고봉은 만주영역에 속하고 조선주둔군의 책임구역 내에 있음을 밝히고 장고봉 일대의 러시아군에 대해 대응책을 강구해야 한다고 하였다.

이해 7월 29일 9시 30분 사초봉으로부터 1km 남쪽에 러시아군이 진지 공사를 시작함에 일본군은 실력행사에 돌입하기로 하고 이튿날 밤 22시 30분경 장고봉 서남 1km 지점인 삼우로三又路에 집결, 23시 30분 러시아군 전방 150km까지 육박함으로써 전투는 발발되었다.142) 이 전투는 이해 8월 10일 양측이 다음 내용에 합의함으로써 중지되었다.

① 1939년 8월 11일 정오 쌍방 군대는 전투행위를 중지한다.
② 일본은 8월 10일 밤 자정을 기해 현재의 선에서 1km 후퇴하고 러시아군은 같은 시간 현재의 위치를 유지한다.
③ 위 협정은 현지에서 쌍방 군대표 간에 합의 실행에 옮긴다.143)

이 장고봉 전투는 지난 날의 청·일전쟁이나 러·일전쟁과 같은 전쟁은 아니더라도 국지전이면서도 우리나라 변경지대에서 일어난 사건이었다. 경흥·경원·아오지·훈융·고읍·소증산·용현龍峴·홍의洪儀 일원이 전쟁의 공포에 쌓였고, 대안의 허정·사초봉·양관평·박석동·핫싼호·하와봉 등지가 피해지가 되었다.

이 같은 결과는 이미 여러 차례 언급한 바와 같이 두만강 하류상의 토자비 건립과 이에 따른 청·러 간의 불합리한 국경선획정에서 발달된 것으로 당사국인 우리나라로서는 앞으로 백두산 북방 영토와 함께 짚고 넘어가야 할 중요한 국경·영토분쟁 지역임을 상기해야 할 것이다.

---

142) 註 53)과 같은 책 128쪽, 157쪽.
143) 위와 같은 책 165쪽.

접경국 러시아와의 수교와 국경조약

러시아 명칭의 유래

러시아를 아라사 등 학자들 사이에도 국명이나 종족을 호칭함에 있어서 분명치 않다.

우리나라에서 러시아인을 역사상 최초로 접촉한 시기는 서기 1246년(고종 36년) 고려의 왕자 영녕공 왕순, 신안공 완전이라고 한다. 이에 대한 기록은 록힐(W. Rockhill)의 저서에 나타나 있다. 첫째로 원사元史에 보면 원元의 외인부대 가운데 고려여직한군만호부와 선충한라사호위친군 만호부가 있었는데 이 가운데 한라사는 러시아를 뜻하는 것이다.

이 한라사는 청대에 와서 오로스(아라사) 또는 오로스(악라사)로 표기 되었다. 이에 대한 약칭으로 아국俄國으로도 표기함으로써 우리나라에서는 오로스라는 발음에 따른 한자 표기로 아라사로 기록하기도 하였다.

조선조 효종 때 청나라 사신은 아라사를 나선羅禪이라 호칭되고 있음도 알려 진 바 이다. 나선정벌이라 함은 바로 이 당시의 러시아군의 정벌을 뜻하는데 이 전투에 참여한 신유장군의 〈북정일기〉에는 오로소 또는 올라소라 표기하고 있다.

이러한 표기는 청나라 발음에 따른 우리나라 식으로 표시한 것이다. 이렇듯 낯선 나라의 명칭에 대해 우리나라 효종임금은 청나라의 청병사 한거원에게 '나선'이란 나라가 어떤 나라인가를 물은바 있다.

이에 청나라 사신 한거원이 대답하기를 영고탑 옆에 있는 별종의 나라라고 함으로써 거란이나 여진족의 일종인 것으로 생각하였을 뿐 나선이라는 나라가 러시아인 줄은 전혀 몰랐다.

조선조의 실학자인 이익의 성호새설星湖塞說에는 차한이라 적었는가 하면 오로스 또는 대비국으로 표기하기도 하였다. 또한 성호새설 가운데는 〈흑룡강원〉이라는 항이 있는데 이 항목은 나선정벌에 참전했던 배시황의 일기를 토대로 작성한 듯 한 〈차한일기〉라는 것도 있어 나선을 차한으로 기록했음을 알 수 있다.

1683년 부터 1689년까지 청·러간의 아루바진 문제로 6년간이나 전쟁을 계속하다가 휴전을 하고 외교교섭을 벌이게 되었다.

이 때에 우리나라 주청 정사 약천 남구만과 부사 서파 오도일이 사신으로 북경에 가 있었는데 이들의 기록에 따르면 오로스는 오늘날의 바이칼호로 여겨지는 북해 건너편에 있는 대비와 가까운 땅에 있는데 대비도 두려워하고 있는 형편이라 하고 오로스의 거동이 매우 불손했음도 함께 적고 있다.

여하튼 이 오로스(올라사)가 청나라와 맨 처음 접촉하게 된 것은 몽고인의 중개로 이루어 졌는데 몽고어에는 어두에 'ㄹ'발음이 시원치 않아 '로스', '루스'라는 발음이 되지않아 '오'를 붙여서 '오로스'라 부르게 되었다고 알려지고 있다.

이 오로스가 'Russia'로 표기되면서 한자로 노서아라 기록되기도 하였으나 1884년 한·러수호조약의 원문에는 영어로는 'Russia', 한자로는 대아라사국이라 적고 있으며 약칭 대아국이라 하기도 하였다.

이후 러시아제국이 혁명에 의해 Soviet union으로 변칭되면서 한자로 소련이라 부르게 된 것이다. 요컨대 아라사, 나선, 차한, 대비, 올라사, 노서아, 소련 등으로 전칭되어왔다.

역사적으로 본 한·러 관계

북극의 흰 곰으로도 비유되었던 러시아군과 조선군의 접전은 우리나라 근세사상 최초의 대외원정이라 할 수 있는 1654년 청의 원병요청에 의해 나선정벌에 출정한 때부터이다. 이 원정은 5년 뒤인 1659년에도 또 한 차례 있었다.

이 같은 전투상황은 역사상의 기록 속에 매몰되어 있을 뿐, 일반인에게는 별로 알려지지 않고 있다. 다만 19세기 말 미·불 양국의 이양선이 우리나라 해안을 침범할 시기에 제정러시아 선박도 시베리아를 점유한 이래 동북해안 일대에 빈번하게 출몰하였다. 이 시기를 한·러 관계의 시발점으로 일반인들은 흔히 알고 있다.

1868년 11월 영·불 양국과 청국 간에 북경조약이 맺어졌는데 이 조약에 러시아도 가담되는데 이는 북경주재 러시아공사 이그나티에프의 중재로 영·불대군의 전화戰禍를 피할 수 있었기 때문이다. 이 조약은 15개조로 되어 있는데 우리나라 동북부 국경설정에 관련되는 내용은 다음과 같다.

　청·러간의 동방경계는 실카, 아르군 양하의 합류점에서 우수리강, 승가차하에 따라 흥개호를 횡단하고 백능하(도우루하)의 하구에서 산령에 따라 호포도하구에 이른다.

　여기에서 훈춘하와 바다와의 사이에 있는 산맥에 따라서 두만강에 이르는 양 경계선의 동쪽은 러시아령, 서쪽은 청국령으로 한다고 함으로써 오늘날의 중·러국경선이 확정됨과 동시에 우리나라 두만강 하루에서 국경이 맞닿게 되었다.

　이 시기를 전후하여 우리나라 동해안과 두만강 연안에 러시아인이 나타나 우리나라 양민들을 살해하는 등 피해를 입힌 사실들이 조선왕조실록 철종편 등에 기록되어있다. 또한 러시아 함선인 폴라다호가 두만강구 까지 와서 측량을 감행했는가 하면 영흥만의 내항인 송전만을 보고 이곳을 라자레프항(Port Lazareff)이라 명명하기도 하였다.

　이 폴라다호의 선원들이 포구의 주민들에게 난폭한 행동을 가하고 살해까지 서슴지 않는 만행을 저질렀다. 또 한편으로는 두만강변에 러시아인들이 자주 나타나 교역을 요구하는가 하면 위협적인 행동을 서슴지 않았다.

　이 같은 태도는 지속되어 고종 4년 1월에는 러시아인 5명이 경흥에 침입하여 양민과 소 두 마리를 약탈해 갔다. 같은 해 12월에는 많은 수의 러시아인들이 작당하여 침범해 오자 군사를 동원, 격퇴시키기도 하였다.

　이러한 러시아의 무뢰한 태도에 우리나라 조정에서는 이들을 각별히 경계해야 된다는 주장이 제기되었다. 즉 일본에 수신사로 다녀온 김홍집은 러시아가 두만강 하구 인근에 군함 16척을 두고 1척에 3천명의 병력을 승선시키고 있는데 이들은 앞으로 동해안에 머물고 있다가 유사시에 중국 산동성으로 상륙하여 북경에 진입하려 한다고 하고, 때가 되면 일본에도 피해를 입힐 것으로 보아 서양제국들이 모두 이들의 세력을 경계하고 있다고 임금께 보고하였다.

그러나 급변하는 정세 속에 한·러 밀약설이 제기되면서 러시아의 세력은 은연중 조선정부 내에 미쳐 한·러수호조약과 한·러통상조약이 잇달아 맺어지고 한반도내에 러시아세력의 확장은 영국군의 거문도 점령사건을 초래했는가 하면 조차지 문제로 조야를 떠들썩하게 하였다.

그런가 하면 1896년 러시아군대의 서울 입성은 아관파천이라는 민족적 굴욕을 낳게 하였다. 이 시기에 러시아는 경원, 경성 등지의 광산 채굴권을, 울릉도 압록강 유역의 벌채권, 용암포와 안동간의 전선가설, 절영도와 원산에 저탄소 설치권을 요청하기도 하였다.

특히 러시아의 용암포 점령을 반대한 일본은 대전을 일으켜 우리나라를 청·일 전쟁터에 이어 또 다시 러·일 전쟁터로 삼기도 하였다. 1884년 한 러수호조약을 체결하고 1904년 5월18일 양국 간에 체결한 일체의 조약과 협정을 폐기 무효화함으로써 서울소재 정동 15번지 1에 약 6,194평에 달하는 영사관저를 완전 폐쇄하였다. 여기에는 본관 324평의 건물이외에 9개동의 건물이 있었다.

러·일전쟁에서 패전한 러시아가 한반도에서 물러나기는 하였으나 이들은 여전히 두만강변에 진을 치고 우리나라 녹둔도 땅을 강점하고 함경남북도 변경주민들이 애써 경작해온 연해주 일원의 거주민들에 대한 회유와 박해를 가하다가 강제이주라는 최악의 수단도 불사하였다.

1938년에는 두만강 하류 국경지대인 핫싼에서 일본군과 장고봉 전투를 일으켜 이 일대의 우리나라 주민들에게 전화를 입히기도 하였다. 이러한 러시아가 2차 대전이 종결될 즈음에 대일선전포고를 발하고 곧

바로 38도 이북지역을 점령, 북한정권을 세운 것이다. 이상이 역사적으로 본 러시아의 대한관계이다.

조약상으로 본 양국 관계

조선조말기의 방아책防俄策과 청·일 양국은 이이제이夷以制夷의 외교정략을 펴는 가운데 러시아에 대해서는 그들의 수호통상요구를 무외교지임을 내세워 거절하였다.

그러나 서구의 열강들이 다투어 수교를 해오는 가운데 청·일 양국의 개전조짐에 불안해진 조정은 연러거청정책聯露拒淸政策을 채택하여 한러밀약설이 표면화되었다.

1884년 5월 15일 서울에서 전문 13개조의 한로수호통상조약이 한·러 양국어로 작성되고 정본은 로어문으로 하였다. 이어서 7월에는 상기 조약의 부속통상장정(Regulation under which Russian Trade in to conducted)이 체결되었다.

이 장정은 러시아선박의 출입항 수속, 하물의 양륙, 적재, 세관 관련 사항으로 러시아 측의 통상편의를 위한 조치나 다름이 없었다. 이어서 세칙(Tariff), 세칙장정(Tariff Rules), 선후속약(Special Protocol) 등이 협정되었다.

1888년에는 두만강 연안의 국경도시 경흥에서 100리 이내의 러시아인의 차외법권이 인정된 자유왕래가 허락되는가 하면, 조선인은 반드시 여권을 발급받아 입국사정을 득해야하는 내용의 불평등조약이 전문 9개 조항으로 작성되었다.

이 조약은 '조아육로통상장정'(Regulations For the Frontier Trade on the River Tumen)이다. 이처럼 양국 간의 수호조약이 체결된 지 20년이

지난 1904년 5월18일에는 한·러조약 폐기칙선서 및 이유서(Imperial proclamation and into explanatoly Note)가 공포되어 양국 간에 체결한 조약과 협정은 폐기 무효화하였다.

따라서 부산, 원산, 청진, 마산, 나진, 인천, 진남포, 목포 등지의 영사관 및 차지借地에 대해서도 기득권은 상실케 되었다. 이후 40년이 지난 8·15광복 직후 러시아는 서울에 영사관을 보내 잠시 동안 영사활동을 벌인 바 있기도 하다.

이렇듯 한·러수호조약이 체결된 지 108년, 조약폐기 88년 만에 국토가 분단된 현시점에서 '한·러시아 기본조약'이 100년 전과 다름없이 러시아 측의 필요에 의해 서울에서 체결되었다.

전문 15개조의 이 조약문은 분단을 기정사실화 한 전제 하에 단지 "역사상 양국 간에 불행했던 시기의 잔재를 극복할 것을 다짐하며"라는 표현으로 양국 간의 역사적 사실들은 호도되었고 우연이던 고의이던 'KAL기 블랙박스'에 따른 해프닝을 또 한 차례 겪었던 것이다.

특기할 것은 분단이후 '북한 러시아간의 국경문제 조정에 관한 협약'을 1957년 10월에 전문 167개조로 작성 평양에서 양측이 서명, 발효시키고 있는데 여기에도 대한제국 말기까지도 국경 및 영토문제로 논란을 거듭하던 사실은 간과된 채 일제에 의해 관할 통치해오던 영역관할을 답습하고 있다는데 있다.

민족전래의 영토상실문제와 국경조정문제를 배제하고 있음으로서 남북한 양측이 민족사적 정통성에 입각한 영토문제는 외면하는 국교를 맺은 것은 매우 유감스럽기 이를 데 없다.

차제에 우리는 이웃 일본이 러시아에 점령당하고 있는 북방 4개 도서의 반환을 요구조건으로 양국정상회담을 거부한 점에 관해 유의하면서 이제부터라도 한·러 기본조약에 따른 여타의 협정문 체결 시 우리의 주장을 떳떳하게 제기해야 할 것이다.

이러한 러시아에 대해 첫째, 우리는 이 나라가 동양지역에 깊숙이 들어와 있는 유일한 서양국가라는 것을 상기할 필요가 있다.

둘째, 우리나라와 동북방 두만강 하구로 이어지는 접경국이라는 점이다.

셋째, 우리나라를 둘러싸고 일본과 전쟁을 치를 정도로 한반도에 대한 강한 집착을 갖고 있다.

넷째, 2차 대전 이후 막강한 영향력을 발휘하여 국토를 분단시키고 북한정권을 수립케 한 당사국이다.

다섯째, 이들은 우리민족에게 영원히 씻기 어려운 동족상쟁을 부추긴 적대국이었다는 점이다.

비록 국제관계의 변화로 오늘의 우호국이 내일의 적이 되고 오늘의 적대국이 내일의 우호국이 될 수 있다고는 하나 역사적 사실은 결코 망각하지 말아야 한다.

따라서 우리는 1세기 전에 우리나라와 체결하였던 한·러 수호조약과 1945년 2차 대전 이후의 북한 러시아간의 국경조약 그리고 현재의 한·러 기본조약을 살펴봄으로서 동양 속의 서방국인 러시아와의 대외관계 형성에 있어서 지난날의 역사적 사실을 바탕으로 한 냉철함을 잊어서는 안 될 것이다.

방천防川 삼각국경지대의 변화

북한 · 러시아 · 중국의 3각국경지대인 방천인근의 개발상황

방천防川은 중국 쪽 길림성 연변조선족자치주 관할하인 도문圖們에서 훈춘琿春을 거쳐 연결되는 곳이다. 두만강변의 중국-북한 접경도시인 도문에서 훈춘까지가 60km, 훈춘에서 방천까지는 40km의 거리이다.

도문에서 방천까지는 자동차로는 3시간이면 닿을 수 있는 거리이며, 도문에서 훈춘까지는 두만강을 따라 2차선 아스팔트 도로가 완성되어 있고, 훈춘에서 방천까지는 비포장도로이다. 도문에서 훈춘을 연결하는 철로는 1993년 7월말 경에 완공되었다. 이 도로와 철로는 높고 낮은 구릉을 따라 이어지고 있다. 중국이 러시아와 북한에 앞서 이곳으로 도로와 철도를 연결한 점은 두만강하류 개발에 대한 중국의 의욕을 충분히 반영한 것이라 할 수 있다. 도문에서 훈춘까지의 포장도로는 상수리

▲ 북한·중국·러시아의 3각국경지역

나무와 갈참나무가 빽빽이 들어서 있는 사이로 미끈하게 뻗어있다.

도로 옆을 흐르는 두만강 건너편은 북한 땅이며, 북한과 중국, 러시아 3개국의 국경이 만나는 방천에는 두만강을 경계로 한 중국과 북한 간의 접경지대에서 느껴지는 평온함은 없고, 여전히 긴장감이 도사리고 있다.

곳곳에 보이는 철조망과 외부의 침입자를 잘 찾아낼 수 있도록 군데군데 구릉의 허리를 짝아 만들어놓은 모래밭과 위장복차림의 중국 인민해방군 그리고 북한 측 국경수비대 순찰병들이 수비하고 있다.

오늘날은 평온한 듯 하지만 향후 국제적인 자유무역 지대화 되면 이 지역의 최대 이슈는 중국과 러시아 북한 등 3개국이 만나는 교차점이라 하겠다.

이곳에는 틀림없이 동북아 각국을 연결하는 신대륙교新大陸橋 역할을 할 국제무역도시가 건설될 것으로 보이며 이렇게 되면 중국은 이곳을 통해 동해로 진출하게 될 것이다. 이미 중국은 그러한 배경 하에서 러시아 측으로부터 사르비노항을 사용할 수 있도록 한다는 약속을 받아두고 있다.

오늘날 비록 중국 선박들이 3개국이 만나는 교차점 부근인 두만강 철교까지 항해하는 것만이 허용돼있고 그 이상은 항해하지 못하도록 하고 있으나 장차 이러한 문제도 해결될 것으로 전망된다. 현재는 두만강 철로부근의 수심은 3m 정도로 큰 배는 운항할 수 없는 실정이다.

이 때문에 중국 측의 동해안 출로는 1886년 중국과 러시아간의 훈춘조약 체결 이래 완전히 막혀있던 '요령遼寧', '길림吉林', '흑룡강黑龍江' 등 동북 3省의 출해권出海權이 두만강 개발계획으로 확보될 수 있을 것으로 보인다.

중국은 방천을 '동북의 황금 삼각주'화 하고자 한다. 중국뿐만 아니라 러시아와 북한도 적극적인 편이다. 이곳은 '북방의 홍콩' 동북아시아의 로테르담이 될 것이라고 전망하는 측도 적지 않다.

북한도 지난날 평양에서 국제회의를 주최했고, 러시아, 중국, 북한 3개국 간에 새로운 개발계획도 마련하고자 하였다. 아울러 유엔개발기구(UNDP)도 의욕적으로 계획을 마련하고 있다. 중국이 두만강하류 개발계획에 거는 기대는 이들의 말처럼 방천을 통해 한국, 러시아 일본과 통선通船을 한다는데 있다. 중국의 동북단에 새로운 홍콩, 유럽의 통상 중심 로테르담 같은 항구도시를 건설하고자 하는 것이다. 다시 말해 두만강하류에서 블라디보스톡, 북한의 청진, 일본의 홋카이도北海道, 니가타新潟를 경유해서 인천을 들러 다시 상해로 돌아오는 이른바 '환일본해시찰단環日本海視察團'의 구성 등이다.

두만강하류의 방천을 국제도시로 만드는데 타당성이 있다는 점을 널리 알리기 위해, 이곳을 동북아 항로의 새 중심지가 될 수 있다는 데

몬스트레이션 항해를 하겠다는 의지의 발로이다.

　두만강하류개발계획은 중국이 의지를 갖고 추진하는 만큼 반드시 성공적으로 추진될 것이라고 현지인들은 기대하고 있다. 이러한 기대는 각국이 자국의 입장에서 대처하겠지만 러시아의 관심과 북한의 의지가 변수이기는 하나 중국 측은 강력하게 두만강 개발계획을 추진해 나갈 것으로 보인다.

　이에 대해 한국 측이 어떻게 대응해 나갈 것인지 우리 모두 지혜를 모아야 할 것이다. 단순히 두만강개발계획이 북한을 개방으로 이끌 수 있을 것이고, 그런 상황이 한국에 유익할 것이라는 막연한 계산만하고 있는 것은 아닌지?

　황량한 들판과 삼각주의 뻘인 방천지역은 많은 투자가 소요될 것이지만 두만강 3각국경지대의 개발은 중국, 러시아 북한의 정치정세가 개발의 방향을 운명지을 것으로 전망된다.

為澳採極是不可到之地也以故土官
許諭國禁固告不可再而乃使渠輩
逞逢兵然今春亦復不顧國禁澳舡
十口徃入竹島雖然澳採由是土官
狗留其澳舡二人而為賀於州司以為
一時之證故我因幡州牧速以前後
不馳放東都令彼澳舡附與敝邑以
遂本土自今而後決無容澳舩於彼𡎺

제4장

동해와 독도

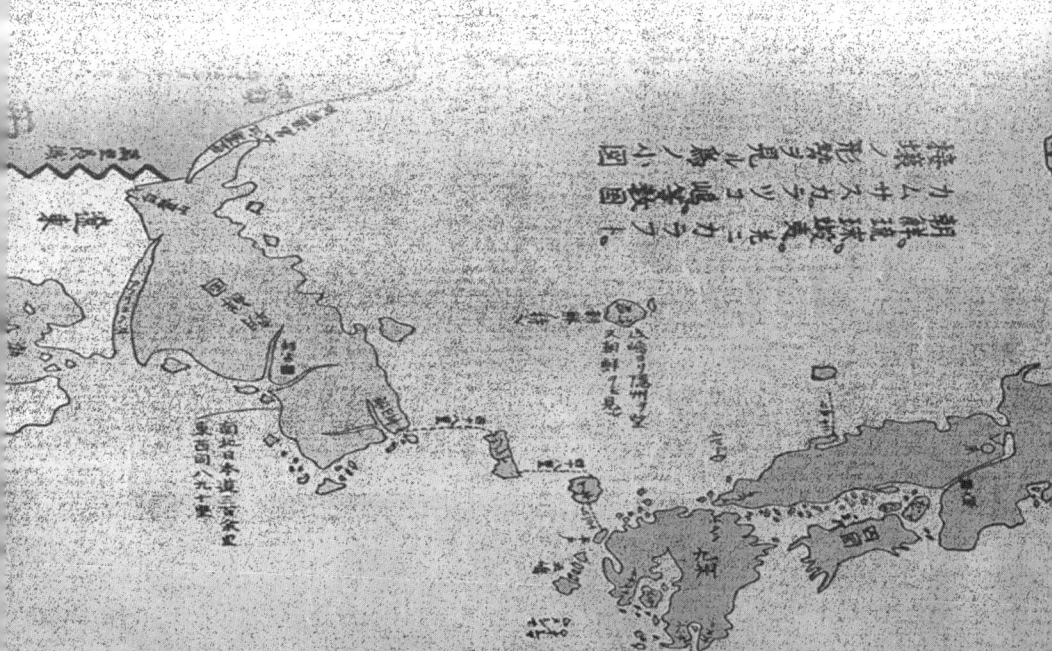

동해東海

민족 숭앙처 동해의 명칭

우리나라 동서남해東西南海 가운데 동해東海는 역사적으로 내륙의 영토 못지 않게 중요한 한민족韓民族의 활동무대였다. 따라서 고조선古朝鮮이래 오늘날에 이르기까지 동해東海에 대한 민족적 감정은 자연스럽게 애국가愛國歌의 첫 구절句節에 등장하게 되었다.

이러한 동해東海에 대한 명칭은 신라新羅 때부터 평해平海, 창해滄海로 불려 진 바 있기도 하다. 나라의 명칭도 동국東國이라 하여 東자를 붙였고 수많은 관찬官撰 및 사찬私撰의 명저名著에도 동국통감東國通鑑, 동국여지승람東國輿地勝覽, 동국정운東國正韻, 동국문헌비고東國文獻備考 등 민족적 정신문화의 유산인 전적典籍도 '東'字를 떼어놓고는 표기하기 어려울 정도였다.

동해라는 어의적語義的 풀이를 보면 흔히 산천지명에 방위적 차원에서 붙여진 곳이 많으나 동해의 東은 결코 방위적 개념으로만 볼 수 없는 유구한 전통적 의미를 내포하고 있다.

이밖에 東자가 아닌 표기가 전혀 없었던 것은 아니다. 예컨대 '海'자 대신 영瀛, 명溟자를 써서 동영東瀛, 동명東溟으로 썼고 은인隱人들이 사는 곳이라 하여 물 맑고 푸른 바다라는 뜻으로 창해滄海, 넓고 넓은 大洋이라는 의미로 창영滄瀛, 창명滄溟으로 표기된 바 있기도 하다.

한때 조선의 국호를 청구靑丘라 하여 동해를 청해靑海라고 부르기도 하였으나 이러한 명칭 등은 슬해瑟海, 영해瀛海, 명해溟海 등 일시적 특정 상황 하에서의 표기일 뿐 동해 명칭만은 유구한 명칭이었음을 우리는 결코 잊어서는 안 된다.

주역에도 '東'이라는 글자는 日과 木의 합성문자로 만물이 생동하기 시작할 때 해의 방향을 의미하는 동시에 해돋이를 상징한다고 했다. 오행五行으로 볼 때도 '東은 목성木星으로 4절기 가운데 봄이며 오색五色 가운데서 청색靑色에 해당 한다'라고 하고 있다.

그런가 하면 東은 인간 활동사의 규범이 되는 의식儀式과 예속禮俗 가운데 중요한 위치를 차지하고 있다. 춘추좌씨전春秋左氏傳에 의하면 진사대동秦師隊東이라 하여 주인이 동쪽에 좌정함을 범례로 하고 있다. 왕조시대의 관직구분에도 동반東班과 서반西班을 두고 동반을 우위 시 하였다. 인륜지대사人倫之大事라 하는 혼례식에도 동상례東床禮를 하게 되어 있다.

이밖에 신선의 우두머리를 동왕공東王公이라 하고 그가 살고 있는 곳을 동해라고 하기도 한다. 동맹제천의식東盟祭天儀式이라는 명칭도 같은 맥락이다.

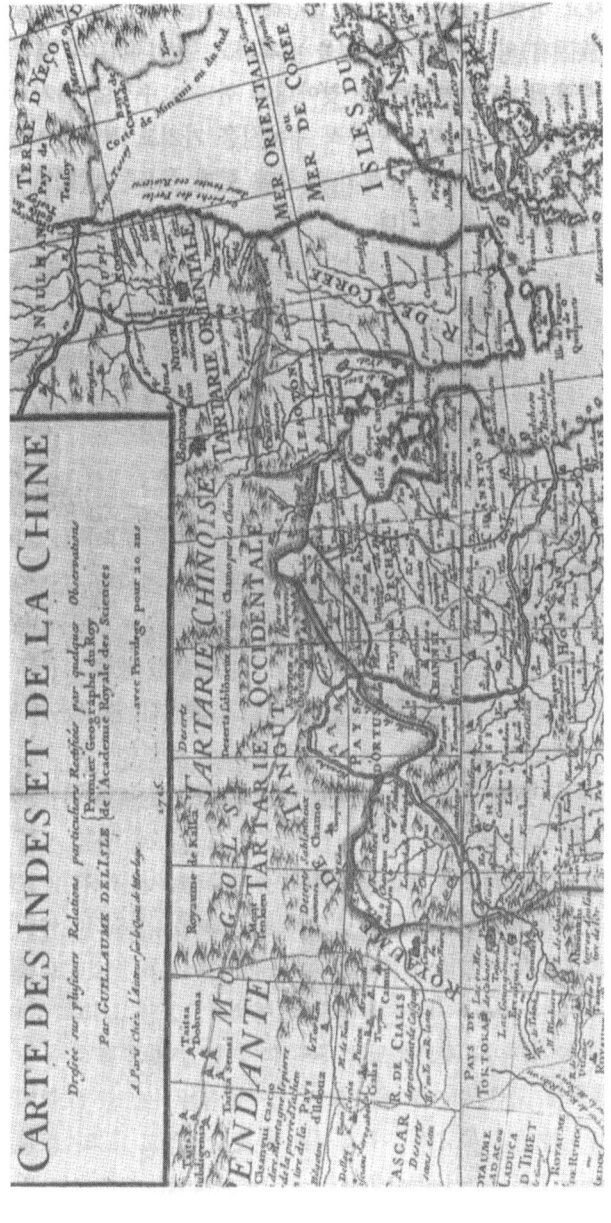

▲ 1인도-중국 지도(705년 프랑스 제작)

1705년 프랑스의 저명한 지리학자 기욤드릴이 왕실과학아카데미의 후원을 받아 만든 인도-중국 지도. 당시 지도로는 드물게 한국을 반도로 표시하고 동해를 한국해로 표시했다. 이 지도는 이후 유럽지도들이 동해를 한국해로 명명하게 되는데 결정적영 향을 끼쳤다.

또한 동해에 대한 민중적 외경심은 민속신앙화 되어 일찍부터 황해나 남해에서의 제반 행사이상으로 동해 제신諸神의 제사祭祀에 대해 지극한 정성을 표해왔다. 예컨대 동해 별신굿을 들 수 있다. 별신굿은 동해 연안지역 일대에서 행사 규모의 차이는 있으나 대체로 지역 촌락 단위로 정례적으로 행해져 왔다.

굿의 명칭은 풍어제, 풍어굿, 골매기 당제 등의 이름 하에 거행되어 왔다. 특히 골매기 당신제는 골매기당이라는 마을 수호신을 바다 멀리서도 쉽게 바라볼 수 있는 곳에 당집을 짓고 이곳을 신성시 해 왔다.

이 제당祭堂에 골매기신을 모시고 한 해의 풍요와 다산多産, 평안과 번영을 기원하였다. 이러한 행사는 동해 바다를 외경, 신성시 해 온 오랜 민중적 생활 속에 짙게 자리 잡혀 왔다. 역사상 위대한 인물들의 동해에 대한 숭앙심 또한 깊고 깊었다.

예컨대 신라의 문무대왕 사후에 동해에 수중능水中陵을 두어 호국護國에 이바지 하고자 하였다. 즉 신라 30대인 문무대왕(재위 661~680년)은 평소에도 지의법사智義法師에게 말하기를 짐은 죽은 후에 호국대룡이 되어 국가를 수호하고 싶다고 하였다.

이 유언에 따라 동해구 큰 바위에 그 유고를 묻고 이 바위를 대왕암大王岩이라고 기록하였다. 三國史記 卷第七 新羅本紀 第七 文武王 下 七月…21년 秋七月一日 三國遺事 卷第一 紀異第二 文虎王法敏 文武王條, 신무왕神武王 3년에는 동해 바다에 작은 섬이 떠다니고 그곳에 대나무가 있는데 그 대나무를 취하여 피리를 만들었다. 이 피리는 문무왕이 동해의 호국용이 되고 김유신이 33천의 천자가 되어 신라를 호위하는 증거로 보내 준 것이라 하면서 이 피리를 불면 적병이 물러가고 가뭄에는 비가 오고 장마에는 비가 그치며 바람과 파도마저 잠잠해지기 때문에 이 피리를 만파식적萬波息笛이라 불렀다. 이 피리를 국보로 삼고 경주의 천존고天尊庫에 보

관하였다. 三國遺事 卷第二 紀異 第二 万波息笛 條

34대인 효성왕孝成王, 742년, 37대 선덕왕宣德王, 785년 등의 유언에 따라 유골들을 동해에 뿌리게 해 사후에도 동해를 지키겠다는 호국의지를 드러냈다. 三國史記 卷第九 新羅本紀 第九 孝成王 六年 五月條 宣德王 六年 正月條 參照

화엄종華嚴宗의 개조開祖인 의상대사는 당나라에서 귀국직후 곧바로 동해로 달려가 이레(7일간)동안 동해를 향해 간곡한 기도를 올리니 마침내 용신龍神이 나타나 그를 바다와 연결된 굴 안으로 인도하였다.

그곳에서 바다의 용이 수정水晶 염주念珠 한 꾸러미와 여의주 한 알을 줌에 이를 받아들고 또 다시 7일 기도를 올림에 그는 진신眞身으로서 관세음보살을 만날 수 있었다고 한다.

즉 의상대사는 평생 동안 갈고 닦은 학문을 정리, 종교인의 원점으로 돌아와 동해를 향해 기도를 올리고 민족 구도求道에 힘썼다. 三國遺事 卷第三 塔像 第四 洛山二大聖 觀音 正趣 凋信 條

고려사高麗史 지리지地理志에 의하면 교주도交州道 익령현翼嶺縣에 동해신사東海神祠가 있다고 하였는데 이는 조선시대 양양陽襄에 해당된다. 세종실록 오례지五禮志 변사조辨祀條에 보면 나라에서 관장하는 중사처中祀處로서 다른 악신岳神 독신瀆神과 함께 각 바다의 제사처가 소개되어 있는데, 그 가운데 동해신사는 강원도 양양에 있는데 봄가을로 제사지낸다고 하였다. 世宗實錄 卷一百二十八 五礼志 辨祀條 中祀風雲雷雨 嶽海瀆…江原道 陽襄州東南…

이러한 동해에 대한 민족적 신앙과 정서는 동해상에 위치한 울릉도 독도와 함께 근현세기에 이르기 까지 내륙의 영토수호차원 이상으로 우리 민족의 가슴 깊숙이 자리 잡혀 오고 있는 것이다.

우리나라를 지칭하는 Korea는 영어이나 불어로는 Coree, 러시아어

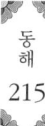

로는 까레야로 불려진다. 이러한 지칭의 어원은 고구려(고려)에서 비롯된 것인데 중국인들이 고려를 까우리라 한 것이 유럽에 전해지면서 Corea의 한 연원이 되었다.

몽고가 대제국을 건설하였을 때 몽고에 왔던 프랑스인이 본국으로 돌아가 중국 동쪽에 Caule가 있다고 하였는데 이것이 유럽에 최초로 알려진 우리나라 명칭이다. 유명한 마르코 폴로의 동방견문록에도 Caule로 소개되고 있다. 17세기 이래 대체로 우리나라는 서구인들에게 Corea로 소개되고 있다.

지도상에 나타난 동해명칭

17세기에서 19세기에 이르는 약 200년 동안에 외국外國의 지도地圖에 나타난 동해 명칭은 'Sea of Korea'로 주로 표기하고 있으며 일본해日本海로는 대부분 표시하지 않고 있다.144) 그 사례를 예시해 보면 다음과 같다.

지도상에 나타난 동해명칭

지도명	제작자	발행년도	해양명칭
The Map of Korea	Robert Dudlev (1573~1649)	1647	Mare di Corai
Cartes des Isles du Japan	Jean Baptiste Traernier	1679	Mar de Coreer
Sea of Korea	E. Bowen	1744	Sea of Korea

144) 조선일보 1992년 11월 12일자 20面 〈1705년 프랑스의 지도, 동해를 韓國海·東海표기〉 참조.

Sea of Korea in the New Generar Collection of Voyages and Travels	T. Astley	1747	Sea of Korea
Carte de Asia	Robert de Vaugondy	1758	Mer de Coree
China Map of Encyclopedia Britannica	Encyclopedia Britannica	1771 ~ 1778	Sea of Korea
The Empire of Japan	R. Sayer	1790	Corean Sea
Asia Polyglotte	H. J. Klaproth	1823	Koreanische Meer

위의 古地図, 古海図 이외에도 1615년 고 딘호 데 헤레디아의 아시아도에는 동해를 Mar Coria로 표기하고 1647년 로버트 듀들리경의 동아시아지도에는 Mar di Corai로 1650년 필립 브리에프의 지도에는 오시엔 오리엔털로 표기하고 있다.

1705년 프랑스 지리학자 기욤드릴의 인도-중국지도는 동해 또는 한국해(Mer Oriental ou Mer de Coree)로, 1784년 프랑스에서 제작된 중국지도에 한국해(Mer de Coree)로 표기, 1777년 이탈리아 베네치아 상원 특권에 의해 안토니아 차타교수의 새로운 제작방법으로 제작된 아시아 국가지도에는 한국해(Mare di Corea)로 1778년 대영백과사전(중국편)에는 한국해(Sea of Corea)로 표기하고 있다.

1796년 런던에서 조지 니콜라이가 제작한 세계지도에도 한국해(Sea of Corea)로 1805년 프랑스 지리학자 드조쉬의 아시아전도에는 한국해

또는 일본해(Mer de Coree ou du Japan)로 병기하고 있는데 한국해는 큰 활자로 표시하고 그 밑에 작은 활자로 일본해로 명기하고 있다.

1808년 캡틴쿡의 탐험로를 표시한 런던에서 제작된 세계지도에는 한국해(Corean Sea)로 별도 표기하였고, 1831년 영국에서 제작된 볼드윈과 글래독의 아시아전도에는 대한해협(Str of Corea)이라 하였으며 1845년 영국의 월드에 의해 제작된 세계지도에 한국해(Sea of Corea)로 표기하고 있다.

이밖에 18세기 후반부에 출간된 자료 가운데 일본해日本海가 아닌 'Sea of Korea' 즉 한국해韓國海로 표기된 것을 보면, The Entire Map of Asia of 1794, by Kathuragawa桂川浦周, The World Map of New Edition of 1810 by Takahasi高橋景保, New World Map World Map of 1847 by Kizaku箕作省吾 등이 있다.

이러한 일본해 표기는 마테오 리치 신부가 제공한 동양의 지도를 바탕으로 제작된 것인데 19세기 중반 이후 일본의 제국주의적 팽창야욕이 불거지면서 동해가 일본해로 변칭되어 왔다. 특히 일본 측은 러·일전쟁의 승전을 기화로 동해東海를 일본해日本海로 표기함으로써 한국민韓國民의 민족감정民族感情을 자극하고 있다.

이러한 해양과 바다에 대한 명칭 논의는 1919년 국제수로기구가 설립되면서부터이다. 일제의 한국강점기인 이 시기에는 우리나라는 대표단을 파견할 수 없었고 일본은 이 회의에 참석하여 자기들의 주장을 펴 왔다.

그 결과 1929년부터 동해가 국제사회에 빈번하게 Japan sea로 표기되어 오고 있다. 이에 대해 우리나라는 1957년에 국제수로기구에 정회원으로 가입한 후 1997년에도 대표단을 파견하여 〈해양과 바다의 한계〉 책자에 일본해 표기의 부당성을 지적해 왔다.

1989년 5월초 일본 니가다에서 열렸던 국제회의에서 러시아 측의 Dr S. Menshikov는 Korea의 Ko, Russiad의 Ru, China의 Chi, Japand의 Ja를 합해 KoruchiJa Sea라고 하자는 결코 웃어넘길 수 없는 안案을 내놓고 일본에서는 Jakochiru sea, 러시아에서는 RukochiJa라고 부르자고 하였다.

또한 북한은 금강해金剛海라고 하자는 등 우리 민족고유民族固有의 유구한 전통성을 배제하고 동해東海의 명칭이 국제사회에서 수용될 수 있는 대안을 찾아내야 한다는 주장이 제기되고 있기도 하다.[145]

금년에는 국가의 지도자가 일본 측에 동해를 평화의 바다로 지칭하는 것이 어떻겠느냐는 의견을 제시한 바 있다고 하니, 참으로 한심한 발상이라 하겠다. 이에 대해 우리는 민족적 주체성을 가지고 적극적으로 대응해 나가야 할 것이다. 이러한 동해의 명칭과 함께 독도문제獨島問題를 언제나 염두에 두어야 할 것이다.

---

[145] 大韓地理学会, 《地理学》, 第27号 第3号(通巻48号), 1992. 12. 263~287쪽.

울릉도와 독도

독도문제

독도獨島의 영유권에 대한 한·일 양국 간의 주장은 오늘 이 시점에서도 상치되고 있다. 즉, 한국은 독도가 우리나라 고유의 영토임은 재론의 여지가 없다는 입장에서 지난 1965년 한·일협정 체결 당시에도 이 문제를 매듭짓지 않고 넘어 갔다.

일본 정부는 한·일회담이 타결되었을 때 양국이 교환한 분쟁해결에 관한 각서(분쟁의 평화적 처리에 관한 공문) 속에 "별단의 합의가 있는 경우를 제외하고 양국간의 분쟁은 외교상의 경로를 통해 해결하도록 힘쓰고 이에 의해 해결되지 못한 때에는 양국정부가 합의하는 절차에 따라 조정에 의하여 해결을 도모한다"는 규정이 포함되어 있는 점을 들어 독도의 영유권 문제는 바로 이 경우에 해당한다고 주장하고 있다.

▲ 물개바위에서 본 독도 전경

　일본 측의 주장은 교환공문에는 죽도竹島라는 아무런 언급이 없지만 이 교환공문이 주로 독도를 염두에 두고 작성된 것이 확실하다고 해석함으로써 독도 문제가 공문의 방식에 의하여 해결되어야 한다고 주장한다.

　그러나 한국으로서는 독도문제는 그 귀속이 너무나 뚜렷하여 그 같은 경우에 해당하지 않기 때문에 외교적으로 거론할 여지가 없다는 입장을 취하고 있으나 일본정부는 기회 있을 때마다 독도 문제를 제기, 독도는 일본령이라고 고집함으로써 오늘날까지 독도문제는 한·일간에 불편한 상태로 남아있다.

　그러나 독도는 역사적으로나 지리적으로, 국제법상으로도 분명한 대한민국의 영토인 것이다. 이에 여기에 독도 영유권과 관련한 역사적 인물들에 관련한 상항들을 기술해 보고자 한다.

독도와 안용복安龍福

안용복安龍福은 조선조 숙종 때의 동래東萊사람으로 가세는 비교적 넉넉하였다. 편모 슬하에서 성장하였으며 인근에서는 효자요, 재동으로 알려졌다. 바닷가 포구에서 성장한 관계로 자연 일본인과의 왕래가 잦은 지역이라 은연중 일본어를 배우게 되었다.

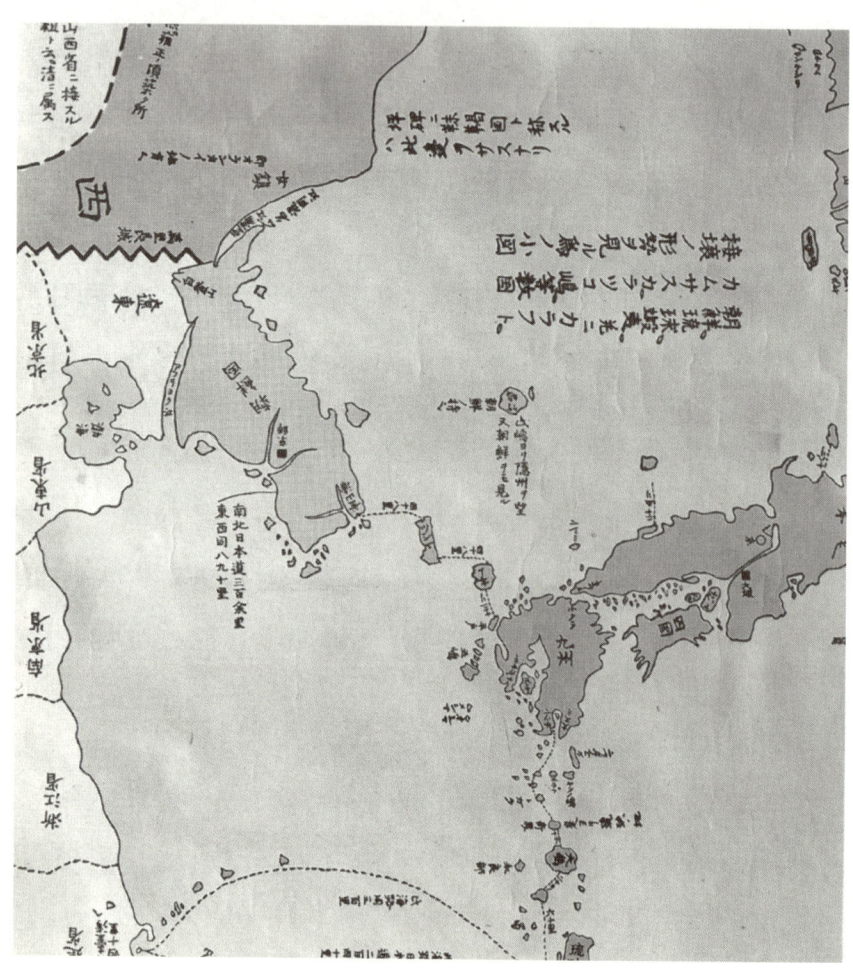

▲ 하야시 시헤이가 그린 삼국접양지도

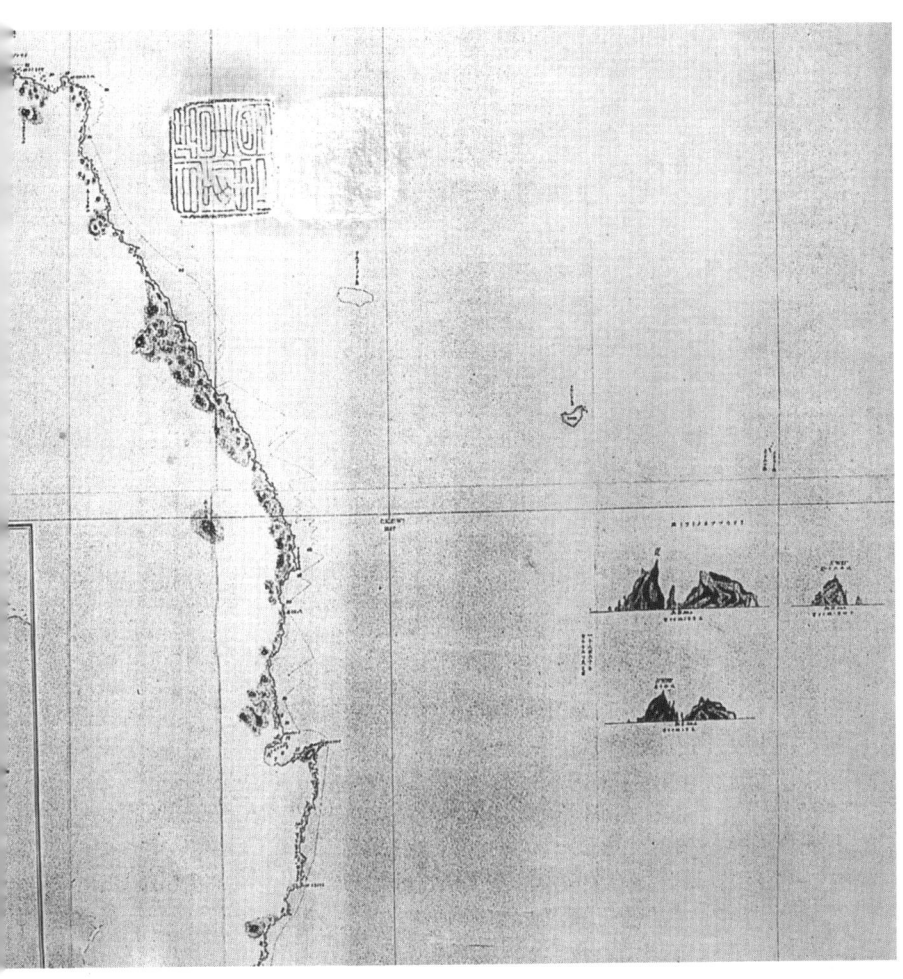

▲ 조선동해안도(1867년). 러시아 함대 파라다호가 작성한 지도를 1876년 일본해군성에서 작전용으로 재발행한 것이다. 한반도 동부 해안의 포구와 해안선, 울릉도와 독도 등 부속도서가 상세히 그려져 있으며, 독도의 경우 거리와 다양한 방향에서 바라 본 모습을 그림으로 나타냈다(독도박물관 소장).

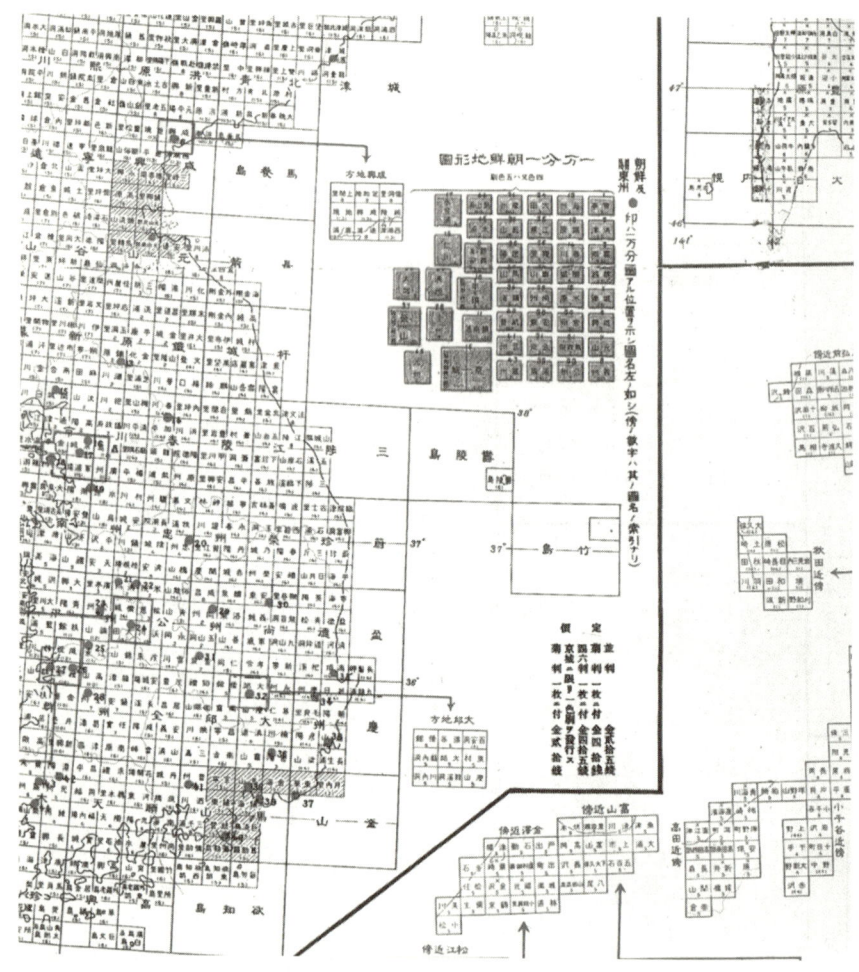

▲ 일본 육지측량부 발행지도 구역일람표

그는 이웃 마을에 사는 유류柳柳라는 처녀와 소꿉동무였는데 이 처녀는 생활이 곤궁하였다. 그래서 처녀의 외삼촌이 거주하는 다대포多大浦로 이사를 갔는데 여기서 처녀의 어머니가 병환이 심해 어쩔 수 없이 대마도對馬島로 팔려가는 신세가 되었다. 이러한 소식에 접한 안용복은 처녀를 구출하려는 일념으로 일본어에 힘썼다.

그리고 나서 안용복은 어머니께 유류 아가씨를 구하러 떠나겠다고 말하니 일언지하에 거절당하고 말았다. 이에 상심을 하고 자리에 굽게 되자 그의 어머니가 울산에 있는 이모 댁을 다녀오도록 안용복을 달랬다.

안용복은 울산을 향해 가던 중 산적을 만났는데 그 일당이 왜구들이었다. 이들을 추격, 소굴을 불사르고 괴수를 닥달하니 이들의 본거지가 대마도인 것을 알게 되었고 유류도 그곳에 잡혀가 있음을 확인케 되었다.

이에 안용복은 산적들을 볼모로 유류와 교환조건을 제시함에 왜적은 이에 응해 왔다. 왜구의 행패가 심함을 절감하게 된 안용복은 그를 추종하는 박어둔朴於屯, 박치연朴治然 등과 함께 동해에 출몰하는 왜구를 견제하게 되었다.

1693년(숙종19년) 여름 박어둔 이하 십여 명과 함께 울릉도에 안착한 안용복은 나무를 베어 집을 짓고 나무 벤 빈자리에 불을 놓아 터를 닦았다. 그리고 거기에 씨를 뿌려 농사를 짓고 또 때때로 출어하여 고기잡이와 해채海菜를 채취하는데 힘썼으나 그들에게 또다시 불의의 흉변이 일어났다.

하루는 박어둔만 데리고 한가로이 해상에 나가 고기를 잡고 있는데 호사다마라 할까 급습해온 해적을 만나 두사람은 꼼짝 못하고 놈들에게 붙들리고 말았다. 놈들은 왜적 대곡大谷이라 부르는 잠어대潛魚隊이었으며 배는 7척

▲ 가제바위의 강치

이나 되었다.

 겁낼 것 없이 능히 이들을 대적하여 결사적으로 싸우려면 못싸울 바 아니나 기왕 이렇게 된 바에는 순순히 그들을 따라 직접 일본의 적굴로 들어가 봄직도 하다고 생각하였다.

 안용복은 태연하게 일본 오랑도五浪島까지 따라가니 오랑도주五浪島 主는 우리 두 사람을 칙사대접을 하고 심지어는 밤중에 침실로 미녀까 지 보내어 환심을 사려 하였고 적당히 회유하여 조선으로 돌려보내려 는 눈치가 분명했다.

 즉 울릉도와 독도문제에 대해 너무 심각하게 개의할 필요가 없지 않 느냐고 함에 가증스러운 생각을 금할 길이 없었다.

 "울릉도(독도는 이미 신라와 고려 때부터 울릉도에 예속되어 있었 다)는 자고로 조선의 영토이다. 지형으로 보더라도 그러하다. 조선은 울릉도 및 독도까지 하루거리요, 너희 일본은 독도까지 닷새거리이다.

▲ 안용복 장군. 독도에서 일본인들을 쫓아내는 안용복의 활약을 묘사한 전시물(독도 박물관 소장).

그러므로 옛날부터 울릉도와 독도가 조선에 속한 것으로 내가 내 나라 땅에 마음대로 다니는데 어찌하여 너희들은 나를 붙들어 왔느냐"하고 강경히 항의한즉 오랑도주는 안용복과 박어둔朴於屯, 두 사람을 돗도리島取城로 이들을 회송하지 않을 수 없게 되었다. 성내城內로

▲ 일본 돗토리현립도서관에 소장 중인
19세기 초 표류조선인을도(漂流朝鮮人乙圖)

들어가니 백노주태수伯老洲太守는 보다 더 융숭한 대접으로 두 사람을 환영하는 동시에 오랑도주와 꼭같은 수법으로 회유하였다.

뿐만 아니라 다음날 아침엔 큼직한 은덩어리 한 개를 안용복에게 주면서 "이것을 드릴테니 이번만은 울릉도와 독도에 대해 문제시하지 말아 달라"고 사정사정하였다.

기록에 의하면 "伯老州守 淳遇塊銀網 龍福不受 曰 願日本勿而 鬱陵島 爲辭受銀非吾志也"라 하여 백로도주伯老島主는 괴은塊銀을 주어 그의 마음을 사려하였지만 자나깨나 일편단심 나라 위한 충의에 불타는 안용복은 이러한 회유물에 응할 인물은 아니었다.

따라서 안용복은 "나는 우리 강토 울릉도와 독도 문제를 따지러 온 것이지 이러한 은덩어리를 탐내어 온바 아니다. 바라건대 일본은 다시는 울릉도에 관해 언급하지 말라. 앞으로 올바른 인교憐交를 지켜 나감이 좋을 것이다"라고 타이르는 동시에 끝까지 강경한 태도로 나갔다.

백로주수伯老州守는 이 사실을 강호막부江戶幕府에 보고하여 다시는 이러한 분란을 일으키지 않겠다는 서약書約을 만들어서 안용복에게 주

었다. 안용복은 이 서약을 입수한 다음 귀로에 나가사끼長崎에 들렸더니 나가사끼현長崎縣의 관인들이 휴대하고 있던 서약書約을 빼앗고 말았다.

뿐만 아니라 놈들은 두 사람을 대마도까지 호송하여 오랫동안 가두었다가 50일만에야 동래 왜관으로 돌려보냈다. 왜관에서도 40일간이나 갇히었다가 다시 동래부로 인계되었다. 동래부에서는 90일 동안이나 감옥에 투옥시켰다.

그러다가 하는 말이 "너희들을 조사해 보았더니 별일이 없으니 석방한다."고 하면서 출옥시켰다. 당시 관아의 부패상을 보게 하는 일면이라 하겠다. 여하튼 두 사람의 일본 도항은 죽도록 고생만 하고 잡았던 고기를 다시 물에 놓아준 꼴이 되고 말았다. 안용복의 한스러운 심정 더 말할 나위 없지만 그렇다고 낙담만 하고 있을 수는 없었다.

▲ 돗토리현 아카자키 해변. 안용복 일행이 2차 도일 때 상륙했던 장소

울릉도와 독도 근해는 옛날부터 오징어, 멸치, 곤포 등의 해산물이 풍부할 뿐만 아니라 자호紫瑚, 석람石藍, 등초藤草, 향수香水, 노죽鲁竹같은 특산물이 많았다. 더구나 복숭아는 그 크기가 술잔만하고 산 고양이는 개만하며 새들도 고양이만 하였다. 이처럼 진채귀수珍菜貴獸가 수없이 많다고 소문이 나 일본인들은 이런 진귀품을 채취하는 것으로 단단한 재미를 보고 있을 뿐 아니라 그중에서 진수품은 인번주수因播洲守를 통해 강호막부江戶幕府에 진상進上하는 전례를 갖고 있었다.

이같은 사실이 있었기 때문에 일본 변방인들은 독도와 울릉도를 내놓지 않으려 했고 그를 위해서는 안용복에게 듬직한 뇌물을 주어서라도 매수하려는 수단을 부렸다. 뿐만 아니라 일본인들은 어디까지나 독도와 울릉도는 마치 자기네 영토인 것처럼 만반 설비를 갖추고 백년대계를 세우려는 야욕을 갖고 있었다.

이것을 알고 있는 안용복은 잠시라도 마음 놓고 앉아있을 수는 없는 심경에서 끝까지 싸워서라도 내 나라 내 강토는 내 힘으로 지키고야 만다는 굳은 애국심을 갖고 급기야는 다시 집을 떠나 울산바다로 떠났다.

더구나 이번에는 사랑하는 아내까지 데리고 집을 떠났다. 죽는 한이 있더라도 그냥 돌아오지 않는다는 비장한 결의를 다짐하고 집을 떠난 시기는 숙종 22년 병자년 삼월 초순이었다.

항해 중, 울산 해상에는 한가로이 떠돌고 있는 상선 한척이 눈에 띄었다. 어떤 어부에게 물어보니 그것은 순천 송광사에 적을 둔 상승商僧이며 그 선주는 뇌헌雷憲스님 임을 알았다.

급기야 쫓아가서 인사드리고 자기 신분을 밝히는 동시에 울릉도, 독도는 우리나라 동해상에 유일무이한 보도宝島로 수많은 해채진품海菜珍品이 많이 생산되는데 그중에서도 해삼이 많이 나기로 으뜸인데 기왕 이변 그리로 한번 가봄이 어떠냐고 물었드니 쾌히 응낙하였다. 이 당시 일행의 명단을 적어보면 이러하다.

뇌헌-화주雷憲-貨主, 안용복-선장安龍福-船長, 유일천-영해인劉日天-寧海人, 이인성-평산포인 학자李仁成-平山浦人 學者, 유봉석-영해인劉奉石-寧海人, 이석찬-울산인李石贊-蔚山人, 김봉두金奉斗-울산인외 선원 6명을 포함해 도합 14명인데 그중 안용복의 아내 유류柳柳 부인은 부녀자로서의 임무를 맡아보는데 힘썼다.

이에 관한 기록을 보면 "蔚山海邊 有商增 雷憲等 依龍福誘之曰 鬱陵島 多海菜 吾当指其路 欣然從之居帆 三晝夜 泊鬱陵島"이다.

이렇게 되어 떠난 일행은 사흘 만에 무사히 울릉도까지 도착하나 이번에도 역시 왜적의 급습을 만났다. 이제 그 원문 한줄기를 남구만南九万문집에서 발췌하여 보면 다음과 같다.

倭舶自至龍福目諸人縛之 船人惻不發 龍福獨前憤馬曰 何故犯我境 倭對日本向松島因過去也 龍福追至松島又曰 松島昴芋山島 肅不聞芋山島安我境乎 仍得其釜鼎倭人驚走

위에 쓰여 있다시피 우리 일행은 왜적을 만났을 때 용복은 선원들을 보고 빨리 왜적을 붙들라고 외쳤으나 우리 선원들은 겁을 먹고 움직이지 않으므로 용복은 분연히 선두에 나서 이렇게 호통했다.

"이놈들아 너희들은 어찌하여 우리 변경을 범하였느냐 당장에 물러가지 않으면 용서하지 않으리라." 하였더니 왜선주는 말하길 "우리는 여기를 범한 것이 아니라 우리땅 송도로 가기 위하여 여기를 통과하는 길이다." 하였다.

"그러면 너희 놈들이 말하는 송도가 어디냐?"고 하면서 끝끝내 그의 뒤를 따라가 보았더니 놈들은 결국 우리 독도 근변에 가서 어물어물 하더니 "여기가 바로 우리의 국토 송도다"라고 말했다.

여기서 노발대발한 안용복은 식도를 들은 아내와 더불어 왜선에 뛰어 들면서 "이 도둑놈아! 여기가 우리 영토 독도인데 너희나라 송도라니 무슨 수작이냐" 하면서 들었던 무기로 그들의 가마솥을 때려 부셨다.

이에 우리 선원들도 일시에 달려들어 그들을 포박하여 꽁꽁 비끌어 매었다. 일부 도망하는 왜선을 추격하여 일본 옥기천-은기도玉岐泉-隱岐島까지 쫓아갔다. 이번에는 정말 일본막부日本幕府와 담판하여 발본색원의 최후 결단을 보여 주고자 하였다.

상륙 이틀 만에 안용복은 옥기도주玉岐島主를 보고 "울릉도와 독도는 엄연한 우리나라 국토임에도 불구하고 너희 선원들이 함부로 침범해 오기를 한두 번이 아니며 그냥 내버려 두면 양국 간의 우의만 끊어지고 장차 수습하기 어려운 후환을 남길 염려가 있기에 우리는 너희들과 담판하기 위하여 찾아왔노라"라고 의기당당하게 말하였다. 이때 안용복은 조선에서 정식으로 파견한 감시관인 것처럼 행세하였다.

도주島主는 말하기를 "이것은 보통 일이 아닌 만큼 혼자 처리할 문제가 아니므로 백로주태수伯老洲太守에게 보고한 후에 회답하겠다" 하고는 차일피일 한달간을 지체함으로 안용복은 더 이상 기다릴 수 없음을 선언하고 직접 태수太守를 가서 만나기로 하였다.

일행 중에는 역사와 문장에 능통한 이인성李仁成이 있어 백로주태수를 만났을 때도 그 위풍이 늠름할 뿐 아니라, 조선과 일본과의 우호적 관계를 알아듣게 타이르고 또 울릉도와 독도로 말하면 우리나라 국토가 소연昭然함을 너의 나라 화백和伯도 확실히 인정하고 있거늘 이제 와서 중간에서 대마도주가 교활한 수단을 써서 너희 나라 막부관백幕府關伯의 이목을 흐리게 하고 있는바 나는 이제 여기서 공연한 시간만 보낼 것 없이 직접 막부로 찾아가서 관백을 만나는 동시에 독도와 울릉도에 관해 우리나라의 역사적 사실을 소상히 밝히겠노라 하였다.

　백로주태수는 당황하여 아무 말도 못하고 있다가 "그러면 이 일은 양국 간의 대사大事이니만큼 경솔히 다룰 수 없음으로 역시 막부에 보고하여 그 회답을 기다려서 처결하겠다"는 식으로 여전히 시일만 천연시키려는 무성의한 태도로 나왔다. 그래서 안용복은 이렇게 외쳤다.

　　　非但 鬱陵島 芋山島事我國 所送轉貨馬島轉保 日本多設機 紫未
　　　十五年 爲一石 馬島七年 爲一石 石布 三十尺 爲一正 馬島以 二十
　　　尺 爲一正 紙一束深長 馬島裁爲三束 關伯何從而知之 不能爲我達一
　　　書於關伯太守許之.

　"이놈들아 들어봐라 우리나라가 너희 나라에 보내는 무역물로 말하면 쌀은 15말이 1섬인데 중간에서 대마도주는 7두七斗를 1석一石으로 하여 3두三斗를 횡령하고 1포목一布木은 30척三十尺이 한필 인데 대마도주는 20척二十尺을 한필로 하여 10척十尺을 횡령착복하고, 종이는 그 길이가 10속十束인데 그것을 3속三束으로 잘라서 막부로 보내고, 나머지는 착복하였다. 이것을 너희들은 아느냐 모르느냐? 모처럼 조선서 보내는 무역품을 중간 대마도주가 교묘한 수단으로 세세년년이 횡령착복하는 것이니 나는 이런 사실도 모르고 있는 너희 막부 관백에게 고발할테니 그리 알아라" 하였더니 백로주태수는 "그것은 네 마음대로 하라"고 하였다.

　그러나 뒤에 이 사실을 어떻게 알았던지 대마도주의 아버지 되는 자가 막부요직에 있다가 이 말을 듣고 깜짝 놀라 백로주수를 불러 올려서 하는 말이, "안용복이 만일 사실대로 그것을 고발하여 관백이 알게 되면 당장에 내 자식은 모가지가 달아날 것이니 사전에 자네가 돌아가서 안용복을 무마하여 다시는 우리 변민이 독도와 울릉도를 절대 범하지 않겠다는 맹세서를 주어 후히 대접하여 돌려보내 달라"고 신신당부하였다 한다.

따라서 백로주로 돌아온 태수는 안용복 일행에게 다시는 우리 변민이 독도와 울릉도를 범하지 않을 것이니 이미 범한 7척의 선주를 극형에 처하겠노라 확답하였을 뿐 아니라 후일에 또 이런 사실이 재발하였을 때 연락해 주면 역시 엄벌을 하겠노라 하면서 서약서를 우리 손에 돌려주었다.

많은 식량과 귀한 토산물을 선물로 주면서 제발 고이 돌아가 달라고 애걸복걸 하였다. 국토를 도로 찾아 유유히 개선하자 곧 이 사실은 양양현감을 통하여 조정에까지 보고되었다.

문헌비고文敵備考에 "倭至今不復指鬱陵島 獨島爲日本地民皆龍福功也"라 쓰여 있고 또 일서一書에 "方來交復何可 勝盲以比論之龍福特一世功也"라 쓰여 있다. 이를 뒷받침하는 기록으로 조선조 숙종조의 왕조실록 기사를 참조하면 다음과 같다.

계유년(1693년, 숙종 19년) 봄에 울산의 고기잡이 40여 명이 울릉도에 배를 대었는데, 왜인의 배가 마침 다 달아 박어둔, 안용복 2인을 꾀어내 잡아서 가버렸다. 그 해 겨울에 대마도에서 정관正官 귤진중橘眞重으로 하여금 박어둔 등을 거느려 보내게 하고는, 이내 우리나라 사람이 죽도에서 고기 잡는 것을 금하기를 청하였는데, 그 서신은 다음과 같다.

"귀역貴域의 바닷가에 고기 잡는 백성들이 해마다 본국의 죽도에 배를 타고 왔으므로, 토관土官이 국금國禁을 상세히 알려 주고 나서 또다시 와서는 안 된다는 것을 굳이 일렀는데도, 올봄에 어민 40여 명이 죽도에 들어와서 난잡하게 고기를 잡으므로, 토관이 그 2인을 잡아두고서 한때의 증질證質로 삼으려

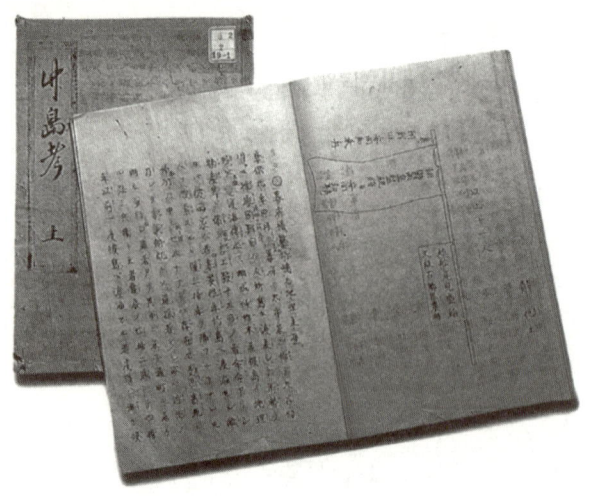
▲ 안용복의 행적을 기록해 놓은 오카지마의 저술 죽도고

고 했는데, 본국에서 번주목幡周牧이 동도東都에 빨리 사실을 알림으로 인하여, 이민을 폐읍弊邑에 맡겨서 고향에 돌려보내도록 했으니, 지금부터는 저 섬에 결단코 근접을 용납하지 못하게 하고 더욱 금제禁制를 보존하여 두 나라의 교의交誼로 하여금 틈이 발생하지 않도록 하십시오."

예조禮曹에서는 다음과 같은 회답하는 사설을 보냈다.

"폐방弊邦에서 어민을 금지 단속하여 외양外洋에 나가지 못하도록 했으니 비록 우리나라의 울릉도일지라도 또한 아득히 멀리 있는 이유로 마음대로 왕래하지 못하게 했는데, 하물며 그 밖의 섬이겠습니까? 지금 이 어선이 감히 귀경貴境의 죽도에 들어가서 번거롭게 거느려 보내도록 하고, 멀리서 서신으로 알리게 되었으니, 이웃 나라와 교제하는 정의情誼는 실로 기쁘게 느끼는 바입니다. 바다 백성이 고기를 잡아서 생계를 삼게 되니 물에 떠내려가는 근심이 없을 수 없지마는, 국경을 넘어 깊이 돌아가서 난잡하게 고기를 잡는 것은 법으로서도 마땅히 엄하게 경계하여야 할 것이므로, 지금 범인犯人들을 형률에 의거하여 죄를 주게 하고, 이후에는 연해沿海 등지에 과조科條를 엄하게 개정하여 이를 신칙하도록 할 것이오.”

이내 교리敎理 홍중하洪重夏를 접위관으로 임명하여 동래의 왜관에 이르게 했는데, 귤진중이 우리나라의 회답하는 서신 중에 '우리나라의 울릉도란 말'을 보고는 매우 싫어하여 통역관에게 이르기를,

"서계書契146)에 다만 죽도라고만 말하면 좋을 것인데, 반드시 울릉도를 들어 말하는 것은 무슨 이유인가?" 하면서, 이내 여러 번 산개刪改하기를 청하고, 사사로이 따라온 왜인을 보내어 대마도에 통하여 의논하기를 거의 반달이나 되면서 시일을 지체하여 결정하지 않으므로, 홍중하가 통역관으로 하여금 이를 책망하니, 따라온 왜인이 서사로 통역관에게 다음과 같이 말했다.

"도주는 반드시 울릉이란 두 글자를 깎아 버리려고 했으니, 난처한 일이 있는 듯하며, 또한 정관의 자세를 고치기를 청하는 서신을 받아야 하기 때문에 저절로 이와 같이 되었다."

또 번갈아 근거 없는 말을 하면서 다투므로, 우리 조정에서 마침내 들어주지 않았다. 귤진중이 꾀가 다하고 사실이 드러나게 되어 그제야 서계를 받고서 돌아갔다. 이에 울릉도에 배를 정박했던 사람을 치죄治罪하여 혹은 형신刑訊하기도 하고, 혹은 귀양 보내기도 하였다. 후에 승지 김만귀가 강연講筵에 모시고 있다가 임금에게 다음과 같이 아뢰었다.

"신이 옛날에 강원도사江原都事가 되었을 때, 바닷가에 이르러 거주하는 사람에게 울릉도를 물었더니 가리켜 보이므로, 신이 일찍이 일어나 멀리서 바라보니 세 봉우리가 뚜렷했는데, 해가 뜰 때에는 전혀 볼 수가 없었습니다. 이로써 영암의 월출산에서 제주濟州를 바라본 것에 비한다면 오히려 가까운 편입니다. 신은 마땅히 이 섬에 진鎭을 설치하고서 뜻밖의 변고에 대비해야 된다고 생각합니다. 지난번에 고기 잡는 사람을 귀양 보낸 일은 아마 지나친

---

146) 서계(書契) : 주로 일본과의 교린관계에 대한 문서를 말하는데, 일본 사행(使行)의 업무 내용. 사절(使節)과 상왜(商倭)의 구별, 왜구 여부의 식별 등 다양한 역할을 했다. 서계의 발신인은 우리나라의 경우 국왕을 비롯하여 예조판서, 참판, 참의와 동래부사 등이 막부장군, 대마도주, 거추(巨酋) 등에게 보내는 것으로 대별되고, 일본의 경우는 막부장군 등 국가에서 보내오는 공신(公信)으로의 서계와 거추 등이 보내오는 사신으로서의 서계로 대별됨.

듯합니다."

임금은 이렇게 화답했다.

"그대의 말이 또한 소견所見이 있도다."

사신은 말한다.

"왜인들이 말하는 죽도란 곳은 곧 우리나라의 울릉도인데, 울릉도란 칭호는 신라, 고려의 사서史書와 중국 사람의 문집文集에 나타나 있으니 그 유래가 매우 오래 되었다. 섬 가운데 대나무가 많이 생산되기 때문에 또한 죽도란 칭호가 있지마는, 실제는 한 섬에 두 명칭인 셈이다. 왜인들은 울릉이란 명칭은 숨기고서 다만 죽도에서 고기 잡는다는 이유를 구실로 삼아서, 우리나라의 회답하는 말을 얻어서 그 금단禁斷을 허가받은 후에 이내 좌계左契―약속한 서계書契를 가지고서 점거할 계책을 삼으려고 했으니, 우리나라의 회답하는 서계에 반드시 울릉이란 명칭을 든 것은, 그 땅이 본디 우리나라의 것임을 밝히기 때문이다. 왜인들이 반드시 울릉이란 두 글자를 고치려고 하면서도, 끝내 죽도가 울릉도가 된 것을 드러나게 말하지 않는 것은, 대개 그 왜곡이 자기들에게 있음을 스스로 걱정했기 때문이다. 아! 조종祖宗의 강토疆土는 남에게 줄 수가 없으니 명백히 분별하고 엄격히 물리쳐서 교활한 왜인으로 하여금 다시는 마음을 내지 못하도록 할 것이 의리가 분명한데도, 주밀하고 신중한 데에 지나치시다면 견제하려고 할 것이 범인들에게 과죄科罪하는 말과 같이, 더욱 이웃 나라에 약점을 보였으니, 이루 애석함을 견디겠는가?"

이해 여름에 남구만이 임금에게 아뢰었다.

"동래 부사의 보고에 왜인이 또 말하기를, '조선 사람은 우리의 죽도에 마땅히 다시 들어오는 것을 금지해야 할 것이다.'라고 하는데, 신臣이 지봉유설芝峰類說을 보니, '왜놈들이 의죽도를 점거했는데, 의죽도는 곧 울릉도이다.'라고 했습니다. 지금 왜인의 말은 그 해독이 장차 한정이 없을 것인데, 전일 왜인에게 회답한 서계가 매우 모호했으니, 마땅히 집위관을 보내어 전일의 서계를 되찾아 와서 그들이 남의 의사를 무시하고 방자하게 구는 일을 바로 책망하는 것이 좋겠습니다. 신라 때 이 섬을 그린 그림에도 또한 나라 이름이 있고 토공土産物을 바쳤으며, 고려 태조 때에 섬 사람이 방물方物을 바쳤으며,

우리 태종 때에 왜적이 침입하는 근심을 견딜 수가 없어서 안무사按撫使를 보내어 유민流民을 찾아 내오게 하고는, 그 땅을 텅비워 두게 했으니, 지금 왜인들로 하여금 거주하게 할 수는 없습니다. 조종의 강토를 또한 어떻게 남에게 줄 수가 있겠습니까?"

신여철申汝哲이 아뢰었다.

"신이 영해寧海의 어민에게 물으니, '섬 가운데 큰 물고기가 많이 있고, 또 큰 나무와 큰 대나무가 마치 기둥과 같은 것이 있고, 토질도 비옥하다.'고 하였는데, 왜인이 만약 점거하여 차지한다면 이웃에 있는 강릉과 삼척지방이 반드시 그 해害를 받을 것입니다."

임금은 남구만의 말을 들어 전일前日의 서계書契를 돌려 오도록 명하였다. 하였는데, 사직하지 말고 올라오라고 비답批答하였다. 이조 판서 최석정이 상소하여 그럴 일이 없다고 스스로 밝히면서 유환流丸은 우묵한 곳에서 그치고 유언流言은 지자智者에게서 그친다고 말하였는데 임금이 또한 사직하지 말라고 비답하였다.

이때 장차 신록新錄을 행하려 하는데 시의時議의 무리에게 부탁하여 조경躁競—남과 조급하게 권세를 다툼하는 것이 어지러웠고, 자기와 뜻을 달리하는 자가 같이 참여하는 것을 더욱 싫어하여 반드시 온갖 계략으로 제거하려 하였으니, 김시걸의 일도 말할 만한 꼬투리가 있었다 한다. 조선왕조실록 숙종 22년 9월 25일조에 의하면 비변사備邊司에서 안용복 등을 추문하였는데, 안용복이 이렇게 말했다.

"저는 본디 동래에 사는데, 어미를 보러 울산에 갔다가 마침 뇌헌 등을 만나서 근년에 울릉도에 왕래한 일을 자세히 말하고, 또 그 섬에 해물이 많다는 것을 말하였더니, 뇌헌 등이 이롭게 여겼습니다.

드디어 같이 배를 타고 영해 사는 뱃사공 유일부 등과 함께 떠나 그 섬에 이르렀는데, 주산인 삼봉은 삼각산보다 높았고, 남에서 북까지는 이틀길이고 동에서 서까지도 그러하였습니다. 산에는 잡목, 매, 까마귀, 고양이가 많았고, 왜선도 많이 와서 정박하여 있으므로 뱃사람들이 다 두려워하였습니다.

제가 앞장서서 말하기를, '울릉도는 본디 우리 지경인데, 왜인이 어찌하여 감히 지경을 넘어 침범하였는가? 너희들을 모두 포박하여야 하겠다'하고, 이어서 뱃머리에 나아가 큰소리로 꾸짖었더니, 왜인이 말하기를, '우리들은 본디 송도에 사는데 우연히 고기잡이 하러 나왔다. 이제 본소本所로 돌아갈 것이다'하므로, '송도는 자산도子山島로서, 그것도 우리나라 땅인데 너희들이 감히 거기에 사는가?' 하였습니다.

드디어 이튿날 새벽에 배를 몰아 자산도에 갔는데 왜인들이 막 가마솥을 벌여 놓고 고기 기름을 달이고 있었습니다. 제가 몽둥이로 쳐서 깨뜨리고 큰소리로 꾸짖었더니 왜인들이 거두어 배에 싣고서 돛을 올리고 돌아가므로 제가 곧 배를 타고 뒤쫓았습니다.

그런데 갑자기 광풍을 만나 표류하여 옥기도玉岐島에 이르렀는데 도주가 까닭을 물으므로 제가 말하기를 '근년에 내가 이곳에 들어와서 울릉도, 자산도 등을 조선의 지경으로 정하고, 관백關白의 서계까지 있는데, 이 나라에서는 정식이 없어서 이제 또 우리 지경을 침범하였으니, 이것이 무슨 도리인가?' 하자, 마땅히 백로주伯老州에 전보하겠다고 하였으나, 오랫동안 소식이 없었습니다.

제가 분함을 금하지 못하여 배를 타고 곧장 백로주로 가서 울릉, 자산, 양도, 감세라 가칭하고 장차 사람을 시켜 본도에 통고하려 하는데, 그 섬에서 사람과 말을 보내어 맞이하므로, 저는 푸른 철릭을 입고 검은 포립布笠을 쓰고 가죽신을 신고 교자轎子를 타고 다른 사람들도 모두 말을 타고서 그 고을로 갔습니다.

저는 도주와 청廳위에 마주 앉고 다른 사람들은 모두 중계中階에 앉았는데, 도주가 묻기를, '어찌하여 들어왔는가?' 하므로, 답하기를 '전일 두 섬의 일로 서계를 받아낸 것이 명백할 뿐만이 아닌데, 대마도주가 서계를 빼앗고는 중간에서 위조하여 두세 번 차왜差倭를 보내고 법을 어겨 함부로 침범하였으니, 내가 장차 관백에게 상소하여 죄상을 두루 말하려 한다.' 하였더니, 도주가 허락하였습니다.

드디어 이인성으로 하여금 소疏를 지어 바치게 하자, 도주의 아비가 백로주에 간청하여 오기를, '이 소를 올리면 내 아들이 반드시 중한 죄를 얻어 죽게 될 것이니 바치지 말기 바란다.' 하였으므로, 관백에게 품정稟定하지는 못하였으나, 전일 지경을 침범한 왜인 15인을 적발하여 처벌하였습니다.

이어서 저에게 말하기를, '두 섬은 이미 너희 나라에 속하였으니, 뒤에 혹은 다시 침범하여 넘어 가는 자가 있거나 도주가 혹 함부로 침범하거든, 모두 국서國書를 만들어 역관譯官을 정하여 들여보내면 엄중히 처벌할 것이다.' 하고, 이어서 양식을 주고 차왜를 정하여 호송하려 하였으나, 제가 데려가는 것은 폐단이 있다고 사양하였습니다."

뇌헌 등 여러 사람의 공사供辭도 대략 같았다. 비변사에서 아뢰었다.

"우선 뒷날 등대할 때를 기다려 품처稟處하겠습니다."

임금이 윤허하였다.

27일(경진) 대신大臣과 비국備局의 제신諸臣을 인견引見하였다. 영의정 유상운이 말했다.

"안용복은 법금法禁을 두려워하지 않고 다른 나라에서 일을 일으켰으므로, 죄를 용서할 수 없습니다. 또 저 나라에서 표해인漂海人을 보내는 것은 반드시 대마도에서 하는 것이 규례인데, 곧바로 그곳에서 내보냈으니, 이것을 명백히 언급하지 않을 수 없으나 안용복은 도해역관渡海譯官이 돌아온 뒤에 처단하여야 하겠습니다."

좌의정 윤지선도 그렇게 말하였다. 형조판서 김진귀가 말했다.

"신臣이 영상領相의 말에 따라 우의정 서문중에게 가서 물었더니 '이 일은 관계되는 바가 가볍지 않다. 예전부터 교린에 관한 일은 처음에는 작은 듯하다가 끝에 가서는 매우 커진다. 대마도에서 안용복의 일을 들으면 우리나라에 원한을 품을 것이니 먼저 통보하고, 안용복 등을 가두고서 저들의 소식을 기다린 뒤에 논단論斷해야 할 것이다' 하였다. 판부사判府事 신익상은 대마도에 통고하는 것은 그만둘 수 없을 듯 하나, 그 말을 들은 뒤에 처치하면 품령稟令과 같으니 한편으로 통고하고 한편으로 처단하는 것이 마땅할 듯하다."

임금이 제신諸臣에게 물었다. 제신들의 의견은 이랬다.

"안용복의 죄상은 용서하기 어렵습니다. 먼저 도주에게 통고한 뒤에 다시 사기事機를 보아서 처단하는 것이 마땅하겠습니다."

"이인성은 소疏를 지었으므로 그 죄가 또한 무거우나, 수범首犯, 종범從犯을 논한다면 이인성은 종범이 되니, 차율次律로 결단하여야 마땅합니다. 그 나머지는 고기잡이하러 갔을 뿐이니, 버려두고 논하지 않는 것이 마땅합니다."
임금이 윤허하였다.[147]

이규원李奎遠의 울릉도 검찰일기

이규원(1833년, 순조 33-?)은 조선조의 무관으로 자字는 성오星五, 본관은 전주全州이다. 무과에 급제한 후, 1877년(고종14년) 통진부사로 나갔다가 1881년에 울릉도 검찰사가 되어 섬을 시찰하고 돌아와 울릉도 개발을 상주했다. 이듬해 어영대장, 총융사를 거쳐 1884년 동남제도 개척사, 찰리사察理使겸 제주목사를 역임하였고 한성부 판윤에 이르렀다.

1881년 조정에서는 예조판서로 하여금 울릉도에 일본인이 침입한 사건에 대해 일본정부에 항의공문을 발송케 하는 동시에 종래의 공도정책을 시정하기 위하여 우선 현지조사를 위해 검찰사를 파견키로 결정한 다음 부호군副護軍 이규원을 3월 23일자로 검찰사에 임명하였다.

그러나 이 시기는 울릉도 항해는 풍파가 심한 시기라 다음해로 출항을

▲ 울릉도 도동의 안용복 충혼비

---

147) 〈韓國의 独島守備—安龍福小伝〉, 1962년 2월, 동아일보 게재분 참조.

연기했다.

  이듬해(임오년) 4월에 비로소 울릉도 검찰사 이규원은 현지로 출항하게 되었다. 임금을 봐온 것은 4월 5일이었고 등정한 것은 초열흘이었으며 육로로 원주, 평해를 경유 구산포에 도착한 것은 4월 27일이었다. 이곳에의 순풍을 기다려 일행 백여명이 3척의 배로 출항한 것은 이틀 후인 29일이었다. 울릉도 서안 소황토 구미포에 도착한 것은 이달 30일 저녁 무렵이었다. 이규원 일행이 울릉도에 상륙하여 십여일동안 섬 전체를 답사 탐험하고 도벌을 계속하고 있던 일본인 6, 7명과 응답을 나누면서 이들의 영토관의 일면을 파악할 수 있게 되었다. 이에 이규원의 울릉도 검찰일기 가운데 이규원 울릉도 검찰 계본초를 중심으로 주요 내용을 개괄해 보면 다음과 같다.

〈1882년 4월 7일〉 출발 전 임금께 하직인사하다.

  신臣은 을사년(1881년) 5월 23일 외람되게도 울릉도 검찰사의 직책에 임명되어 임오년(1882년) 4월 7일에 전하께 하직하면서, 엎드려 전하의 정중하신 하교를 받들 때 황송하고 두려워 어찌할 바를 몰랐습니다.

〈4월 10일〉 서울을 떠나 울릉도로 향하다.

  교외로 물러나 행장을 수습하고 10일에 길을 떠나 12일에 원주목原州牧에 이르러 하루를 머물고 20일에 평해군平海郡에 도착하여 6일을 묵으면서 바다를 건너갈 선박과 땔나무, 물, 양식, 찬 등을 준비하도록 하여 27일에 읍에서 10리쯤 거리에 있는 구산포邱山浦에 가서 순풍을 기다렸습니다.

〈4월 29일〉 검찰사 일행 102명이 울릉도로 떠나다.

29일에 비로소 순풍을 맞이하여 중추도사中樞都事 심의완沈宜琓, 군관軍官출신 서상학徐相鶴, 전前수문장守門將 고종팔高宗八, 차비대령差備待令 화원畵員 유연호劉淵祜 및 관속 사공 등 82명, 포수砲手 20명과 더불어 세 배에 나누어 타고 당일 진시辰時쯤 배를 출발시켰습니다.

배가 바다 중간에 이르자 풍세風勢가 불리하여 파도가 용솟음치는데 사방을 둘러보아도 한 점의 산도 보이지 않았습니다. 배는 아래위로 까불리면서 큰 바다 가운데에서 떠다니며 지향할 바를 몰랐습니다. 다행히도 저녁때가 되어 다시 곤신坤辛 방향의 바람을 얻어 밤새도록 배를 달렸습니다.

〈4월 30일〉 울릉도 소황토구미에 도착하다.

30일 유시酉時쯤 울릉도의 서쪽에 도착하여 정박하였는데 지명은 소황토구미小黃土邱尾, 학포였습니다. 갯가에 막을 치고 사는 사람이 있어서 자세히 탐문한 즉 이때 전라도 흥양興陽 삼도三島에 사는 김재근金載

▲ 이규원 일행이 처음 울릉도에 도착한 학포

謹이 인부 23명을 데리고 배도 만들고 미역도 딴다고 하였습니다. 육지에 내려 선막船幕에 유숙하였습니다.

〈5월 1일〉 풍랑이 크게 일다.

5월 1일. 풍랑이 크게 일어 3척의 선박을 매어 둔 닻줄이 거의 끊어질 뻔하여 선원들이 당황해 구조하면서 상선商船의 닻과 밧줄을 빌려 사방으로 매어서 다행히 위급함을 면하고 산신당에서 기도를 드렸습니다.

〈5월 2일〉 대황토구미에서 약초 캐는 사람들을 만나다.

2일, 드디어 산에 올라 고개를 넘어서 대황토구미大黃土邱尾, 태하동에 이르렀는데, 길 곁에 넓은 돌로 뚜껑을 하고 사방에 작은 돌로 받친 것이 많았으니 이것은 옛 사람들의 석장石葬이라 하였습니다. 시내의 흐름을 따라 포구에 이르니, 평해平海의 상선商船인 최성서崔聖瑞가 인부 13명을 데리고 막을 치고 살고 있었고, 경주慶州 사람 7명이 막을 치고 약초를 캐고 있었으며, 연일延日 사람 2명이 막을 치고 대나무를 베고 있었습니다.

이날 보행한 산길이 거의 30리에 가까웠는데 산봉우리들은 하늘을 찌르고 수목들은 해를 가리며 풀에 싸인 길은 실낱같았다. 바다의 해가 저물게 되자 나쁜 기운을 품은 산바람이 옷을 적셔 초막에서 유숙하였습니다.

〈5월 3일〉 끝없이 평탄한 나리동에 이르다.

3일에는 산신당에 제사를 지낸 후 고개를 넘고 숲을 뚫으면서 흑작지黑斫支, 현포에 도착하니 여러 가지 돌무덤들이 있었고, 십리나 되는 평원은 백성을 거주시킬 수 있는 토지였습니다.

갯가에 내려 작은 배를 타고 노를 저어 전진하니까 창우암倡優岩, 노인봉이 있는데 높이가 수천 척이요 형상이 기괴하였으며 꼭대기에는 위아래로 크고 작은 구멍이 있고, 그 곁에는 또 나란히 선 촉대암[촛대암]이 있어 높이가 수천 길이나 되었습니다. 또 살만한 터가 있으니, 삼척三陟에 거주하던 정씨鄭氏 성을 가진 사람이 임진란 때 피난했던 곳으로서 8형제가 동방同榜으로 진사급제進士及第한 곳이라 하였으며 지명은 천년포千年浦, 천포였습니다.

산봉우리 하나가 하늘 높이 솟아있으니 높이가 수천 길이요 형상이 송곳과 같아 추봉錐峯, 송곳산이 불려지고, 그 아래 큰 바위 하나가 있어 그 가운데 큰 구멍이 뚫려 모양이 성문 같았습니다. 아래로 작은 시내가 흘러내리는데 큰 가문에도 마르지 않아 나리동羅里洞에 지하로 흐르는 물이 뿜어 나오는 곳이라 하였습니다.

천년포를 거쳐 왜인들의 선창(오늘의 천포)에 도착하니 전라도 낙안樂安의 주민으로 선상船商인 이경칠李敬七이 인부 20명을 데리고, 그리고 흥해興海 초도草島의 주민 김근서金勤瑞는 인부 19명을 데리고 각기 막을 치고 배를 만들고 있었습니다. 차차로 전진하여 점점 깊은 골짜기로 들어가면서 다섯 개의 큰 고개를 넘었는데 고갯길이

▲ 울릉도의 산림

너무나 험준하여 오를 때는 이마에 닿고 내려올 때는 머리에 닿았으며 제일 아래에 하나의 고개가 있으니 이름을 홍문가紅門街, 홍문동라 하였습니다.

이 고개를 넘어 들어가니까 곧 이 섬의 중심인 나리동羅里洞이었는데, 오방午方을 향하여 형국이 열려 있고 수목이 하늘에 높이 솟았고 바라보니 끝이 없이 평탄한 지형이었으니 길이는 10리가 넘고 너비는 8, 9리나 되었습니다. 여러 산봉우리로 둘러싸여 첩첩이 서 있는 봉우리는 엄연히 성곽을 이루었으니, '한 병졸이 관문을 지키면 일만 군사로도 열 수 없는 땅'이라고 말할 정도였습니다.

홍문가의 길은 거의 자오子午방향으로 뻗은 골짜기로서 서쪽으로 갈수록 약간 낮지만 그러나 산기슭이 서로 교차되어 전혀 물이 새어나갈 길이 없었습니다. 큰못이 국내局內의 건방乾方에 있는데, 길이가 70여 보步이고 너비는 50보步에 지나지 않으나 못 가운데 고인 물이 없고 다만 풀만 나 있을 뿐이었습니다. 또 곤신坤辛 방향으로 작은 못이 있는데 길이와 너비가 각각 2~30보에 지나지 않고 지형이 움푹 패였으나 역시 고인 물은 없었습니다. 해가 저물어 파주 사는 약초 상인 정이호鄭二祜의 초막에서 유숙하였습니다.

〈5월 4일〉 울릉도의 최고봉, 성인봉에 오르다.

4일에는 산신당에 기도를 올린 후 등나무, 칡덩쿨을 부여 잡고 동변 최고봉에 올랐는데 성인봉이라고 하였습니다. 서쪽을 바라보니 바다와 산이 아득할 뿐이요 다른 한 점의 섬도 없고 다만 열넷의 봉우리들이 우뚝하게 줄지어 서서 나리동 한 동네를 둘러싸고 있는 것만이 보이니 과연 하늘이 감추어 둔 별천지였습니다. 동쪽으로 10여리를 내려가니 초막 하나가 있는데 함양 주민으로 약초를 캐고 있는 전석규全錫奎

▲ 울릉도 성인봉

가 살고 있는 곳이었습니다. 그는 10년 동안 섬에 들어와 있으므로 섬의 형편에 익숙할 뿐만 아니라 백성들이 살만한 곳과 여러 가지 토산물에 대해서도 모르는 것이 없어 더불어 이야기를 나눌만 하였습니다.

산등성이 작은 길을 따라 점점 내려오니 돌길이 중단되고 낭떠러지는 하늘에 걸려 실로 발을 디딜 곳이 없어 엎드려 서로 이끌면서 여러 가지 줄을 잡고 오르내리면서 저포苧浦, 저동에 도착하였습니다. 동쪽으로 형국이 열렸는데, 터를 잡을 만하고 모시풀苧草이 무성하여 자연적으로 수십일 갈이의 밭을 이루고 있었습니다. 해가 저물어 숲 사이에서 노숙을 하였습니다.

〈5월 5일〉 도동에서 일본인을 만나 필담을 나누다.

5일에 하나의 큰 고개를 넘어 도방청道方廳, 도동 포구에 도착하니 모양이 이상한 작은 배 한 척이 포구에 정박하고 있으므로 먼저 선체를 살펴보니 길이는 일곱 발이고 너비는 서발인데 다만 하나의 돛대만 세워놓고 배 안에는 사람이 없었습니다. 해안가에 왜인들의 판막板幕이 있었으므로 먼저 사람을 시켜 통고한 후에 막으로 들어가니 왜인 67명이 문을 나서 영접하였습니다. 그런데 동래 통역관을 미처 평해군에 대령시키지 못해 당초에 데리고 오지 못했으므로 언어가 통하지 않아 글을 써서 물었습니다.

▲ 이규원 검찰사 일행은 5월 2일 꼬박 하루에 걸쳐 산을 넘어 태하로 넘어갔다. 시민단체 일행도 숲으로 우거진 길을 따라 걸었다. 이 길이 이규원 일행이 넘었던 길인지는 알 수 없으나, 울릉도 사람들이 이 길을 통해 학포에서 태하로 다녔다는 것으로 미루어 볼 때 크게 다르지 않아 보인다.

"지금 너희들을 보니 일본 사람임을 알 수 있다. 어느 달 어느 날에 이 섬에 들어왔으며 무슨 일을 하며 막을 치고 살고 있느냐?"하니 그들이 말하기를, "일본제국 동해도東海道 혹은 남해도南海道 혹은 산양도山陽道 사람으로서 2년 전부터 처음으로 벌목 공역을 시작하여 금년 4월에 다시 여기에 와서 이 일을 하고 있습니다." 하여 묻기를,

"만약 2년 전부터 여기 와서 벌목을 했다면, 어디에 사용하고 있으며, 일찍이 너희 조정에서 금지하고 있는 명령을 듣지 못하였는가?" 하니 저들이 말하기를, "고용주役事者가 알고 있을 것이나 우리는 어디에 사용하는지 모르며 또 일찍이 우리 조정에서 금지하는 법령을 듣지 못하였습니다." 하여 묻기를,

"작년에 수토관搜討官이 이 섬에 들어왔을 적에 너희 나라 사람들이 벌목하고 있다는 실정을 들은 후에 그 사유를 우리 조정에 보고하고 우리 조정에서는 곧 서계를 만들어 너희 나라 외무성에 보냈는데 어찌 듣지 못했고 알지 못한다고 할 수 있느냐?" 하니 저들이 말하기를, "귀국의 자세한 일은 저희들이 일찍이 듣지 못하였으니, 남포 규곡南浦 撌谷에 머물러 있는 사람이 있으니 사람을 시켜 불러 보십시오." 하여 묻기를,

"너희 일행에 관작官爵을 가진 사람이 있느냐?" 하니 저들이 말하기를, "저희는 모두 관작이 없는 사람입니다." 하여 묻기를,

"그렇다면 너희는 남의 부리는 지시에 의한 것이냐?" 하니 저들이 말하기를, "모두 스스로 벌목하는 일을 하고 있습니다." 하여 묻기를,

"남포에 있는 사람이 온 후에라야 비로소 문답할 수 있겠느냐?" 하니 저들이 말하기를, "저희는 사정을 모르니 남포에 머물고 있는 사람이 온 후에 문답하는 것이 좋겠습니다." 하므로 오랫동안 앉아 기다렸으나 끝내 오지 않아 사람을 시켜 가보게 하였더니 저들의 이른바 남포는 곧 남쪽에 있는 장작지長斫地, 사동 포구였습니다.

도방청에서 장작지 포구에 이르기까지 두 곳에 막을 치고 살고 있는 왜인들이 몇 사람인지도 모르겠는데 바야흐로 사방에 흩어져 벌목하고 있었으므로 형편이 곧 불러오기가 어려웠습니다. 그리하여 다시 묻기를,
　"나는 왕명을 받들고 이 섬을 검찰하고 있다. 지난달 그믐날 이 섬에 들어와 산이나 물을 두루 다니며 돌아보다가 오늘 너희를 만나 이와 같이 문답하였고 장차 이 사정을 서류를 만들어 우리 조정에 보고할 것이니 그렇게 알고 있는 것이 좋겠다." 하니 그들이 말하기를, "저희들은 삼가 그렇게 알겠습니다." 하여 묻기를,
　"강토에는 저절로 정해진 경계가 있는데 너희가 다른 나라에 와서 마음대로 벌목을 하고 있는 것은 무슨 도리냐?" 하니 저들이 말하기를, "저희는 다른 나라 강토가 되는 것을 듣지 못했지만 그러나 이 고용주 役事者, 일을 시키는 두목는 알고 있을 것입니다. 지금 본국에 있으니 다른 나라의 땅인지를 거론하는 것은 불가합니다. 이미 남포 규곡南浦 撥谷에 표목標木이 있으니 곧 우리 일본제국의 송도松島인 줄을 알 것입니다."

▲ 울릉도 태하리

▲ 현포 일대의 고분군. 이규원 검찰사의 검찰일기에는 대황토
구미(태하)에서 수십 기의 구분을 보았다는 기록이 있지만,
지금은 온전하게 보존되고 있는 것이 드물다.

하므로 다시 묻기를,

"표목이 있다는 것은 지금 와서 처음 듣는 일인데 어찌 다른 나라 땅에 표목을 세우는 도리가 있느냐?" 하니 저들이 말하기를, "저들은 금년에 처음 여기에 왔으므로 귀하께서 묻는 일에 대하여 알지 못합니다." 하므로 묻기를,

"너희가 처음 와서 모른다고 하면서 송도라고 칭하는 것은 무슨 까닭이냐?" 하니 저들이 말하기를, "일본제국 지도와 여지전도輿地全圖에서 모두 송도라고 칭하고 있는 것으로 알고 있습니다. 그러나 알고 있는 고용주役事者가 지금 본국에 있지만 그는 모두 알고 있습니다." 하므로 묻기를,

"이 섬의 이름은 울릉도로서 고려는 신라에서 받았고, 우리 왕조는 고려에서 받았으므로 이는 몇 천년 동안 전해 내려오는 강토인데, 너희들이 너희 나라 송도라고 칭하는 것은 어떤 근거가 있느냐? 더구나 몇 백년 이래로 우리 조정에서는 관리를 파견하여 1년 간격으로 수토搜討하고 있는데 너희가 우리나라 금령을 모르고 함부로 벌목하고 있느냐?" 하니 저들이 대답하기를, "고용주가 알고 있지, 섬에 대한 일은 저희들은 모릅니다." 하여 묻기를,

"만약 과연 법의 금지를 모르고 이 범행을 하였다면 이는 용서할 길이 있으나 알면서도 고의로 범행을 하였다면 죄를 논단하여 형벌을 시행하는 일을 단연코 그만둘 수 없으니, 일을 철수하여 빨리 돌아가는 것이 옳다." 하니 저들이 말하기를, "저희는 삼가 그렇게 하겠습니다." 하여 묻기를,

"벌목은 해서 어디에다 사용하며 돌아가는 기일은 언제쯤이겠는가?" 하니 저들이 말하기를, "어느 곳에 사용할 목재인지 저희는 모르며 돌아갈 기일은 금년 8월에 배가 온 후의 일입니다(즉 7월)." 하므로 묻기를,

"너희들의 성명과 주소를 알고자 한다." 하니 저들이 말하기를, "일본제국 남해도 예주豫州 송산읍松山邑에 사는 내전상장內田尙長으로 나이는 29세, 산양도山陽道 장주長州 선화읍善和邑에 사는 야촌선일野村善一로 나이는 50세, 방주防州 궁시읍宮市邑에 사는 길기묘길吉崎卯吉로 나이는 40세, 동해도東海道 총주總州 팔전읍八田邑에 사는 길곡장차랑吉谷庄次郞으로 나이는 26세, 그 밖에 길전대길吉田大吉, 도해요장島海要藏, 장사용랑庄司勇郞, 송미이이조松尾而已助 모두 4명은 나이도 모르고 일정한 거주지도 없습니다." 하므로 묻기를,

"와서 머물고 있는 일꾼은 모두 몇인가?" 하니 저들이 말하기를, "두 곳에 결막結膜의 일꾼을 합하면 78명입니다." 하여 묻기를,

"동해도, 남해도, 산양도는 여기서 뱃길로 얼마의 거리인가?" 하니 저들이 말하기를,

"동해도는 6천리요, 남해도는 2천 5백리며, 산양도는 1천 5백리입니다(왜국의 10리는 우리의 100리이다)." 하여 묻기를,

"표목을 세운 사람은 어느 도의 어떤 사람이며 무슨 근거로 다른 나라 땅에 표목을 세웠느냐?" 하니 저들이 말하기를, "2년전에 여기 와서 처음 보았는데, 명치 2년 2월 13일에 암기충조岩崎忠照가 세운 것으로서 다만 우리나라 사람인 것만 알지 그 거주지와 어떤 사람인지는 모릅니다." 하였습니다.

왜막倭幕을 나서서 갯가에 내려오니 전라도 흥양 삼도의 주민 이경화李敬化가 인부 13명을 데리고 막을 치고 미역을 따고 있었습니다. 곧바로 배를 타고 남쪽으로 달리니 해악海嶽의 기괴한 형상은 절경 아닌 것이 없었습니다. 장작지[사동] 포구에 도착하니 흥양 초도草島의 주민 김내언金乃彦이 인부 12명을 데리고 막을 치고 배를 만들고 있었으며, 해가 저물어 여기에서 유숙하였습니다.

〈5월 6일〉 장작지에서 통구미로 가는 길에 송도라고 쓴 일본 표목을 발견하다.

6일, 장작지 포구에서 통구미桶邱尾로 향하니, 해변의 돌길 위에 표목을 세웠는데 길이는 6척이요 너비는 1척이며 거기에 「대일본국 송도 규곡, 명치 2년 2월 13일, 암기충조岩崎忠照 세움大日本國松島槻谷, 明治2年2月13日, 岩崎忠照 建之」이라고 쓰여 있어 과연 왜인들의 문답과 같았습니다.

하나의 큰 고개를 넘으니 노목이 하늘을 찌르고 쌓인 낙엽은 무릎이 빠지고 절벽과 음애陰崖의 사이에 실낱같은 작은 길 하나로 통하는데 혹 있기도 하고 혹 없기도 하였으나, 중봉中峰에 이르니까 형체도 없이 중단되었습니다. 어디로 가야할 지를 몰라 깊은 골짜기 속으로 방황하면서 물어볼 사람도 없고 휴식할 땅도 없어 석벽石壁을 더듬으며 고기 엮듯이 서로 엉기어 나아가다가 3여리쯤 진행하여 겨우 통구미 포구에 도착하였습니다.

큰 바다는 끝이 없고 기이한 바위는 중첩되어 굽어보고 쳐다보는 모든 경치에 마음이 놀라고 정신이 상쾌해짐을 깨닫지 못하였습니다. 갯가에 흥양 초도의 주민 김내윤金乃允이 인부 22명을 데리고 막을 치고 배를 만들고 있었는데, 기운이 다하고 다리가 저려 전진할 수 없어 그대로 유숙하였습니다.

〈5월 7일〉 곡포의 산길을 헤매다 노숙하다.

7일, 서쪽으로 향하여 세 고개를 넘고 세 냇물을 건너서 점점 깊은 골짜기로 들어가니 지명은 곡포谷浦, 남양였으며 산길이 기구하고 햇빛이 서쪽으로 빠지고 전진할 수 없어 암혈 사이에서 노숙하였습니다.

〈5월 8일〉 출발지 소황토구미로 돌아오다.

8일, 바위 사이의 작은 길을 따라 가니, 고개를 넘고 개울을 건너는데, 위험하지 않는 곳이 없었고 30리를 가서 소황토구미[학포]에 도착하니 곧 당초에 배를 정박한 곳이었습니다. 석수를 시켜 섬 이름을 석벽 위에 새기게 하고 날이 이미 저물어 초막에서 유숙하였습니다.

〈5월 9일〉 배를 타고 서쪽으로 나아가다.

9일, 조그만 배를 타고 서쪽으로 향하여 10여리를 가서 향목구미香木邱尾, 향목에 이르니 바다에 임한 가파른 석벽이 형형색색으로 기기묘묘하여 이루 말할 수 가 없고, 차차로 전진하여 대황토구미[태하], 대풍구미待風邱尾, 대풍령, 흑작지[현포], 왜인 선창倭人船艙, 천부 등을 지났는데, 포구의 산봉恭峰의 형상은 마늘모와 같았고, 큰 바위가 우뚝 서서 하늘을 능멸하는 모양이나 폭포가 층층으로 바다에 떨어지는 모양들은 모두가 절경이었으며, 한 뿌리에 두 머리인 바위가 수백 길로 기립하여 있는 모양이 특이하였고, 형제 바위가 서로 돌아보며 나란히 서 있는 것이나 촉대 바위가 둥근 형체로 깎여서 튀어나온 것이나, 하늘의 솜씨가 아닌 것이 없었습니다.

또 하나의 포구가 있었으니 이름은 선판구미船板邱尾, 남쪽으로 바다 가운데 두개의 작은 섬이 있으니 모양이 누워 있는 소와 같으며 좌우로 돌면서 서로 안을 듯한 형태인데, 하나는 죽도竹島, 대섬라 하고 하나는 도항島項, 관음도(깍새섬)이라 하는데, 다만 대나무가 무더기로 있을 뿐이었습니다. 해가 저물어 육지에 내려 대나무가 있는 바위 아래에 막을 치고 유숙하였습니다.

〈5월 10일〉 여러 포구를 지나 소황토구미로 돌아오다.

10일, 배를 타고 도방청도동, 장작지사동, 통구미, 흑포黑浦, 사태구미沙汰邱尾, 산막동山幕洞, 산막 등의 포구를 지나왔습니다. 바다 해가 서쪽으로 잠기고 풍랑이 갑자기 일어, 배에서 내려 육지에 올라 소황토구미 선막船幕에서 유숙하였습니다.

〈5월 11일〉 선박에 돛을 달고 육지로 향하다.

11일, 산신에 기도를 드렸는데, 사공들이 "동풍이 점점 일어나니 배를 띄울 수가 있다"고 하여 진시辰時 쯤 되어서 3척의 선박에 모두 돛대를 달았습니다.

〈5월 12일〉 없음

〈5월 13일〉 험한 파도를 헤치고 평해 구산포에 도착하다.

13일 해시亥時쯤에 바로 울진쪽을 향하였는데, 풍랑이 크게 일어 정박할 수 없어 노를 저어 제어하면서 평해 구산포에 돌아와 정박하고 육지에 내렸습니다. 층계가 진 바다와 험한 파도 속에서도 이와 같이 잘 건넌 것은 역대 임금님의 혼령이 도우셨기 때문이다.

울릉도의 지세

섬 지형의 험난함과 산세의 일어남과 떨어짐은 그림으로 그려왔고, 토지의 비옥척박과 백성이 살만한 곳 및 섬에서 산출되는 해산물들을 일일이 구별하여 다음에 기록하였습니다.

섬을 둘러싼 많은 산봉우리들은 구름 속에 솟아 깎아지른 듯이 벽처럼 서 있고 첩첩한 것은 병풍을 둘러친 것과 같았는데, 비록 해안이 있어도 배를 정박해 둘 평온한 항구는 도무지 없었습니다. 이 때문에 이 득을 따라 몰래 들어가는 사람들도 모두 악착스러운 백성下民들이었고, 겨우 복어를 잡거나 약초를 캐거나 나무를 배어 배를 만들뿐이었습니다. 새나 짐승도 오래 살 계책을 못하는 까닭으로 대충 막을 치고 사는데, 아직 집을 지어서 생활을 영위하는 사람은 없었습니다. 섬의 중심지인 나리동이라는 곳은 산중에 들판이 열려 평평한 초원이 기름져 일천 가호는 살 수 있으나, 그 나머지는 삼백여호戶의 땅도 일일이 예를 들기 어렵습니다.

지방 약 5~60리가 될만한 땅에는 뽕나무, 산뽕나무, 모시풀, 닥나무가 심지 않아도 저절로 생장하여 족히 한 고을의 땅이 될만합니다. 지금은 일천 길이나 되는 나무들이 하늘을 찌르고 해를 가릴 뿐인데, 아름다운 언덕을 오래 내버려 두고 있어 참으로 이러한 효과를 거두고 있지만 가시나무를 베고 풀을 자르는 것은 몸소 실천할 사람을 구하기 어려울 것입니다.

일본인의 행태

왜인들이 한 모퉁이를 점거하여 막을 친 것은 오랜 시일동안 날마다 벌목하여 본국으로 보내 마치 그들의 변방인듯하고 심지어 표목을 세운 일까지 있었으니, 그때를 맞아 안용복이라는 자가 없었더라면 그들이 마음대로 행하고 기탄함이 없었을 것입니다.

그러나 신臣이 꾸짖어 물을 즈음에 그 표정을 보니까 자칫하면 사람을 속이기는 하나 그 말에는 부끄러워함이 많았으니, 이는 반드시 그들이 스스로 범행한 것이지 남의 지시를 따라서 한 것은 아니었습니다. 이른바 표목을 세운 것에 대하여 짐짓 빼어버리지 않은 것은 사실의 징빙으로 삼을 계책이었는데, 이번 검찰을 하기 전에는 헛소문만이 내려

오고 오히려 자신을 기속하는 것은 없었습니다.

하지만, 지금 검찰을 한 후에 만약 또 불문에 붙인다면 이는 교활한 왜인이 몰래 벌목하는 것을 묵인하는 것과 다름이 없습니다. 문서를 보내 추궁해도 아마 그만두지 않을 것이 두렵습니다.

우산도

송도, 죽도, 우산도 등은 우리나라 백성으로 거기 사는 여러 사람들도 모두 근방의 작은 섬이라고 여기고 있고, 그러나 이미 근거할만한 지도도 없고, 또 향도할 표적도 없고, 청명한 날이면 높은 곳에 올라가 멀리 바라봄에 일천리를 바라볼 수 있지만, 울릉도 외에 다시 한 주먹의 돌이나 한 움큼의 흙(다른 섬)도 없습니다. 우산도를 울릉도라 칭하는 것은 마치 탐라를 제주도라고 칭하는 것과 같습니다.

신臣이 울릉도에 도착한 후에 이미 그 높은 산마루까지 걸어 보았고 다시 배를 타고 그 산기슭도 돌아보면서 10일 동안에 발자취가 닿지 않은 곳이 없어 온 섬의 경치가 훤히 눈앞에 있는 듯하오나 다만 문장에 서툴러서 아직도 누락된 것이 많으나 시급히 아뢰어야 할 것에 연유하여 시급히 아룁니다.

울릉도 거주자

각처의 상선商船은 봄철에 섬에 들어가서 나무를 베어 배를 만들고 고기나 미역을 잡고 따서 떠나고 있으며, 약초 상인들은 상선을 따라 들어왔다가 막을 치고 약초를 캐어 역시 배를 따라 떠납니다.

거주할 만한 지역

나리동 산 위에는 들판이 열려 10리나 평평하게 뻗어 있고 토질이 비옥하여 가령 개간을 한다면 근 일천 홋수의 백성이 생활을 영위하는 땅이 될 것입니다. 다만 물이나 샘이 땅속으로 흐르기 때문에 저수할 수 없으므로 지금 본 바로는 밭으로 적당하지 논으로는 적당하지 않습니다.

그밖에 대황토구미[태하동], 흑작지[현포], 천년포[평리], 왜선창[천부], 대저포[큰모시개, 저동], 소저포[작은모시개, 저동], 도방청[도동], 장작지[사동], 곡포[남양] 등지는 밭을 해도 좋고 논을 해도 좋은 옥토로서 살만한 곳입니다. 포구는 14곳이 있는데, 소황토구미[학포], 대황토구미[태하동], 대풍소[대풍령], 흑작지포[현포], 천년포[천부], 왜선창[천부], 대암포[죽암], 저전포[저동], 저포[저동], 도방청[도동], 장작지[사동], 현포[玄浦, 감을계], 곡포[남양], 통구미 등인데 뿔 같이 생긴 바위가 많고 파도가 거칩니다. 또 산기슭에는 차호遮護하고 장포藏抱하는 지형이 없어서 항상 배를 안전하게 정박시키지 못함을 걱정하고 있습니다.

토산품

토산품으로서는 자단향紫丹香, 오동, 측백나무柏子, 동백나무, 황백黃柏, 뽕나무, 감나무, 후박, 홰목槐木, 회목檜木, 마가목馬柯木, 노가목老柯木, 박달나무, 닥나무楮木, 모시풀, 산삼, 맥문동麥門冬, 황정, 전호, 현호색, 위령선, 백합, 당귀, 남성, 속새, 관중, 복분, 산포도, 춘배, 니실, 다래, 까마귀, 비둘기, 매, 곽조霍鳥, 수우水牛, 해구海狗, 고양이, 쥐, 지네, 미역, 전복, 해삼, 홍합 등입니다.

섬의 둘레

둘레는 1백 4~50리이고 육지와의 거리가 멀고 가까움인 것은 물길이 워낙 험하고 풍랑에 시달리어 몇 리가 되는지 측량할 수 없습니다.

(1882년 이규원 울릉도 검찰 계본초)

이규원 검찰일기 요약

일 시	내 용	비 고
1881년 3월 23일	부호군(副護軍) 이규원을 울릉도 검찰사에 임명	철저한 조사를 위해 다음해로 출항을 연기
1882년 4월 7일	고종 임금을 알현하고 구체적인 울릉도 검찰의 명을 받음	
4월 10일	서울 흥인문(동대문) 밖을 출발하여 육로로 원주, 평해를 경유, 구산포에 4월 27일 도착하여 순풍을 기다림	
4월 29일	• 일행 1백여 명이 세척의 배로 출항 • 일행은 검찰사 이규원, 중추도사 심의완, 군관 출신 서상학, 전 수문장 고종팔, 화원 유연호, 기타 선원 82명, 포수 20명 등 대규모 조사단	
4월 30일	• 저녁 무렵, 울릉도 서안 소황토구미(학포)에 도착 • 포구에서 전라도 흥양 삼도 사람 김재근이 23명을 데리고 배를 만들고, 미역 등을 채취하면서 살고 있는 것을 확인	
5월 1일	풍랑이 심해 위기를 맞음. 산신당에 기도	
5월 2일	• 산을 넘어 대황토구미(태하)에 도착. 고분 확인 • 포구에 평해 출신 최성서가 인솔한 인부 13명이 움막을 짓고 살고 있었음. 경주사람 7명은 약초를 캐고 연일사람 2명은 움막을 짓고 사는 것을 확인	이날 30리 가량의 산길을 걸음
5월 3일	• 흑작지(현포)에 도착하여 작은 배를 타고 창우암(노인봉), 추봉(송곳산)을 바라보며 천년포를 거쳐 왜선창(천부)에 도착 • 왜선창에서 전라도 낙안 사람 이경칠이 인솔한 20명과 초도 사람 김근서가 인솔한 19명이 각기 움막을 짓고 배를 만들고 있었음 • 오대령을 넘고, 다시 홍문가(홍문동)라는 고개를 넘어 나리동 도착. 날이 저물어 파주 출신 약재상 정이호의 초막에서 유숙.	
5월 4일	• 울릉도 최고봉인 성인봉 등정. 사방이 망망대해. • 동쪽으로 십여리 내려가서 함양 출신 약초상 전석규의 주거처를 지나, 산등을 따라 내려가다가 저포(저동)에 도착, 나무숲에서 노숙.	

날짜	내용	비고
5월 5일	• 도방청포(도동)에 정박 중인 일본선박 발견. 울릉도 나무를 도벌중인 왜인들과 직접 필담 나눔 ― 너희들이 어찌 이곳에서 벌목을 하고 있단 말인가? ― 우리는 이곳이 타국 땅이라는 말은 들은 바 없고 일본 땅으로 알고 있다. 이미 이곳이 일본의 송도(松島)라 표시되어 있다. • 전라도 흥양 삼도 사람 이경화가 움막을 치고 살면서 인부 13명과 미역을 따고 있었음 • 배를 타고 장작지(사동) 포구에 도착하여 흥해 초도 사람 김내언이 인부 12명과 배를 만들고 있었음 • 장작지 포구에서 유숙	이 때 울릉도에서 벌목에 종사한 일본인은 모두 78명에 달한다고 함
5월 6일	장작지에서 통구미로 향하는 도중 해변 바위 사위에 표목 발견(길이 6척, 넓이 1척). 전라도 흥양 초도 사람 김내윤이 22명의 인부와 배를 만들고 있는 것을 확인	'大日本國　松島槻谷 明治 2년 2월 13일 암기충조(岩崎忠照) 세움'
5월 7일	산길이 깊고 어두워 더 이상 나아가지 못하고 곡포(남양)에서 노숙	
5월 8일	• 위험한 바윗길을 따라 고개를 넘어 소황토구미에 도착 • 석공을 시켜 섬이름을 새기게 함	
5월 9일	• 배를 타고 서쪽 해안을 따라 순찰. 향목구미, 대황토구미(태하), 대풍구미(대풍령), 흑작지(현포), 왜선창(천부), 선판구미를 지나 해안을 돌아봄. 2개의 작은 섬을 발견했는데, 하나는 죽도(대섬)라 하고, 다른 하나는 도항(관음도)이라 함. • 해가 저물어 육지에 내려 유숙	
5월 10일	9일에 이어 배를 타고 도방청(도동), 장작지(사동), 통구미, 흑포, 사태구미, 산막동 등의 포구를 돌아 보고 소황토구미(학포)에서 유숙	
5월 11일	아침에 세 척 배를 타고 육지로 출항	
5월 12일	저녁에 울진 쪽으로 향했으나 파도가 크게 일어 노를 저어 근근이 저녁에 구산포에 도착	
6월 4일, 5일	• 이규원이 고종임금을 알현하고 복명함 • 고종 임금은 일본의 울릉도 불법 잠입 등에 대처토록 하고 울릉도 재개척에 큰 열의를 보임	

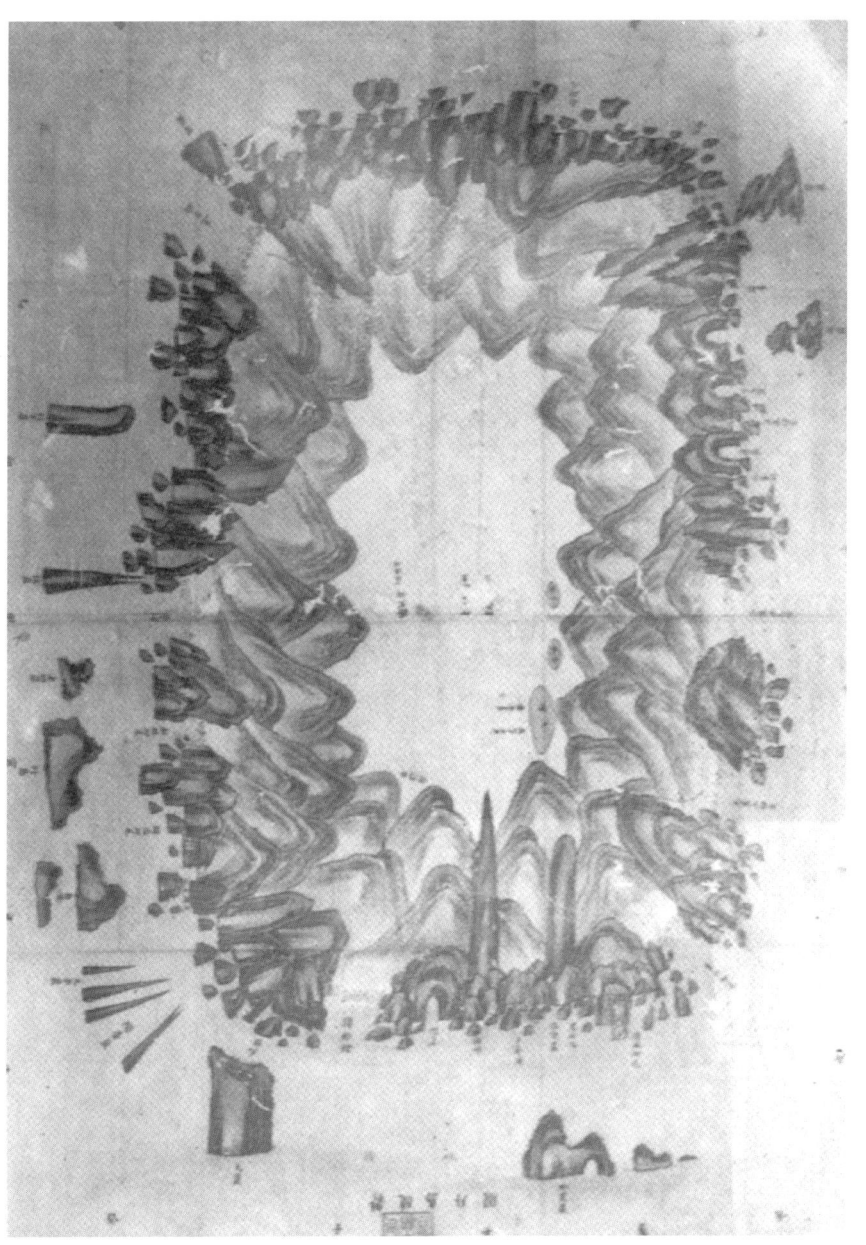
▲ 이규원이 울릉도 탐사 후 제작한 지도

이상 검찰사 이규원 일행의 울릉도 탐방 일정이 임오년壬午 1882년 4월 29일부터 동 5월 13일에 이르기까지 만 14일이었다. 이 동안 울릉도에 상륙 조사한 기간은 5월1일부터 10일간이었다. 그동안에 험준한 산로에 풍찬로숙을 거듭해 가며 섬안을 샅샅이 탐색하고 해변을 도니 우리 도민과 왜인의 침입실태를 상세히 알게 되었다.

섬의 개척 가능성과 천연자원, 입지조건도 상세히 조사하였다. 이제까지 기술한 주요내용을 간추려 보면 다음과 같다.

첫째, 울릉도에서 만난 사람들은 전라도를 필두로 내륙각지에서 바다를 건너와 활동하는 여러 계층의 인물들임을 파악하게 되었다.

이들은 십여 년 전에 이주한 채약자를 필두로 총 116명인데 직종별로 보면 다음과 같다.

① 벌목 조선인 91명, ② 채작인 14명, ③ 채약인 9명, ④ 참죽인새竹人 2명

둘째, 벌목 중인 왜인의 상황을 살펴 볼 때 그동안 일본정부가 확약한 금령이 허상임을 알게 된 동시에 저들이 우리의 강토를 저들의 땅인양 입표立標 한 지도 십수년이 되고 또한 불법 침입하여 도벌 목재를 반출하는 자만도 칠 팔 십명이 넘음을 알게 되었다.

셋째, 농경이 가능한 장소와 마을을 형성할 장소, 수원지, 포구 등을 조사하였다.

해안선을 골고루 살펴 선박의 기항 적부를 조사하였다.

넷째, 이밖에도 진귀한 임산, 약재, 어물 등 다양한 물산의 실태, 왜인의 집단 도벌행위, 이들의 오만불손한 태도에 대해 지난날 안용복의 역사적 활동사실을 깨우치게 하는 등 울릉도·독도에 대한 영토의식을 높이게 하였다.

이규원은 서울로 돌아와 임금께 정식복명한 것은 임오년 1882년 6월 초닷새이다.

이규원이 임금께 복명한 내용을 간추려 보면

첫째, 촌락을 형성할 만한 곳이 6~7개 이고,

둘째, 천연자원이 풍부해 개척만 하면 도민의 생활은 안락할 수 있고,

셋째, 이 천연의 보고지를 왜인들이 침입, 벌목하고 있으며 심지어는 저들의 땅인 것처럼 입표까지 하였으니 일본공사에 항의함은 물론 일본 외무성에 항의문을 발송할 것을 제의하게 하였다. 이에 임금도 크게 감동하고 그간의 공도정책空島政策을 버리고 조속히 울릉도 개척에 착수하도록 하였다. 그리고 일본정부에 재차 항의하도록 하였다.

이처럼 검찰사 이규원의 성실한 답사보고가 보람이 있어 울릉도에 대한정부의 개발계획이 확립되었다. 이규원의 보고가 있은 지 4, 5일 만에 임오군란이 일어났어도 기본방침은 변함이 없었다. 1882년 6월 예조판서 이회정은 검찰사 이규원의 조사보고를 토대로, 일본 외무대신 이노우에 가오루에게 일본국의 위약違約을 문책하는 항의문을 발송하였다.

이리하여 〈이규원 울릉도 검찰일기〉는 울릉도의 개척과 일본인의 독도 침입에 대한 불법, 부당성을 확인케 하는 좋은 자료가 되고 있다.[148]

독도와 홍재현洪在顯 일가

홍재현洪在顯 옹은 그의 아들 종욱鍾都과 함께 독도를 가장 잘 아는 울릉도 출신 집안이었다. 이들의 소원은 독도를 본적지로 하는 독도 출신 1호가 되는 것이었다.

홍 옹은 조선시대 호조참판을 지내다 유형流刑선고를 받고 강릉에 정

---

[148] 外務部,《独島資料集》77쪽, 410~427쪽.

배된 조부祖父를 따라 그곳에 정착케 되었다. 홍씨는 1883년 4월 초8일 강릉에서 향후 10년을 예정으로 울릉도로 들어갔다. 4일간의 뱃길로 울릉도 북면 현포에 닿은 홍 씨일가는 울릉도 개척자가 되었다. 홍 씨가 울릉도에 처음 닻을 내렸을 때 주민이라고는 고작 두 가구가 살고 있었다고 한다.

홍 씨는 닭, 감자, 옥수수 그리고 육송 소나무 씨를 받아다 울릉도에 심었다. 그러나 들쥐가 전 섬의 구석구석을 휩쓸면서 10년 공부 나무아미타불이 되었다. 넋이 나갈 정도로 맥이 풀린 홍 씨는 울릉도에서 제일

▲ 젊은 홍순칠. 홍순칠 대장을 비롯한 33명의 젊은이들이 목숨을 걸고 3년간 독도를 지켜낸 것에 대한 평가는 미흡하기 그지없다.

높은 봉우리를 올라가 사방을 망연히 바라보는 것이 일과처럼 되었다. 하늘이 청명한 어느 날 그의 시야에는 멀리 섬 하나가 눈에 들어왔다.

답답한 가슴을 풀 겸 목선을 타고 망망대해로 나아가 이 섬을 찾아 나섰다. 이틀 만에 간신히 섬에 닿았다. 이 섬은 무인도로 해구(일명 : 옷도세이)의 낙원이었다.

보이는 것은 물개 뿐이었다. 수중에 먹을 것이라고는 아무 것도 없는 그 로서는 물개라도 잡아먹을 수밖에 다른 도리가 없었다. 물개를 다행히 때려잡는 순간, 갑자기 바위틈에서 왜놈의 포수가 기어 나왔다. 둘은 말이 통하지 않음에 한자漢字로 의사전달을 하였다.

홍 : 왜 남의 영토에 발을 들여 놓았느냐?

일본인 : 죽도竹島는 우리 것이다. 나는 일본황실에 동물을 납품하는 동물상動物商이다. 물개를 생포하러 왔다. 즉, 일본황실 동물원과 영국황실 동물원에 보낼 물개를 지금 잡는 중이다 어서 길을 비켜라!

홍 : 이에 기지를 발휘하여 어림없는 소리마라. 나도 우리나라 동물원에 보낼 물개를 지금 잡고 있는 중이다.

왜인 : 대꾸를 못하고 있는 사이……

홍 : 물개를 잡아가는 것은 네 자유이나 나는 너를 붙잡아다 우리나라 조정朝廷에 바치는 일이 화급하다.

왜인 : 제발 잘못했으니 용서해 달라. 그 댓가로 일본 황실에 당신을 초청하겠다.

홍 : 좋다. 그러면 나를 초청하라.

그 후 홍 씨는 일본으로 건너갔다.

일본 땅에 도착하자마자 홍 씨를 일본영토를 불법 침입한 자라고 욕을 보였다. 이러한 일이 있고 난 후, 조국이 광복된 지 8년이 지난 1953년 4월 1일 독도 앞바다에서는 미역 채취를 하던 해녀들이 일본배의 침입을 빈번하게 알려왔다. 이때 홍재현 씨는 이미 돌아가시고 그의 아들 홍종욱洪鍾郁 씨가 친아들 순칠淳七 씨를 앞혀 놓고 선친 3대가 60년 전부터 독도를 지켜왔는데 너는 어떻게 할 셈이냐고 다그쳤다. 이에 그도 독도를 지키겠다고 다짐했다. 그는 그와 뜻을 같이 하는 동료 7명을 모집하고 '독도사수 특수의용대'를 조직하였다. 홍순칠은 일찍이 채병덕 장군의 호위병으로 있다가 특무상사로 제대한 군인이었다. 이 당시 홍순칠은 경상북도 병사부를 찾아가 독도수호의 필요성을 호소한 끝에 잡동산이라고 할 수 밖에 없는 폐품 군복과 장비를 구할 수 있었다. 무인도에서의 악조건을 예방키 위해서이다.

▲ 일본 말뚝 제거. 1953년 일본이 독도의 자국령임을 주장하며 박아놓은 말뚝을 제거하고 있다.

1953년 4월 27일 밤 울릉도를 출발 독도로 향했다. 도착하자마자 일본인이 세운 '죽도'란 표말을 뽑아 버리고 '독도' 표말을 꽂았다.

식수를 찾는데 많은 시간을 보냈다. 바위구멍 속에 갓난아이 오줌줄기 정도의 양 밖에 되지 않는 샘물을 발견할 수 있었다. 한 시간 동안 받아야 한바가지가 될까 말까한 양이다. 이러한 환경에서 3개월 동안 생활하다보니 몰골이 말이 아니었다. 1953년 7월 23일 한국전쟁이 발발한 지 만 3년이 지난 이른 아침 대원중 한사람인 황영문黃永文이 '4분의 1 보트'를 타고 물개 사냥을 나갔는데 갑자기 쾌속정이 나타났다. 이 쾌속정은 일본 PF 9정珽이었다. 이들은 "나까리데까漂流者"하고 마이크로 소리쳤다. 대답은 기관총 사격이었다. 그들은 급히 뱃머리를 돌렸다. 이에 대해 일본정부는 우리정부에 항의해 왔다.

당시 백두진 국무총리는 이 사건에 대해 일본 측에 제대로 해명조차 하지 못하였다. 그 후 총리 명의로 홍대장에게 전문電文으로 사설무력단체私設武力団体는 용인키 어려우니 군정법령 70호에 따른 사회단체 등록을 하라고 통고하였다.

휴전이 된 이후의 첫 8.15 광복절 아침 2백 톤급의 일본배가 독도 근처에 나타났다. 이 배는 일본 수산학교 학생의 실습선이었다. 대원들은 이들에게 독도 주변에 다시는 나타나지 말 것을 명령하였다. 이듬해부터는 일본 해상보안청 경비정이 매월 23일, 24일에 독도 앞바다에 나타났다. 언제나 유효사거리 밖에서 정찰만 하고 돌아갔다.

그런데 일본 〈King〉이라는 잡지에 '독도해적'이란 제목 하에 천연색 사진을 싣고 독도 산꼭대기에 200미리 초대형 대포의 포신이 가려진 모습을 게재하였다. 사진설명으로 독도에 포대가 설치되어 난공불락이라고 하였다.

1954년 10월 22일 당시 김종원 경상북도 경찰국장이 독도 의용대 위문길에 나섰다. 이 위문행사로 인해 뜻하지 않게 대원 허학도 씨가 태풍에 휘말려 추락사를 당했다.

1954년 11월 21일 오전 5시 경 일본 PS 9(함대), 10호, 16호 3척이 독도 앞바다에 나타났다. 일본함정 3척은 200m 앞까지 도착했다. 대원들은 바위틈사이에 매복을 하였다.

▲ 독도의용수비대

박격포로 함정의 기관실을 겨냥, 요소요소를 집중 공략하였다. 박격포는 조준대가 없어 서기종 대원이 끌어안고 발사하였다. 박격포 3발 중 2발이 3척의 배 가운데 1척에 명중되었다. 갑판에서 경비원 5명이 쓰러지는 것이 보였다. PS 9함정이 화염에 덮였다. 10호, 16호 함정이 급히 퇴각하였다. 2시간 후 일본방송은 다께시마(죽도)경비대 소속 함정 3척이 독도경비대의 공격을 받아 16명의 사상자가 났다고 보도하였다. 이로서 일본은 '다께시마 경비대'가 조직되어 있음을 만 천하에 알린 셈이었다.

　이런 일이 있은 얼마 후 깊은 밤중에 갑자기 해상으로부터 써치 라이트가 온 섬을 비추면서 확성기를 통해 "독도 사령관 나오라!"라고 영어로 외쳐대는 것이었다. 바닷가로 홍대장이 나가보니 미군함대가 와 있었다. 이들은 무조건 연행하겠다는 것이다. 정부의 명령이라는 것이다. 하는 수 없이 미군함정에 올라탔다.

　홍대장은 진해를 거쳐 서울로 압송되어 외무부에 인계되었다. 며칠 후 그는 풀려나 다시 독도로 돌아갔다. 이 사건 이후 국회에서는 독도에 조사단을 보내기로 결의하였다. 이에 홍대장은 제일 높은 바위에 페인트로 "독도에 상륙을 기도하는 자는 국적을 불문, 피아불문 총살함. 독도경비 함대 사령관"이라고 써 놓았다.[149]

　이 때 최초 민선 서울시장이 되었던 김상돈이 염우량 등 3명의 의원과 함께 독도 상륙을 시도했으나 실패한 바 있다. 이러한 우여곡절을 겪으면서 오늘날 독도는 이제 우리의 동포들에 의해 수호되고 가꾸어져 나가고 있다.

---

149) 大韓公論社, 《独島》, 1965, 131~322쪽.

제5장 기타 생각해야 할 문제

기필코 되찾아야 할 우리 땅 요동

사료史料로 본 요동 遼東/Lia-tung

동아시아사를 살펴 볼 때 요동지역을 올바르게 장악, 경략한 민족과 국가는 아시아의 강대국으로 그 위상을 드높일 수 있었고 이 지역을 상실한 나라는 그 위상이 추락하거나 멸망의 길을 감수 할 수밖에 없었다.

이는 고대·중세기상의 역사적 교훈일 뿐만 아니라 근현대에 와서도 입증되고 있다. 즉 아편전쟁기를 통한 청의 멸망 과정과 청일전쟁과 러일전쟁 역시 이 지역의 장악 등이 이를 입증하고 있다.

한국사 측면에서 보면 요동지역에 대한 요수遼水 이북의 漢族들이 그 세력을 동남쪽으로 뻗치고자 할 때 반드시 거쳐야 할 필수불가결의 요지가 요동지역이었다. 그런 까닭에 중국내륙을 통일한 이후의 국가들은 예외없이 국운을 걸고 이 지역을 차지하려고 쟁탈전을 벌였는데 그

본보기가 수隋나라와 당나라唐의 경우이다.

요동遼東이라는 지명이 문헌에 등장하기는 매우 오래이다. 진시황의 중국내 통일이전 까지의 역사서인 전국책戰國策 卷二十九 연책燕策十一에 연燕의 동쪽인 요동에 고조선이 있다古朝鮮在遼東라고 하였는가 하면, 열수재요동洌水在遼東이라 기록하고 있다.

산해경山海經에는 열양洌陽은 연의 동북지방으로 오늘날의 요서遼西 또는 요동지역임을 내비치고 있다. 이밖의 다른 사료에서는 고대 요하遼河의 서쪽지역인 오늘날의 요서遼西지방인 난하灤河의 동쪽지역까지로 보고 있다.

이후 史記 卷二에는 요동지역은 요녕지방 동남쪽과 하북지역 동북쪽이라고 하고 漢書 卷二十八에 상곡上谷은 遼東까지 다다른다 하고 그 주석註釋에 上谷은 宣化의 郡들과 華北의 몇몇 지방이 포함된 지역이라 하고 있다.

이밖에 遼東의 遼의 뜻은 특정 지역의 지명과 연관된다기 보다는 거리상 매우 먼 곳을 가리키는 方向性을 나타내는 것으로 마치 오늘날의 극동極東을 나타내는 의미와 같은 맥락으로 보고 있기도 하다.

이상과 같은 제설을 떠나서도 기원전 3세기 까지 조선의 서북국경은 오늘날의 화북華北지방에서 동북쪽으로 연결되어 있었고 위만이 조선으로 피신할 때도 요동고새遼東古塞를 넘었다고 하는 것으로 보나 삼국지에 고구려는 요동의 동쪽 천리밖에 위치해 있다고 하였다.

사기史記 卷一百五十五에 고조선의 중심지는 요동이라 하고 요동에는 검독현險瀆縣이 있는데 이곳에 조선국의 수도가 있다고 하여 요동이 고조선의 중심지임을 뒷받침하고 있다. 요컨대 요동지역은 요하의 동쪽지역을 나타내는 고조선이래 우리 한민족의 강역이었음이 명백하다.

요동지방을 상징하는 요하의 원류는 서요하와 동요하로 나누어지는데 서요하는 대흥안령(大興安嶺)산맥에서 발원하여 동쪽으로 흐르다가 길림,요녕 부근에서 라오하老哈河와 합쳐지는데 여기까지를 중국 측에서는 시라무룬쟝西拉木倫河이라고 부른다.

동요하東遼河는 싼장코우三江口 부근 장백산맥에서 발원하여 서요하와 합쳐지는데 이를 요하라 칭한다. 동·서하 두 강물이 합쳐져 남쪽으로 흐르다가 훈하渾河를 합쳐 잉코우營口에서 발해渤海로 흘러들면서 하류에 요동만과 반도를 형성하고 있다. 장장 500여리를 흘러내리는 요하를 중심으로 한 드넓은 요동지역은 내륙에서 서해안에 이르기 까지 지정학상으로나 전략상 매우 중요시 되는 지대이다.

요동지역 관할변천

요동지역은 고래로 화북華北지역과 지리적 문화적 관계가 깊은 가운데 부여 고구려 발해의 영토로 있다가 고려이후 국경지역이 되었다. 한나라 때에는 여기에 요동군을 설치하고 동부도위東部都尉를 두었는데 고구려는 한사군을 몰아내고 요동성을 쌓고 한족漢族의 침입을 막아냈다.

고구려 융성기에는 요하에서 요동반도로부터 열하에 이르기까지의 서북방어선을 구축하고 그 이서以西인 만리장성 부근까지 경역화 하였다. 수隋나라 양제가 고구려를 침략할 당시 요동성전투가 가장 치열하였다.

수의 고구려 침략로에 수많은 성곽이 있었는데 그 가운데서도 피아간에 장기간 격전을 벌인 곳이 바로 요동성이였다. 역사상 유명한 광개토대왕도 한 때 모용선비족의 침략으로부터 이 지역을 지켜내기 위해 비장한 각오로 천지신명께 아뢰기를 '고구려가 이 전투에서 지면 이 나라는 멸망할 것이며 후세 대대로 천추의 한을 남길 것'이라고 하면서 끝까지 적의 침략을 막아내고자 보름동안 분전한 바 있다.

이는 요하지역에서 요동성이 전략적으로 매우 중요했기 때문이다. 요동성 공략의 실패로 수나라는 멸망하게 되었고 이어서 당나라와 고구려간의 대전도 이 요동땅을 차지하려는 접전으로 이어졌다.

발해국 이후 몽고족이 세운 원나라, 글안족이 세운 요나라 등이 일시 이 지역을 장악하기는 하였으나 명나라가 중원을 통치하게 되면서 고려는 명과 대립하여 요동땅 수복을 위해 우왕 14년(1388년) 3월에 전국에 징병령을 내리고 요동땅 수복을 위해 진군을 시도한 바 있기도 하다.

요동땅 수복에 대한 의지는 조선조 효종 때에도 제기되었으나 애석하게도 뜻을 이루지 못하였다. 이후 급변하는 국제정세 하에서 아편전쟁, 청일전쟁을 통해서도 열강들은 한결같이 요동지역을 장악하려 안간힘을 썼다.

예컨대 청·일전쟁에 승리한 일본은 1895년 시모노세끼조약下關條約을 맺고 요동땅 일부를 차지하려 하였으나 독일 불란서 러시아 등 3국간섭에 의해 뜻을 이루지 못했다. 1904년 러·일전쟁을 통해서도 일본은 이 지역 장악에 심혈을 기울였다.

이렇듯 고금을 통해 요동지역 쟁패는 지속되어 왔으나 이 땅은 장구한 역사적 안목에서 보면 우리 한민족의 영토이었다.

이를 반증하는 것으로 遼東宋明以來 本是 朝鮮之地我朝入關前所得也라고 이홍장이 청 황제에 아뢴 기록이 있다. 이 말이 나오게 된 것은 당시 청나라의 실권자였던 이홍장이 청일전쟁 패전으로 인해 요동땅을 내 줄 수밖에 없었던 상황에서 청나라 황제와 조정대신들의 힐책에 응대한데서 나온 말이다. 요컨대 동아시아에서 요동땅이 전장화戰場化될 때 동아시아 지역은 전운戰雲에 휩싸일 수밖에 없었고 이 지역의 안정성은 주변국에 지대한 영향을 미쳐왔다.

대마도는 우리의 땅

대마도의 지리적 상황

부산 태종대에서 날씨가 쾌청한 날 멀리 남쪽을 바라보노라면 아련하게나마 섬의 모습이 육안에 들어온다. 지호지간指呼之間이라고 할 수는 없으나 울릉도에서 독도를 바라보는 심경에 못지않은 감회가 와 닿는다.

부산에 갈 때마다 날씨만 쾌청하면 열일 젖혀두고 태종대로 달려가 대마도를 바라보며 지난날에 대해 깊이 생각해 보곤 하였던 것이 한두 번이 아니었다.

물론 우리나라 쪽에서 대마도를 훨씬 더 가까이 볼 수 있는 곳이 이곳만은 물론 아니다. 거제도나 가덕도(경상남도 창원군)에서는 훨씬 가까이 보인다.

좀더 구체적으로 거리감을 표현한다면 대마도의 북단인 와니우라鰐浦에서는 부산이 최단거리이고 대마도 서해안에서는 거제도 방향이 최단 거리이다. 50km(120여리) 정도의 바다를 사이에 두고 해상 국경선을 맞대고 있는 곳이 대마도와 우리나라의 관계이다.

대마도의 지리적 상황에 대해 기록한 가장 오래된 문헌으로는 《삼국지 위서 동이전三國志 魏書 東夷伝》을 들 수 있다.

여기에 원문을 옮겨 보면 다음과 같다.

倭人 在帶方 東南大海之中 依山島爲國邑 旧百余國 漢時有朝見者 今使譯所通三十國 從郡至倭 循海岸水行 歷韓國作南作東 到其北岸狗邪 韓國七千余里 始度一海千余里 至對馬國 其大官曰卑狗 副曰卑奴母離 所居絶島 方可四百余里 土地山險多深林 道路始禽鹿徑 有千余戶 無良田食海物自活 乘船南北市糴 又南渡一海千余里 名曰瀚海 至一支國 官亦曰卑狗 副曰卑奴牟離 方可三百里 多竹木叢林 有三千許家 差有田地 耕田猶不足食國 亦南北市糴 又渡一海千余里 至末盧國 有四千余戶 浜山海居 草木茂盛 行不見前人 如捕魚鰒 水無深淺 皆沒取之 云云.150)

이상의 내용으로 보아 한반도 중부의 서해안으로부터 남해안을 끼고 낙동강구에서 대한해협을 횡단하여 일본 구주 북안에 이르는 노정을 말한 것인데 여기에 "대마對馬"라는 명칭이 문헌상 처음으로 나타난다.

해로의 리수里數만을 빼고는 다른 내용은 대체로 사실과 부합된다.

---

150) 《三國志》, 魏書, 東夷伝.

'좋은 경작지가 없어 해산물을 잡아서 팔거나, 남북해상을 통하여 생활을 영위해 나가고 있다'라고 한 사실 등은 3세기의 기록으로서는 비교적 간결하고 정확하게 명기된 것이라 할 수 있다.

대마도는 한국의 남단에서 50여km 떨어져있고 일본의 구주 본도本島에서는 1백47km에 위치해 일본보다는 한국에 가까운 해상에 자리잡고 있다. 남북이 72km 동서가 16km 넓이는 7백14km²의 절해고도이다. 해안선의 길이는 9백45km이다.151)

한반도 주변 대부분의 섬이 그러하듯 대마도 역시 바다 가운데 떠 있는 산이라고 표현해도 무방하다. 이곳은 해발 5백18.2m의 백악白嶽, 3백75.5m의 원견산遠見山 3백28.6m의 홍엽산紅葉山 등이 남쪽에 있고 온 섬이 수많은 산의 연속으로 되어 있다.152)

따라서 산간의 계곡과 일부 해안지대에서만 농사가 가능하다. 즉 제대로 주민들의 식생활을 해결할 수 없어 배를 타고 남북으로 흩어져 양식을 구하는 일이 바로 대마도의 역사가 되었다.

이러한 지리적 이유로 대마도의 자연과 생활상은 고대로부터 근세에 이르기까지 큰 변화가 없이 이어져 왔다.

대마도는 남북 양대도서와 10여 개의 암초의 바위섬으로 지질은 대체로 척박한 구릉지세의 메마른 토질이다. 우리나라 제주도의 10분의 4정도 넓이에 불과한 섬으로, 남쪽에 자리잡고 있는 섬을 "상도上島: カミシマ" 북쪽에 있는 섬을 "하도下島: シモシマ"라 부르고 있다.

행정구역상 일본 나가사끼현長岐縣에 속하며 도명島名의 상하를 뒤바꾸어 남도南島를 하현군下縣郡: シモシアガタノコホリ, 북도北島를 상현군上縣郡: カミシアガタノコホリ이라고 한다.153)

---

151) 서울신문사편,《日本 対馬・壹岐島 結合学術調査報告書》, 서울신문사, 1985, 46쪽.
152) 永留久恵,《対馬の古跡》, 対馬郷土研究会, 1970, 172~173쪽.

예로부터 상하上下의 명칭이 왕왕 뒤바뀌기도 하였는데 이것은 반도 半島를 본위로 하느냐 또는 일본 본토를 중심으로 하느냐에 따라 상하 의 명칭이 바뀌었으리라 유추된다. 우리나라 남해안과 가장 가까운 곳 이 상현上縣 : 下島으로 어악산御嶽山 아래로 높고 낮은 산들이 사방에 흩 어져 있고 계곡물이 모여 형성된 좌호천佐護川이 흐르면서 좌우에 약간 의 평지를 이루고 있다.154)

상현上縣 북단의 포구인 화조진和租律 또는 와니노포臥尼老浦라 부르 는 곳은 옛부터 우리나라로 향하는 직항지로 잘 알려진 곳이다. 여기에 서 서남쪽으로 약간 떨어져 있는 좌수나포佐須奈浦는 근세에 와서 대마 도주가 대륙교통의 시발지로 개발한 곳이다. 따라서 서안西岸의 녹견塵 見:シシミ, 동안東岸의 좌하佐賀와 함께 대마도 내에서 유명한 항구이다.

▲ 대마도

---

153) 崔南善,〈九州와 対馬島의 清勢-韓日交渉의 歷史的考察(4)〉,《新天地》, 第8卷, 第4号 (1953, 9), 183쪽.
154) 위와 같은 책 및 註 3)과 같은 책.

상현上縣의 천모만淺茅湾：淺茅內海을 건너면 하현下縣인데 하현의 중앙에 백악百嶽·시립산矢立山·용량산龍良山 등 연맥連脈이 있어 섬 전체가 산으로 뒤덮여 있을 정도이고 좌수佐須·소무전小茂田에서의 작은 냇가 주변에 빈약한 들이 펼쳐져 있다.

그러나 하현下縣：上島은 대마도의 중심부로서 이 섬 동편 해안에 있는 엄원嚴原：이즈하라은 도주島主의 거소居所가 자리잡고 있던 곳이다.

엄원으로 부르기 이전에는 천원淺原으로 불리웠으며 대마해협에 접해있는 중요 항구이다.

대마도의 지질이 척박함으로써 농작물은 주로 고구마이고 쌀·밀·콩 등이 약간 생산되고 있다. 이 섬의 총면적이 70,924ha로 이 가운데 농경지가 3,027ha로서 전 면적의 4.2%에 불과하다. 따라서 주업은 어업이다. 리아스식 해안으로 경치가 아름답고 바닷결이 부드러워 진주·도미의 산지로 유명하다. 산림자원도 풍부해 숯과 목재의 생산량은 다른 산물에 비해 넉넉하다.

총 가구수는 1만 3천1백57호에 농가는 4천4백85호로 전체 호수에 약 30% 가량이다. 밭농사는 주로 화전으로 현지에서는 이를 고바쇼목정소：木庭燒라 한다.155)

대마도의 지명 유래

"대마對馬"라는 지명은 중국의 사서史書《삼국지》에 나타날 정도로 오래 전부터 불려진 듯하다. 그러나 그 명칭의 유래에 대해서는 설이 분분하다. 이제 지명 유래의 여러가지 설을 여기에 옮겨 보고자 한다.

---

155) 註 151)과 같은 책, 175~177쪽.

3세기경 중국의 《삼국지 위지동이전魏志東夷傳에 대마국對馬國으로 기록되어 있고 우리나라 《삼국사기에는 대마도(對馬島)로, 《일본서기》에는 대마국·대마도·대마주對馬國·對馬島·對馬州라 기록하고 있다.156) 그리고 중국의 역사책 《북사北史 : 倭人伝·隋書 : 倭人伝에는 도사마도斯麻로, 이밖에 일본의 고사기에는 진도·화문류취초津島·和文類聚妙에 도지만都之万, 대화본기大和本記에는 집도集島, 양조평양록兩朝平壤錄에 대해국對海國이라 표기하고 있다.157)

  이상의 여러 형태의 한자 표기에도 불구하고 발음은 대체로 쓰시마라로 통용되고 있다. 고사기古事記의 진도는 표기된 글자의 뜻대로 해석하여 일본에서 대륙으로 건너가는 진津 : 쯔이 있는 도島 : 시마로 보는 견해이다.158) 그런가 하면 일본지명사전日本地名辭典에는 대마도 남단에 있는 두두豆酘 : 쯔쯔의 일부 발음을 따 사용한 것이 섬 전체를 나타내는 명칭이 되었다159)고 보는 견해이다. 그 다음으로 일본인 사문의당沙門義堂의 저작물인 일용공부략집日用工夫略集에 대마對馬는 마한馬韓에 대對한 뜻義이라고 하였다. 이 설은 대마도의 위치를 감안한 한역어漢譯語로 본 것이라 하겠다.160) 그런가 하면 최근에는 쯔시마對馬島는 배를 만드는 섬이라는 의미의 津島에서 비롯되었다고 하기도 한다. (永留久惠, 對馬 古跡, 대마향토연구회, 昭和45년 5.)

  이상의 일본인들의 견해와 달리 육당 최남선의 주장은 우리말의 두섬二島에서 변한 것이라 하였다.

  이밖에 이병선李炳銑 교수는 대마도는 고대 한국인이 건너가서 살았

---

156) 李炳銑,〈対馬島地名考〉,《語文学》, 第42輯, 163~204쪽.
157) 英留久惠,《対馬島文化財》, 杉屋書店, 1978, 95쪽.
158) 註 151)과 같은 책, 129쪽.
159) 서울신문, 1984년 8월 5일자, 学術紀行〈対馬島 ; 3〉, 5쪽.
160) 註 151)과 같은 책, 129쪽.

던 곳이니 대마도의 지명 인명에서 그러한 자취를 살펴볼 수 있다고 하면서 중국 《삼국지의 위지동이전魏志東夷伝 편찬 이전에 말馬과 한자漢字가 먼저 건너갔을 가능성이 있어 대마對馬도 여기에서 연유되어 표기되었을 가능성을 제시하고 있다.161)

즉 한韓 : Kara · 가라加羅 : Kara와 같은 중복표기로 생각된다는 것이다. 대對는 고대 한국어인 Kara의 표기이고 마馬도 차훈借訓에 의한 Kara의 표기로서 이 두 자를 합하여 Kara를 중복 표기한 것으로 생각한다고 하였다.

이상의 대마도의 명칭 유래에 대해 국내에서 비교적 긍정적으로 받아들여지는 설로는 두 섬二島에서 유래되었음이 유력시되고 있다. 즉 부산지역 등 남해안 고지대에서 날씨가 좋은 날에 대마도는 두 섬으로 보이기 때문이다.

이 설을 뒷받침하는 것은 백제 무녕왕릉의 매지권買地卷에 왕을 사마왕斯麻王이라 하였고 일본서기 무열천황기武烈天皇紀에는 무령왕은 도왕島王이라 하였는데 도島는 사마斯麻이고 일본어의 시마島라는 점이다.162)

이상의 대마도 지명 유래설과 함께 대마도에는 한국어와 유관한 적지 않은 명칭들이 남아 있으니163) 예컨대 한기韓崎 · 한량韓良 · 고리古里 · 계지원鷄知原 · 상원上原 등의 지명과 산천명山川名으로 백목산白木山 · 백성白城 · 고려산高麗山 · 국견산國見山 · 오봉산五峰山 등등이다.

---

161) 위와 같은 책, 48쪽.
162) 한국일보, 1978년 1월 14일자, 〈특별기획 対馬島〉 기사참조.
163) 註 151)과 같은 책 237쪽.

고고유물로 본 대마도

대마도의 형성은 지질학자들에 의하면 홍적세洪積世 종말기에서 충적세沖積世 초기인 대략 1만년 전으로 추정하고 있다.164) 생물학적으로 볼 때 대마도의 동물 식물은 한국의 남한지역에서 번식하는 동류의 것이나 인접의 일기도壹岐島의 동식물은 북구주류北九洲類와 같다는 것이다.165)

다시 말해 대마도는 우리나라와 육속陸屬되어 있다가(인접해 있는 일기도와는 달리 한반도의 육속지대로 있었음) 도서화島嶼化 되었음을 알 수 있다. 또한 이곳에 인적人迹의 발길이 닿은 시기는 대륙에서의 한국인의 활동시기와 엇비슷하다고 볼 수 있다.

대마도에 있는 월고越高 : 고시다까에는 서기전 5천~4천5백년 것으로 추정되는 덧무늬토기隆起文土器가 출토된 유적지이다. 1976년 12월 벳부대학別府大學의 판전방양板田邦洋 교수팀이 월고고분을 발굴했는데 이 판전 교수의 장인이 대마도 향토문화 연구의 1인자로 알려지고 있는 영류구혜永留久惠이다.

이 유적지 근처에는 오늘날에도 변함없이 부산 등지에서 버린 비닐제품의 포장지들이 조류를 타고 표착하고 있다. 이러한 현상은 곧 바로 그 옛날에도 조류를 이용해 뗏목이나 배를 타고 이곳에 내왕했을 것으로 보이며 따라서 문화의 교류 가능성을 짙게 해주고 있다.

중국의 삼국지 위지왜인전魏志倭人伝에는 대마도를 대마국, 일기도를 일지국으로 적고 있는데 이 삼국지 위지 동이전 변진조에 "國出鐵 韓濊倭皆從取之 諸市買皆用錢 如中國用錢"166)이라 하고 있어 이 지역과

---

164) 註 162)와 같은 책 참조.
165) 永留久惠,《古代史の 鍵・対馬》, 大和書房, 1985, 129~142쪽.

의 무역 관계가 있었음을 짐작케 한다.

　대마도의 엄원嚴原을 중심으로 해안지대에 널려 있는 유적지에서 발굴된 유물들은 우리나라 고대유물과 같은 토기 동검銅劍 등 제반 제품들이 출토되고 있다.

　대마도에 산재해 있는 고분은 약 400여기에 달해 수효는 많은 편이나 대체로 고분의 규모는 작다.

　고총고분형식을 갖춘 것은 10여기에 불과하며 매장형식은 야요이시대弥生時代로부터 일관되게 전해 옴으로써 고분의 시대구분이 어려울 정도이다. 고분들은 자연의 지형을 이용해 해변의 다소 높은 지대에 자리잡고 있으며 고분을 축조하는데 기술적인 진보를 보이기는 하나 장법葬法은 변화없이 계승되어 왔음을 보여주고 있다. 이는 섬 주민들의 생활에 혁명적인 변화가 없었던데 기인된다.

　고분 부장품에는 대륙제의 도질토기陶質土器가 계속 전해 오다가 수세기 전부터 일본열도에서 제작된 수혜기須惠器가 나타남으로써 도질토기는 차츰 모습을 감추기 시작한다.167)

　요컨대 대마도에서 발굴된 유물로는 융기문토기 및 석기·빗살문토기·홍도·김해토기·가야토기 등으로 석관묘에서 출토된 토기들은 보편적으로 야요이시대 말기인 4세기에서 6세기 중반경까지의 것으로 보인다. 흥미로운 것은 야요이시대로 부터 고분시대 후기에 이르면 한국계 토기의 유입은 백제계, 가야계, 신라계 순으로 출현되고 있다는 점이다.168)

　물론 이같은 사실이 반드시 정치적인 상황에서라기 보다는 야요이시

---

166) 《三國志》, 魏志, 東夷伝, 弁辰条.
167) 註 151)과 같은 책, 117쪽.
168) 註 151)과 같은 책, 242〜243쪽.

대부터 내려오는 대마도인들의 대외활동과 지리적 환경 때문인 것으로 보인다.

　이상과 같은 고분군 이외에 주시되는 유적으로는 도島 내의 산성山城과 봉화대峰火台이다. 섬 안에는 두 곳의 산성이 있는데 금전산성金田山城과 청수산성淸水山城이 유명하다. 금전산성은 대마도 서쪽 천모만淺茅灣에 있는데 서기 6백63년 백제를 구원하기 위해 파병하였던 패잔군이 신라군의 내침에 대비키 위해 6백67년에 축성한 것이다. 금전산성은 천해淺海라고 하는 강변에 솟아 있는 표고 274m의 준험한 돌산에 석축石築하고 계곡 사이에 성문과 수문水門을 설치했던 흔적이 성벽과 함께 남아 있다.

　이 산성과 관련된 기록으로는 신당서新唐書 유인궤전劉仁軌伝에 "遇倭人白江口 死戰皆克 梵四百艘 海水爲丹"이라 하고 있다. 즉 부여의 백마강 입구에서 당의 유인궤 부대는 왜선을 만나 4백여 척을 완전 소탕했음을 말해주고 있다. 그리고 일본서기에서도 "官軍敗績 赴水溺者衆"이라 하여 나당羅唐연합군의 추격에 대비 축성한 성임을 말해 주고 있다.

　이 산성의 축성방식은 백제계 양식과 동일하다. 그리고 15세기 몽고의 일본 침공시기에는 2백여 척의 군선단이 이곳을 중시했으며 1861년 봄 러시아의 군함이 이곳에 침입했을 때 천해淺海의 조차租借를 요청한 사건도 있었다. 이때에도 금전산성 바로 앞에 군함이 정박했을 정도로 이 산성은 대마도의 지리적 요충지에 자리잡고 있다. 또한 이 산성부근 곳곳에 고분군이 널려 있다.169)

　다음으로 이즈하라嚴原 북쪽에 청수산성이 있는데 이 산성은 임진왜

---

169) 永留久惠, 〈対馬國 金田城〉, 《歷史手帖》, 1979, 7卷 7号, 8~12쪽.

란을 일으킨 풍신수길이 우리나라 침략을 위한 전초기지로 쌓았다고 한다. 이러한 산성의 축성은 방어적이든 공격용이던 부수적으로 봉수대烽燧台를 요소 요소에 두고 있었던 자취를 남기고 있다.

끝으로 불교문화의 전래와 연관이 깊은 불상佛像이다. 대마도에 있는 불상은 우리나라 삼국시대·통일신라시대·고려·조선시대를 걸쳐 그 시대마다 제작된 불상들을 직접 봉안해 갔다. 그러기 때문에 고대로 올라갈수록 운반이 용이한 규모가 작은 불상이 대부분이며 이들의 소재지도 한국 쪽을 향한 서해안 쪽에 편재해 있다.[170]

생활유풍 生活遺風

대마도지역의 생활 속에 가장 짙게 남아있는 유풍으로는 신앙적인 면과 농경생활과 관련된 농기구라고 할 수 있다. 먼저 대마도에 오늘날까지 전습되고 있는 천도신앙天道信仰인데 천도무天道茂라는 것이 있어 마을과 격리된 산록에 단을 쌓고 이곳을 신성시하는 유풍이다.

이러한 신앙은 우리나라에서 괴목을 떠받드는 일과 비슷하며 이 근처의 돌이나 나무를 함부로 다루지 않는 것과 죄인이 이곳으로 도망할 때 추적 하지 않음은 삼한시대의 소도蘇塗와 같은 맥락이다.

즉 천도신앙의 원형은 우리나라 암음신앙岩陰信仰에서 찾을 수 있다. 대마도에는 천도단天道壇이 대체로 산정이나 산 중턱에 자리잡고 있어 주변에 고목古木과 수풀이 울창하고 석단石壇·토단土壇·암벽음岩壁陰이 있어 우리의 산신단山神壇과 같은 유형임을 알 수 있다. 이러한 형의 가장 오랜 것으로 인위仁位의 천도무天道茂와 소강小綱의 신좌단神座壇:

---

170) 永留久惠,《古代史の鍵·対馬》, 大和書房, 1985, 20~22쪽.

일명 金倉壇이 있다.

　인위仁位의 원궁무元宮茂는 가장 한국 것에 가깝고 같은 유형이라 할 수 있다. 인위의 천도산天道山 아래에는 지금도 우리나라 부엌에서 모시는 조왕과 같은 황신荒神이라는 것이 벽에 모셔져 있다. 황신이란 불을 맡고 있는 신으로 하루 세 번 불을 정상적으로 피우는 집은 식생활이 제대로 유지되고 있음을 말해주는 상징적인 것이다.

　인위의 천도무 괴목 밑에 개울이 흐르고 있는데 천도천天道川이라 부르며 해마다 음력 6월 초 닷새날(일본에서는 음력을 사용치 않고 양력을 사용함에도 불구하고 음력 날짜를 택일하고 있음은 매우 주목된다)에 제사를 올린다.

　우리의 무속에 유모일有毛日에는 굿을 하고 무모일無毛日에는 굿을 하지 않는데 유모일 중에서도 말馬날 즉 오일午日은 굿하기에 가장 좋은 날로 여겨지고 있다. 모일毛日이란 일진日辰의 십이간지로 보아 해당 동물의 털이 있는가 없는가에 따라 정하는 것이니 뱀의 날·용의 날은 무모일이고 나머지 날은 유모일이 된다. 말은 동물 가운데서도 큰 동물인 동시에 힘센 동물이며 양기가 왕성한 동물로 되어 있어 길일로 보고 무당은 굿날로 택일하고 가을 고사도 오일午日에 지내는데 6월 초닷새의 천도무 제사는 우리의 무속의 흐름이라 하겠다.

　대마도에는 칠악 칠천도七嶽 七天道란 말이 있어 명산名山 또는 마을 근처 진산鎭山을 산신으로 모시는 산신단山神壇이 우리의 산신제山神祭와 같다.

　민간 풍습으로 지금도 구복이 남아 있고 세시풍속歲時風俗, 민담民談, 구비전승口碑傳承 등 유사점은 한두가지가 아니다.

　그 많은 고사古寺들이 한결같이 바다를 마주하고 육지에서 상륙해 오는 방향에 세워졌으며 멀리 고향을 바라볼 수 있는 곳을 선택함으로써 본향지향적本鄕志向的임을 나타내고 있다. 이곳 아이들의 동요 가운데 비누거품을 띄우면서 "멀리 멀리 날아라 조선땅에까지 날아서 쌀을 가져 와라"하는 내용의 노래는 시사하는 바가 크다. 대마도의 고사古社가 서해안에 많을 뿐만 아니라 고분 역시 서해안에 많다는 것은 대마도의 개척이 서해안에서 이루어졌음을 암시하는 것이다. 즉 서해안 저쪽, 날씨 좋은 날 거제도, 영도가 바라보이는 한국의 남해안을 바라보며 본향을 그리는 심정을 묻어 두고 있다고 하여야 할 것이다.[171]

다음은 농업분야에서의 관련성을 살펴보면 농가가 주민 전체의 약 30%로 대부분이 밭농사이다. 대마도에는 일찍부터 소와 말이 사육되었는데 소는 밭을 경작하는 데, 말은 산비탈의 경작지에 필요한 비료와 수확물의 운반에 이용되어 왔음을 알 수 있다. 밭을 갈 때 소를 모는 소리는 우리의 표현과 다름이 없다. 그리고 파종을 위한 종자씨를 매달아 두는 관습이나, 사용되는 농기구는 곧바로 우리네 것을 그대로 옮겨다 놓은 듯하다.

뿐만 아니라 우리의 농촌에서는 현재 사용하지 않는 농기구가 이곳에서는 남아 있을 정도이다. 농기구의 명칭 가운데 짐을 나르는 지게가 있는데 일본말로는 '오이꼬'라 표기하고 있는데 반해 사실상 '지께이', '지께'라 불리고 있으며 등태를 둥근 방석으로 대신하는 것은 우리나라 서해안이나 남부지방에서의 방식과 꼭 같다. 삿갓은 그대로 조선립朝鮮 쏘이라 하며, 짚신을 삼는 방법 또한 같다.

주거생활도 경상도 지방과 비슷하다. 그리고 남해안과 제주도에 분포해 있는 떼배가 대마도에도 있으며 제주도의 해녀들이 이곳에 잠수기술을 전파시킨 것도 특기할 만하다.[172]

---

171) 註 170)과 같은 책, 207~215쪽.
172) 서울신문, 한국일보 등의 対馬島학술기행 참조.

대마도는 한국 땅이었다

지구상에 대변화가 일어나기 전에는 대마도는 오늘날의 한반도와 육속 되어 있어 내륙의 한 부분이었다. 그러던 것이 동서남 삼면의 바다가 형성되면서 대마도는 섬으로 떨어져 나갔다.

따라서 대마도에 서식하는 동식물들도 한반도 남쪽 내륙지역의 것과 동일종이라는 것이다. 역사시대에 들어오면서 우리의 선조들이 이 지역을 왕래·교역을 한 사실이 삼국지 위지 동이전 변진조를 통해 유추할 수 있다.

삼국시대에 들어오면서 신라에 예속되었음을 동국여지승람이나 세종대왕의 유서諭書에 나타나 있다. 우리나라 현존 문헌상 대마도에 관한 가장 오랜 기록으로는 삼국사기 신라본기 "實聖尼師今 七年 春二月 條"이다. 그 다음으로는 고려사로 기원 1046년 문종 원년文宗 元年으로부터 조선 왕조 때까지의 관련사가 빈번하게 등장하고 있다.

(1) 고려시대

특히 고려사 공민왕 17년 음력 윤7월 조에는 "對馬島万戶遺使來 獻上物 閏七月 講究使李夏生遺對馬島 十一月對馬島万戶 崇宗慶遺使來朝 賜宗廩 一千石"이라 하여 고려와 대마도와의 관계를 감지케 하고 있다.[173]

대마도주에게 万戶라는 관직까지 주었고 현지의 토산물로 조공朝貢을 받은 사실은 결코 이국인에 대한 조치가 아니었음을 말해주고 있다. 이밖에도 고려사 세종(世宗 7년, 문종文宗 3년(서기 1050년) 11월 무오

---

173) 金鍾烈, 〈対馬島와 朝鮮関係〉, 《新天地》第3卷 第3号(1947.3, 72~73쪽.

조戊午條에 대마의 수령 명임明任이 표류중인 고려인을 압송해 왔다고 하여 고려국과 대마도에 관한 고려사에 나타난 첫 기록이 되고 있다. 그 후 수년간에 걸쳐 비슷한 일이 계속되며 서기 1082년文宗 36년에는 대마도에서 사신을 파견하고 방물方物을 바쳤다고 하고 있다.

이러한 관계가 진일보하여 1368년(공민왕 17년) 위에서 언급한 바와 같은 관계가 유지되어 왔다.

대마도의 실권자는 일본의 평안平安시대 후기에서 가마쿠라鎌倉시대 초기까지는 아비류씨阿比留民이었으며 1246년부터는 종씨宗氏로 교체되었다. 따라서 고려 문종 때의 대마도주는 아비류씨라고 할 수 있으며 공민왕 때에 지방 무관직인 만호의 직함을 받은 도주島主는 종씨宗氏인 것이다.174)

고려와 대마도간의 정상적인 관계가 깨진 결정적인 원인은 몽고침입으로 인해 고려의 자주권이 억압됨으로써 부득이 1274년, 1281년 2회에 걸쳐 고려와 원나라 군사가 합동으로 일본원정을 단행함으로써 양측의 교통이 단절, 악화되기 시작하였다.

더욱이 흉년으로 인한 대마도민의 기근은 사생결단으로 동서남 해안으로 무분별하게 침입해 옴으로써 고려 말기에는 국가적인 문제로 확대되었다. 따라서 이러한 왜구의 노략질은 고려국의 운명을 불안케 하는 하나의 요인이 되기도 하였다.

(2) 조선시대

조선조가 들어서면서 고려 말의 고질적인 왜구의 침략에 능동적이고 적극적인 양변정책을 택하게 된다. 즉 '以善治善 以武制盜策'라는

---

174) 中村栄孝, 《日鮮関係史の册究上》, 吉川弘館, 1965, 218쪽.

방책으로 임하였다.

 그러나 대마도인들은 인근의 일기도壹岐島 등 구주지역에서 난폭한 왜구들과 함께 극악해지면서 이기적인 기회에 민감해 왔다.

 예컨대 태조실록 10권 태조 5년 12월조에

  癸巳倭船六十 到寧海丑山島 其万戶朴盜等, 奉書於觀察使韓尙質 曰 吾等欲降 若許楞遺國邊地一處 又給食糧 則我等無 敢有二心 具 禁他盜 尙質以聞 上許之 云云……175)

같은 책, 권 13, 태조 7년 3월

  庚午對馬島 守護宗貞茂島 遣平道全來獻上物 發還俘虜 貞茂請武 陵島 欲率其衆落徒居 上曰若許之 則日本國王謂我爲招納叛人 無乃 生隙歟 南在對曰 倭俗叛則必從他人 習以爲常 莫乏能禁 誰敢出此 之上曰 在其境內 常事也 若越境而來 則彼必有辭矣176)

 이상의 내용으로 보아 왜인들의 다반적인 변심을 알 수 있고 쉽게 신의信義를 저버리는 성향을 잘 아는 우리나라 조정朝廷이지만 이들을 대하는 데 많은 어려움이 있어 왔음을 말해 주고 있다.

 대마도 왜국에 대해 적극적인 대응책을 주장해 온 태종은 세종에게 양위를 하였으면서도 군사권을 장악하고 1419년 마침내 왜구의 소굴인 대마도 징벌에 나서기도 한다. 즉 3군도체찰사로 이종무李從茂를 임명하고 전함 227척, 군졸 17,285명, 군량 65일분을 싣고 출정토록 하였

---

175)《朝鮮王朝実録》, 大祖実録, 卷 10, 太祖 5年, 10月 條.
176) 위와 같은 책, 卷 13, 太祖 7年 3月条.

다. 그리하여 대마도 중요항인 천해만淺海湾을 공격 미기尾崎·선월船越 인위仁位 등지를 소탕했다.

이 당시 우리나라 원정군 선발대가 섬 해안에 접근하자 주민들은 그들의 선단이 싣고 오는 선적물이 도착하는 줄 알고 선착장으로 몰려들기조차 했다고 한다. 이즈음 우리 측은 징벌에 나서기 앞서 이번 원정이 행악行惡을 부리는 무리들의 응징과 대마도주가 왜구의 발호를 막지 않은 데

▲ 이종무의 대마도정벌

대한 힐책이라는 점을 통고하였다.

이러한 응징으로 군사적 시위를 감행함으로써 조선정부의 능동적이고 적극적인 강편책을 북방의 여진족女眞族에게 까지도 병행함으로써 '以善 治善 以武制盜策177)을 실현하였다.

이같은 응징으로 대마도주와 도민은 큰 타격을 받게 되었다. 교역이 엄금됨으로 인해 도민島民의 생활에 타격이 큼에 대마도주 종정성宗貞盛은 왜구의 발호를 막지 못한 것을 백배사죄하고 성심귀순誠心歸順의 뜻을 표함에 다시 통교를 허락하고 이른바 삼포三浦를 개항하였다.178)

세종 25년(1443년)에 계해조약癸亥條約을 체결하고 대마도주는 1년에

---

177) 金鍾権, 《國難史概観》, 凡潮社, 1957, 308〜311쪽.
178) 《世宗実録》, 卷 4, 世宗元年 6月条.

50척의 세견선歲遣船과 세사미歲賜米 200석의 특전을 받게 되었고 이 밖에 특송선特送船이란 이름하에 제한없이 무역선을 보내게 되었다.179)

중종 5년(1510년) 삼포왜란三浦倭亂이 일어나면서 삼포의 개항은 폐쇄되었다가 중종 7년(1512년) 임신조약壬申條約을 체결, 계해조약시의 특전이 반감되었다. 중종 39년(1544년) 사량왜변蛇梁倭變이 또 다시 일어나 교역이 다시 중단되고 명종 2년(1547년) 정미조약丁未條約이 체결되어 세견선을 25척으로 엄격히 제한시켰는데 25척 가운데는 큰 배 9척, 중간배中船 8척, 작은 배 8척으로 구분하였다.180)

그후 선조 25년(1592년) 임진왜란으로 단절되었던 교역이 끝난 후인 광해군 1년(1609년)에 기유조약을 체결, 일본의 명치유신 이전까지 교린관계가 계속되었다.

이상의 제반 역사적 사실을 바탕으로 대마도에 대한 우리의 영토관은 오랜 옛날부터 변함없이 우리 국토의 일부로 보아 왔으며 다만 변경의 해방정책海防定策에 따라 신축성 있게 대응해 옴으로써 영토관리에 이완성이 있었을 뿐 결코 영토권의 포기는 아니었던 것이다.

그러기에 한국 역사상 가장 해박하고 영특한 세종대왕께서도 "유대마도서諭對馬島書"를 통해 '對馬爲島 隸於慶尙道地鷄林 本是我國之境 載在文籍 昭然可考'라 하여 대마도가 본시 우리나라 경상도에 예속되어 있는 지역이었다는 것이 문적에도 있으니 잘 생각해 보라고 하였으며 세조의 대마도 정벌을 전후하여 일반 도민들에 대해 염려한 나머지 이 땅을 무인도화하고 주민들은 본토로 이주해 오면 전답을 주어 경작케 하고 필요하다면 벼슬을 내려 포용하려고 한 바 있으니 이는 내국인과 같은 대우이지 결코 북방의 여진이나 외국인에 대한 처리가 아님을

---

179) 위와 같은 책, 卷 104, 世宗 25年 2月条.
180) 《中宗実録》, 卷 11, 中宗5年 4月条, 같은 책, 卷 13, 中宗6年 8月条, 中宗2年 2月条.

곧바로 알 수 있다.

 교시선포원문敎示宣布原文을 간추려 인용해 보면 다음과 같다.

  若能幡然悔悟　卷土來降……賜地奴爵領以厚祿……其余群小皆
  優給食糧 處之沃饒之地 咸獲耕稼之利 云云.

 이상의 선무정책宣撫定策이 비록 실패는 했으나 기본정신만은 일관되어 왔다.

 이같은 배경하에 신증동국여지승람 권23 동래현조에 대마도 항목을 국내 여타 지역과 같은 수준에서 다루면서 다음과 같이 자세히 기술하고 있다. (여지승람에는 외국의 땅에 대해 기술하지 않고 있음을 주목할 필요가 있다)

 "대마도 곧 일본의 대마주이다. 옛날엔 우리 계림(신라)에 속해 있었는데 언제인가 일본사람들이 살게 되었는지 모르겠다. 부산포의 도유상으로부터 대마도의 선월포船越浦까지는 수로가 대략 670리 가량된다.
 섬은 8군으로 나뉘고 인가는 모두 해안에 연해 있다. 남북의 길이는 3일 정도, 동서의 길이는 하루, 혹은 반나절 정도의 거리이다. 4면이 모두 돌산이기 때문에 땅은 메마르고 백성은 빈한하여 소금을 굽고 물고기를 잡아다가 팔아서 생업으로 한다. 宗氏가 대대로 도주 노릇을 하였는데 그 선조인 宗慶이 죽고 아들인 영감靈鑑이 대를 이었고 영감이 죽고는 아들 貞茂가, 정무가 죽고는 아들 貞盛이, 정성이 죽고는 아들 貞職이 대를 이었는데 성직이 죽고는 후사가 없어서 정해년에 섬사람들이 정성의 외숙母弟인 盛國의 아들 貞國을 받들어 도주로 삼았고 정국이 죽고는 아들 익성杙盛이 대를 이었다.
 군수 이하 토관들은 모두 도주가 임명하여 역시 세습하였다. 토전민과 염업에 종사하는 사람들을 나누어서 세 번番에 분속하고 7일 간격으로 교체하여 도주의 집을 모여 지킨다. 군수는 제각기 관할 구역에서 해마다 작황을 조사하여 조세를 조절한 다음 조세로 수확의 3분의 1을 거둬들이고 다시 그를 3분하여 두 몫은 도주한테 보내고 그 한 몫은 자비로 썼다.

도주가 말을 치던 목장 4개소가 있었으며 말은 대략 2천여 필이 되었는데 말은 등이 굽은 것이 많았다. 산물은 귤과 닥나무뿐이다. 남쪽과 북쪽에 높은 산이 있는데 모두 천신산天神山이라 이름짓고 남쪽의 것을 자신산子神山, 북쪽의 것을 모신산母神山이라 한다.

풍속이 신을 숭상하여 집집마다 소찬素饌을 차려 제사지낸다. 산과 내의 초목과 금수는 누구도 감히 침범할 수 없으며 죄인이 도망쳐서 신당으로 들어가면 또한 감히 잡지 못한다. 이 섬은 해동 여러 섬들의 요충에 위치해 있으므로 모든 추장들이 우리나라에 내왕하는 자는 반드시 경유하는 곳이어서 모두가 도주의 문서를 받은 뒤에라야 올 수 있었다.

도주 이하의 사람들이 각기 사선使船을 보내오는데 일년에 일정액을 정했다. 섬이 우리나라에 가장 가깝고 가난이 극심하므로 매년 쌀을 주는데 차등 있게 하였다. 주위의 남쪽에는 일기도가 있는데 선월포까지의 거리는 48리이며 일기도에서 博多島를 경유하여 赤間關까지는 또 68리이니 적간관이란 일본의 서해안 이다."181)

이상이 동국여지승람 대마도조의 번역내용이다. 이밖에 개인 저작물로 대마도 연구의 기본문헌이라 할 수 있는 신숙주의 해동제국기海東諸國記가 있는데 대마도의 당시 실정을 다음과 같이 기술하고 있다.

군郡은 팔이요 人戶는 모두 沿海의 浦口에서 살고 있는데 포구는 대개 82개 처이다. 남북은 3일 정도이며 동서로는 1일 내지 반나절 걸릴 넓이다. 사면이 모두 石山이고 땅이 척박하여 백성은 가난하고 소금을 굽거나 물고기를 잡아 팔아서 살고 있다. 宗씨가 대대로 島主가 된다. 풍속은 신을 숭상하여 집집마

---

181) 《東國与地勝覽》, 卷二十三, 東萊県条.

다 소찬을 차려 놓고 이를 제사지낸다. 산의 초목과 금수를 감히 범하는 자가 없고 죄인이 신당에 달아나 들어가면 감히 따라가 체포하지 못한다. 대마도는 해동 여러 섬의 요충지이므로 여러 우두머리가 우리나라에 왕래하는 자는 반드시 이 땅을 거쳐야 하고 모두 島主의 인문引文 : 조선으로의 渡航証을 받아야 한다.

18세기 초인 1719년(숙종 45년) 통신사의 제술관製述官으로 일본을 다녀온 신유한申維翰의 해유록海遊錄이 있는데 임진왜란 후의 여러 통신사의 일본기행문이 있는데 대마도에 관해 다음과 같이 기록하고 있다.

"대마주의 별명은 방진芳津이라고도 한다. 지형이 타원형으로 걸어 동서가 대개 삼백리, 남북이 3분의 10 다. 38향鄕으로 나누어져 향마다 한 主管을 두어 백성을 다스린다. 풍속이 도둑질을 잘 하고 속이기를 잘하며 털끝만한 이익만 보아도 거위같이 死地에 뛰어든다.

대체로 그 토지는 척박하여 百物이 나지 않는다. 산에는 밭이 없고 들에는 도랑이 없으며 터안에는 菜田이 없으며 오로지 고기를 잡고 해초를 캐서 파는 데 서쪽으로는 草梁에 모이고 북으로는 大坂·倭京에 통하고 동으로는 長岐에 장사하니, 또한 바다 가운데의 한 도회이다. 즉 남의 여러 종족 아란타阿蘭陀, 유구流球, 복건福建, 소주蘇州, 항주抗州인들이 배로 해중에서 교역하며, 주기珠璣 : 구슬, 서각犀角, 짐승의 이빨, 가죽, 후추, 사탕, 소목, 비단 등 물건이 폭주하여 모이는데, 대마주인이 왕래하여 욕심나는 것을 무역, 전매하여 이익을 내어 해마다 그 나머지로 의복과 음식을 마련한다."[182]

신유한의 대마도인 풍속에 대한 평은 유학자의 눈에 비친 농경사회의 모습이었다. 18세기에 이르러서도 역시 대마도는 그 자연환경으로

---

182) 申維翰, 〈海遊錄〉 참조.

인하여 식량을 자급자족할 수 없어 어업과 무역의 이윤으로 식량 등 생활필수품을 구입하지 않으면 안 되었다.

이러한 관점에서 볼 때 외부의 통제력이 약화되었을 때, 또는 도주의 통제력이 약할 때는 필사적인 해적행위로서 생계의 길을 터 나갔다. 고려 말 이후의 왜구의 본거지는 대마도이었는데 이외에 일본 변방해안민도 왜구화되었다.

이밖에 대마도가 아국의 예속 관계임을 극명하게 나타내주는 다음과 같은 사실들도 전해지고 있다.

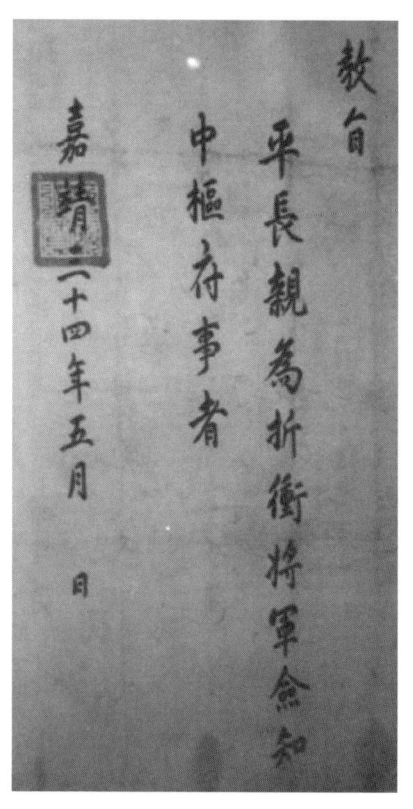

▲ 명종이 대마도주에게 내린 교지

"此島主不過朝鮮一州縣太守 受図章食朝 禀大小請令 我國藩臣之義"라 한 점과 임진왜란 발발 전 해에 우리나라 수신사 황윤길과 김성일金誠一이 일본에 가면서 대마도에 도착했을 때 의전관계로 대마도주를 힐책한 내용이《징비록懲毖錄》에 실려 있는데 그 원문 또한 이러하다.

平議中 請使臣宴山寺中 使臣己在坐義智乘轎入門至階方下 金誠一(副使)怒曰 對馬島乃我國藩臣 使臣奉命至 豈敢慢侮如此 吾不可受此宴卽起出 許箴(從事官)等継出 義智歸咎於担轎者殺之奉其首來謝183)

이상의 대의는 도주 종의지宗義智가 성심으로서의 예를 제대로 갖추지 않고 태만히 함으로써 김성일이 질책하매 그 죄를 하인에게 물어 하인의 목을 베어 바쳤다는 것이다.
　이러한 사건이 있은 후 대마도주 종의지, 부장 유천조신柳川調信과 승려 현소玄蘇를 사례사로 우리나라에 보냈을 때의 사항을 선묘보감宣廟宝鑑에 기록하기를

　　上(宣祖大王)持加陽 調信一(嘉善大夫 加爵)曰 古無比例 卽 爾自前往來願效恭順 故持礼徒之 調信拜謝라 하여 도주뿐만 아니라 그 부하에게까지 관작을 주었음이 분명하다.

　이상과 같은 사실들이 남의 나라 사람들에게 행할 수 있는 일인가!
　요컨대 대마도는 고래로 한국 영토의 일부로 관장되어 왔음을 조선왕조 실록을 통해 알 수 있다.
　식량과 생필품을 보내고 토산물의 진상을 받았고 때로는 이들에게 관직도 내렸다. 일본으로 오가는 통신사들은 대마도에 들려 이들의 예의범절이 도리에 어긋날 때 서슴없이 질책하며 바로 잡았던 것이다.
　조선왕조가 대외적으로 사대교린정책을 썼지만 대마도에 대해서만은 결코 이국인의 거주지로 보지 않았던 것이다. 이는 북방의 여진족에 대한정책과 비교해 볼 때 쉽게 수긍할 수 있을 것이다. 불행하게도 조선왕조가 변경의 도서관리정책에 철저하지 못해 때로 공도정책空島定策을 써 왔는가 하면 소극적인 해방정책海防定策을 폄으로써 변경지대의 영토관리가 해이해 짐에 따라 사단事端이 발생했던 것이다.

---

183) 柳成竜, 《徵毖録》 참조.

그렇다고 해서 결코 변경의 도서지대島嶼地帶에 대한 영토권의 포기는 아니었던 것이다. 다만 조선왕조 후기에 들어오면서 국운이 기울어지는데 반해 일본의 세력은 강성해짐으로써 국권을 상실하는 지경에 이르렀으니 어찌 변경의 도서문제를 옳게 관장할 수 있었겠는가.

더욱이 대마도가 차지하고 있는 지정학적 중요성을 일찍부터 인식해 온 일본은 임진왜란을 일으킬 때부터 이 곳을 최대한 이용하였으며 그 후로도 기회 있을 때마다 일본본토의 방어전초지로 또는 대륙침략의 전초기지로 이용했고 나아가서 구미열강세력도 대한해협의 통행에 따른 전략적 가치를 높이 사 경쟁적으로 영·러가 대마도에 관심을 두었다.

이러한 상황은 오늘날에도 변함이 없어 대한해협은 전략상 중요한 위치를 차지하고 있고 일본은 대마도를 군사기지화하고 있다. 따라서 대마도가 평화로울 때 극동의 평화가 유지되어 왔음을 우리는 지난 역사를 통해 익히 알 수 있다.

대마도 귀속문제의 논의가 현실적이던 비현실적이던 우리는 역사적으로 엄연한 사실을 덮어두거나 도외시 하지 말아야 할 것이다. 특히 대일본관계에서 독도문제를 거론할 때 반드시 우리는 대마도 문제를 재론할 필요가 있으리라 본다.

결코 이러한 생각이 필자만의 국수주의적 사고방식이 아닌 것이다. 광복 직후 뜻있는 국내 유명인사들이 제의한 바 있으며 오늘날의 국회와 같은 기능을 가졌던 미군정 시기이기는 하나 과도정부 입법의원회의에 정식으로 "대마도는 본시 우리의 영토이니 대일강화회의에 반환 요구를 해야 한다"고 당시 허간용許侃龍 의원의 제안으로 입법의원 60명이 서명 날인 찬동한 바 있었다.184)

이러한 선대들의 의지와 엄연한 결의가 있었음에도 불구하고 오늘의 우리는 이 문제에 대해 잊고 있는 것은 아닌지 염려스럽다. 반면, 광복 직후 우리나라의 이러한 분위기를 감지한 일본은 재빨리 대마도에 관한 연구를 활발히 전개하여 대마도의 일본 영유권 논리를 뒷받침하고 있음에 유의해야 할 것이다.[185]

끝으로 우리는 역사상 가장 영특하고 박식했으며 올바른 영토관리를 해 온 세종대왕의 "대마도는 우리의 땅이다"라고 하신 말씀을 되새겨야 할 것이다. 그리고 동국여지승람에 엄연히 대마도 항목을 두고 있음도 잊어서는 안될 것이다.

"대마는 豆只島로 본시 조선의 영토니 이곳이 아국我國의 경계지境界地"라는 문구가 조선시대 김중곤金中坤의 노비문건에도 언급되어 있다.[186]

---

184) 서울신문, 1948년 1월 25일자, 〈対馬島는 本是朝鮮領土〉 기사 참조.
185) 幣原坦一, 〈対馬問題〉, 《朝鮮学報》, 第1輯 참조.
186) 今村丙革. [歷史 民俗 朝鮮漫談, 南山吟社,対馬島는 元来 朝鮮 所属, 1930, P.410.

이어도 (離於島, SOCOTRA ROCK)

Socotra Rock으로 알려진 이어도

고종 3년(1866년) 7월 미국의 셔어먼호가 대동강을 거슬러 올라와 통상을 요구하다 거절당한 이후 독일인 옵펠트는 아산만에 상륙하여 흥선대원군의 양부養父인 남연군南延君의 무덤을 파헤치는 등 우리나라 연안의 해안탐사와 측량을 빈번하게 자행하였다.

이 같은 시기에 영국기선 코스타라카(Costaraca)호는 1868년(고종 5년) 우리나라 남해안을 순행하다가 미확인 암초를 발견했다고 본국 정부에 타전하였다. 1900년 6월 5일 21시 40분 경 소코트라(Socotra)호가 암초에 부딪치는 접촉사고가 발생하였다. 이때의 위치가 동경 125° 07" 북위 32° 09" 이라고 소코트라(Socotra)호는 영국 해군성에 보고하였다.

1901년 영국 해군성의 지시에 따라 'Water Witch'호가 이 암초의 위치와 수심을 확인하였는데 이 당시 암초의 수심은 5.5m로 측량되었다고 한다. 그리고 이 암초를 'Socotra Rock'이라 공식적으로 명명하였다. 이 같은 소식이 국제사회에 전해지자 일본측도 이 암초를 수로지에 등재하고 1938년에는 이어도 이용계획을 구체적으로 수립하였다. 당시 일본은 나가사끼長岐 고또五島 제주도 상해를 연결하는 해저케이블을 부설하고자 하였는데 제주도와 상해 사이가 무려 450km로 중간에 중계기지가 절실하던 차였다.

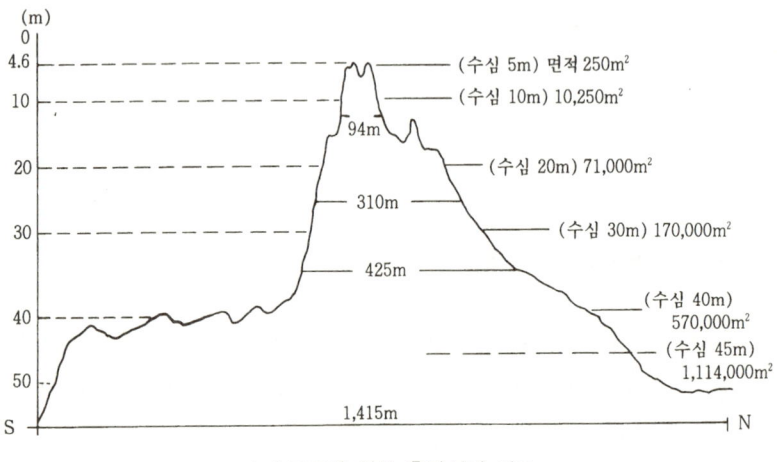

▲ 소코트라 암초 측량성과 비교

일본은 이 섬에 직경 15m 해면 위 높이 35m의 콘크리트 구조물을 세워 중계기지로 활용하고자 하였으나 2차대전의 발발로 유야무야된 바 있다.

그런데 광복이후 육당 최남선 선생의 제안에 의해 1951년과 1973년 두 차례에 걸쳐 탐사를 시도한 바 있는데 탐사목적은 두 말할 것 없이 이 섬에 대한 영유권 확보를 위해 대일강화조약 본문에 이 섬의 위치를 나타내고자 한 것이다. 그러다가 1984년 5월 9일에야 비로소 탐사에 성공하였다.

이어도 탐사를 마친 2년 후인 1986년 10월 5일부터 7일까지 당시 교통부 수로국에서 섬에 대한 정밀 측량을 하였고 다음해인 1987년 8월 11일 이 해역에 등부표를 설치하여 항해 중인 선박에게 경고를 하다가 1995년 기상측정을 위한 철골구조물을 설치할 계획을 세웠다. 이후 212억원의 예산을 들여 8년에 걸쳐 2003년에 비로소 종합 해양기지를 완공하기에 이르렀다.

이 기지는 이어도 남측 경사면에 설치된 철골 구조물을 기초로 수면 위 36.5m 높이 400평 규모로 만들어졌다. 3개층 무게 2,200t의 구조물이 1,600여t 짜리 강철 기둥들이 수중 41m 바다 밑바닥에 뿌리박고 있다. 바다 물밑 가려진 부분까지 합치면 77.5m로 아파트 30층 높이와 맞먹는

▲ 이어도 해양관측소

다. 헬기 착륙장을 비롯해 회의실 기지 보수와 해양탐사 등의 목적으로 최대 8명이 2주정도 묵을 수 있는 시설인 침실 화장실 주방 식당을 갖추고 있다.

전력은 태양광과 풍력발전을 활용해 자체 공급되며 물은 빗물을 받아 놨다가 걸러 쓰게 하고 있다. 총 44종 108개의 관측장비를 갖춤으로서 국제적 수준에 손색이 없는 해양과학기지로 자리잡고 있다. 즉 기온 풍향 습도 염도 조류 등의 인근 해역의 해양정보 황사와 같은 대기오염 물질의 이동과 지구 온난화 등 세계적인 환경문제에 대한 수백종의 자료를 수집하고 있다. 10분마다 자동 수집된 정보는 인공위성을 통해 해양연구원과 기상청 해양경찰청으로 보내진다. 이밖에 인근 해역을 지나는 연간 25만척의 선박과 어선에게 등대 역할도 겸하고 있다.

이어도의 크기는 직경이 500m이며 그 위치는 우리나라 최남단의 마라도馬羅島보다 훨씬 남쪽인 북위 32° 07′ 8″ 동경 125° 10′ 8″에 자리하고 있어 우리나라 영해기점 설정에 시사되는 바 크다.

바다밑 4.6m에 가라 앉아 있는 수중섬이기 때문에 평온한 날에는 보이지 않지만 파도가 5~6m 정도만 일어도 바위 모습이 드러나 보인다. 이러한 이어도의 기상은 여름철에는 북상하는 태풍과 겨울철의 강한 북서 계절풍의 영향으로 파고波高는 10m가 넘는다. 이 이어도 주변에는 항시 파도가 일고 있으며 비바람이 혹심하게 불거나 조류가 세게 흐를 때에는 와류渦流현상이 빈번하게 나타난다. 대기와 해수의 상호작용에 의해 발생하는 안개발생도 잦은 지역이다.

▲ 이어도 해양과학기지 위치

이 해역의 평균조차는 약 2.8m이며, 서귀포항 겸조소에 비하여 약 30분 정도 낮다. 'Socotra Rock'은 옅은 녹색물결을 띄고 있어 부근해상과 쉽게 식별된다. 'Socotra Rock'의 수심은 40m까지가 굴곡이 심한 등심선을 이루고, 이 등심선을 기준으로 남, 북방향 약 1.7km 동서방향 약 1.0km 범위를 형성한다.

가장 얕은 곳은 북측으로 치우쳐 있으며, 이전에 알려진 위치와는 차이가 있다. 주위 수심은 50m 내외로 비교적 평탄한 해저지형을 나타낸다.

'Socotra Rock'은 동지나해 어장의 중심지로서 중국대륙 연안수, 황해난 류수, 황해 저층냉수와 같은 서로 특성을 달리하는 해수海水들이 교차하는 연중 조경潮慶이 형성되어 수많은 어선들의 집결지가 되고

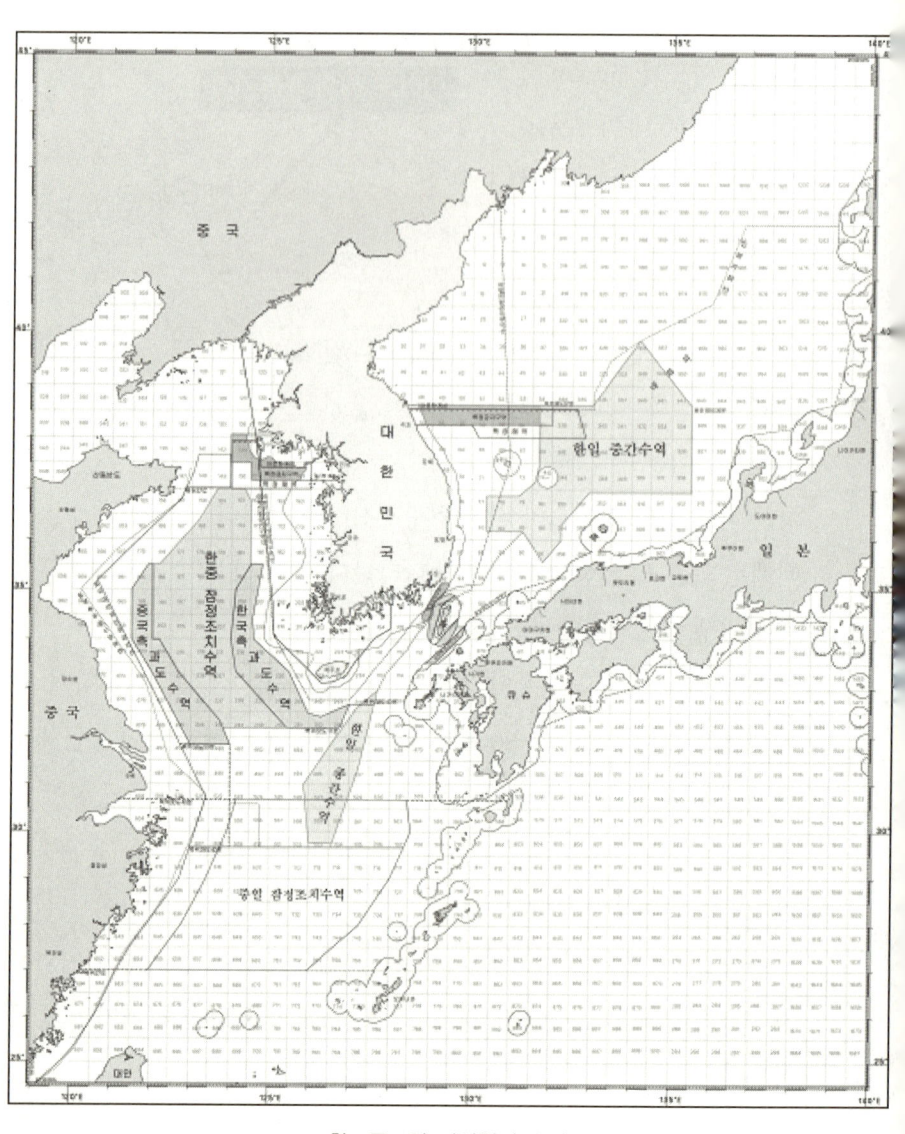

▲ 한·중·일 어업협정 수역도

있다.[187)]

 이러한 이어도離於島: 'Socotra Rock'은 국제해도에 소코트라 록이란 이름으로 올라 있다. 이 섬은 현재 한·중 공동관리 수역 바로 아래 공해상에 있다. 이어도가 마라도에서 149km 중국 퉁다오童島에서는 247km 일본의 도리시마鳥島에서 276km 떨어져 있어 국제법상으로 보아도 당연히 우리나라 배타적 경제수역에 들어온다.

 그런데 최근 중국은 이어도를 중국명으로 쑤옌자오라 하면서 동중국해 북부의 수면 아래에 잇는 암초라 하며 이곳에서 한국측 행동은 아무런 법률적 효과가 없다라고 주장하고 있다. 또한 한국의 종합해양과학기지를 건설한 문제로 한국측에 이의를 제기한 바 있다. 이 섬이 속한 해역이 양국이 주장하는 EEZ끼리 중첩되는데 중국 측으로서는 한국이 이 지역에서 일방적인 행동을 취하는 것을 반대하며 이어도를 둘러 싼 해양분쟁을 대화와 협상을 통해 해결하기를 주장한다는 것이다.

 그러나 우리 측은 지난 1996년 이래 2005년 까지 10차례나 EEZ협상을 벌인바 있기도 하다. 그런 가운데 중국은 이어도 종합해양과학기지에 해상초계기 등의 항공기로 다섯 차례 감시활동을 펼쳤는가 하면 우리 해양기지를 철거시키고 이어도를 중국령으로 확보하려는 민간단체의 출범을 예고하고 있을 정도이다.

 그렇다면 만의 하나 갑작스럽게 해양분쟁이 발생하는 사태가 벌어진다고 할 때 이에 대응하려면 3천톤급 이상의 대형 함정을 출동시켜야 한다. 이러한 함대의 조기대응력을 확보하기 위한 다각적인 대비책이 시급히 마련되어야 한다. 이제 이어도 해양과학기지는 확고한 우리의 영토로서 자리잡혀 나가도록 국민적 역량을 기울여야 한다.

[187)] 水路局 測量課, 《済州島 西部 水路測量記餘誌》, 1986, 102~104쪽.

Made in Ieodo Korea

이어도 하라 이어도 하라 이어 이어 이어도 하라

이어도여   이어도여   이어 이어 이어도여

이어 하멘 나 눈물난다

이어 소리만 들어도 나 눈물난다

이어 말은 말낭근 가라 이어 말은 말낭근 가라

이어 소리는 말고서 가라 이어 소리는 말고서 가라

우리의 고토故土 시베리아

시베리아 명칭의 유래

제정 러시아 황제 이반 4세는 몽고국과의 관계를 유지해 오던 중 몽고인이 세운 흠찰한국欽察汗國이 붕괴됨에 오늘날의 토볼스크 부근 일대에 실필아한국失必兒汗國을 건국하였다. 실필아失必兒: Sibir는 이르티쉬Lrtysh 하河를 향해 이르티쉬, 심토볼 양하兩河가 합류되는 지역을 지칭하는 옛 지명이였다.

이 지방의 주민들은 몽고제국이 강성하던 시기에 실필아부失必兒部라 호칭하였다.188)

16세기 중엽 몽고제국이 흠찰한국欽察汗國의 왕족인 '庫程'이 이 지역을 장악하고 '乞兒吉思', 오스락 등 인근의 여러부족들을 통합해 실필

---

188) 李澈, 《시베리아 개발사》, 民音社, 1990, 5~7쪽.

아국失必兒國을 세웠다.

이반 4세 때 노브꼬르도의 명문족인 스토로꼬노반이 이반황제로 부터 카만 하河의 땅을 얻어 이주해 갔다가 점차 동진東進하여 실필아한국失必兒汗國의 경역境域에 도달하였다.

이에 이 일대의 부족장 격인 카지흐인 예르막이 실피아한국을 선공先攻하여 그 도성을 1579년에 빼앗았다. 그후 예르막이 죽은 후인 1587년 제정 러시아가 징벌에 나서 이 지역을 병합하였다.[189] 이 실피아한국失必兒汗國의 도성은 오늘날의 또볼리스끄로쉬부터 이르뜨이 강에 이르는 이스께르 성城을 중심으로 한 일대이다.

이 이스께르 라는 명칭은 타타르인의 또다른 호칭으로서 러시아인들은 이 성곽 일대를 시비르(Sbk)라고 불렀다. 요컨대 시비르는 영어로 Sibir 한자漢字로 '失必我' 또는 '西比里亞'・'西伯里亞'라 표기 하였다.

▲ 시베리아

---

189) 大橋興-,《帝政ロシアのシリア開発と 東方進出過程》, 東海大学出版会, 1974, pp. 83, 97.

그런가 하면 20세기에 들어서면서 시베리아 연해주, 노령 연해주露領沿海州라 지칭하는 등 시베리아는 역사적 변천과 함께 지리상의 개념이 혼재해 왔다. 그러나 특기할 것은 우리 한민족은 이 지역을 두만강 건너편 땅이라는 의미로 강동지역江東地域이라 호칭해 왔고 중앙아시아로 이주당한 한인韓人들은 원동遠東지역이라 부르고 있다는 사실이다. 이 명칭은 러시아어의 프리모르스끼 크라이(Primorskij krai)와 달니이 보스똑(Dalinij vostok)에서 비롯되었다고 한다.[190]

시베리아의 지리적 범위

러시아인이 관습적으로 시베리아라고 부르는 지역은 러시아가 동진東進해 옴에 따라 그 영역의 개념이 확대되었으나 구미歐美제국 등 세계

▲ 시베리아와 훈춘이 연결된 철도

---

190) 고송무, 《소련 중앙아시아의 한인들》, 한국국제문화협회, 1984, 20쪽.

여러 나라에서는 시베리아를 '우랄산맥에서 태평양 연안까지'로 생각하고 있다. 그러나 소련에서는 자연, 인문 양면兩面으로 우랄산맥 동사면東斜面에서 태평양 사면斜面 하천의 분수령까지를 '시베리아'라고 부르고 태평양 사면의 부분을 '극동부'라고 하여 시베리아와는 명확히 구분하고 있다.

또 소련 국민경제회의의 경제지역구분에서도 넓은 의미의 시베리아는 동 시베리아, 극동지방 등으로 시베리아를 구분하고 있다. 또한 연해주(沿海州)라 할 때는 아무르강을 경계로 우수리강과 태평양 연안 사이의 지역을 일컫기도 한다.

요컨대 소련인들의 개념으로는 시베리아는 동서 7,000km, 남북 3,500km, 면적 1,276만 5,900km²의 범위에 약 2,602만 8,000명의 인구가 거주하는 지역으로 보고 있다.[191]

시베리아 지역의 유물

연해주 지방은 중국 쪽에서 흘러나오는 우쑤리스크를 지나 아므르스크 만에 흘러 드는 수이훈이라고 부르는 큰 강이 있다. 이 강의 지류로서 우쑤리스크에서 서남쪽에 차삐꼬우라는 강이 흐르고 있다. 이 차삐꼬우 오른쪽 연안에는 원시시대 유적을 비롯하여 중세기의 것에 이르기까지 무수한 유적들이 출토되고 있다.

1957년에는 이곳에서 원시유적이 발굴되었고, 이어서 중세기의 건축지 무덤도 발견되었다. 건축지는 차삐꼬우강에 바로 있는 언덕 위에 있다. 무덤은 이미 옛날에 파괴된 것으로 특징적인 유물은 없다. 옛날

---

[191] 국제문제 조사연구소편,《시베리아의 賦存資源과 開発現況》, 1983, 20~21쪽.

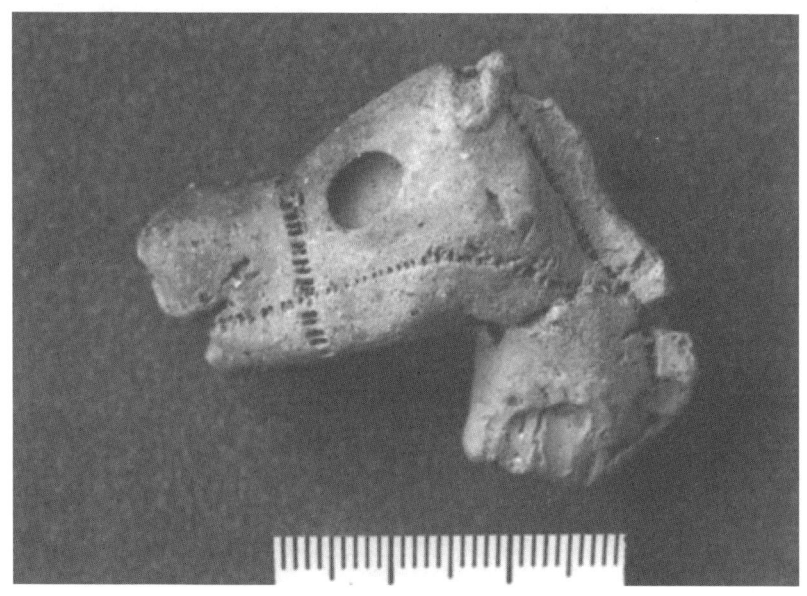
▲ 연해주에서 출토된 말머리 유물

사람 무덤 위에 새로운 사람이 다시 무덤을 쓴 사실이 이 무덤들에서 나온 토기편 등을 통하여 알 수 있다. 옛날 무덤은 여진족의 것으로 보이며 이 무덤 위에 조선조 말기의 사람들의 것으로 보이는 무덤들도 있어 이곳에 이들이 생활해 왔음을 알 수 있다. 이 무덤들보다 약 500~600m 상류인 바로 강가 오른쪽에 원시 유적층이 있다. 이 곳은 1957년에 유적이 발굴된 지점인 데 4개의 문화층이 형성되어 있다. 1957년 이 곳에서 출토한 유물들은 모두 레닌그라드로 옮겨갔다.

꼬미싸로부(북위 45° 한까호와 중국 국경과의 중간쯤에 위치하고 있다)에서 14km 남쪽에 있는 하리나 골짜기에서 원시시대 집자리가 발굴되었다. 차뻬꼬우 3~4층에서 나온 토기 파편들은 가는 모래가 섞이고 저열상태에서 구운 것들이다. 사선의 방향을 엇바꾸어 가면서 죽죽 그은 안목문雁木文이 있는 것 등은 한눈에 국내에서 발굴된 유물들과 흡사함을 느끼게 한다.

특히 흥미있는 것은 철기 시대의 문화층이라고 하는 차삐꼬우 1~2층의 발굴품이 토기와 돌도끼 등으로 구운, 열도가 얼마간 높고 안팎을 매끄럽게 한 단질류의 평저토기는 우리나라 회령 오동의 토기와 시중군 노남리의 건축지에서 발굴된 토기들과 같은 종류이다. 돌도끼는 자루에 비끌어 매기 쉽게 하기 위하여 날 부분보다 일단 좁히고 또 짧게 한 부분을 날 부분과 구별하여 낸 것으로 국내에서는 알려진 바 없는 것이다. 광복이후 초도 원시 유적에서 발굴된 유물인 청동제품과 비슷한 흙으로 빚은 것이 있다. 이 유적이 철기 시대에 속하는 증거로는 쇠로 만든 괭이 파편이 몇 점 출토되었기 때문이다.

하리나 유적 발굴지는 주위의 언덕과 벌판이 내려다 보이는 산꼭대기에 자리 잡은 곳이다. 유적은 1956년 소련 지질탐사대에 의해 발견되었고 1957년에 발굴한 바 있다.

이러한 유물들의 유사성은 해안지대의 조개 무덤 유적지에서 더욱 뚜렷이 나타나고 있다. 해안지대의 유적으로서는 우라지보스톡에서 약 40km 북쪽에 있는 아르쫌(Aptëm) 부근의 두 유적도 답사 되었다.

끼롭스크(Knpobck)촌에 있는 유물 분포지에는 신석기시대 초기의 것이라고 하는 유물과 조개무덤시대의 유적이라고 하는 유물들이 섞여 있었다. 마이해(Mahxs) 강구 부근의 언덕 경사지에 있는 이 분포지는 흡사 농포리의 경사면을 연상시킨다. 즉 유물들이 위에서 아래로 흘러 내린 것 같은 감을 준다. 지금 경작지로 되어 있는 분포지의 여기 저기에 유물들이 널려 있다.

신석기시대의 것이라고 하는 것은 가는 모래가 섞이고 구운 열도가 낮으며 암목문이 있는 갈색이나 황갈색 토기들과 그와 형태를 같이 하는 유물들을 두고 말하는 것이다. 이 시기의 유적의 특징적인 석기는 자귀라는 유물이다. 그것은 자귀의 날쪽이 반대쪽으로 가면서 점점 좁아지며 그 횡단면은 렌즈형에 가까운 것이다. 즉 자귀의 한 면은 평편하고 그 반대면은 몸매가 동실하게 불러 올라 온 종류이다. 연해주의 원시 유적들의 편년 체계를 수립함에 있어서 도끼 혹은 렌즈형의 것이 초기의 것이며 북쪽형(여기서는 연해주의 북부를 말함)이고 단면 타원형 내지는 원형의 도끼는 그 후의 것으로 남방형이고 단면 장방형의 것으로는 우리가 단찰형이라고 하는 종류들이 보다 후기 조개 무덤 시기의 전형적 유물로 보고 있다.

끼롭스끄 유적 대안인 아르쫌 그레스(Apo ё m Гpec)에는 전형적인 조개 무덤 유적이 있었다. 붉은 빛 채색을 한 단도 토기에 유기문이 있는 것, 또 굽접시가 있는 것 등 한눈에 우리나라 초도 유적의 그것과 같은 종류임을 알 수 있다. 이것은 지역상으로 보아도 매우 인접한 곳이며 이 곳으로 부터 서쪽으로 우리나라와의 국경선에 이르기까지 또는 국경선 넘어 우리나라 함북 일대의 해안 대에 걸쳐 같은 성질의 유적이 분포 되어 있다. 한까호에 흘러드는 큰 강중에는 모(Mo)강이라고 부르는 강이 있다.

이 모강의 지류 중에 빼이헤강이 있는데 이 강 우안右岸에는 보구슬라브까(boryclnabka)라는 농촌이 있다. 보구슬라브까에서 동쪽으로 약 5km 가면 바로 강가에 2개의 토성지가 있다. 개암나무 등 관목들과 들이 우거진 가운데를 뚫고 성지에 다달으면 2개의 성지 중 하나는 약 50m 서남쪽으로, 또 하나는 약 300m 지점 바로 강안에 보다 큰 토성土城이 있다.

이 성은 한 벽의 길이가 약 150m 정도인데 남벽은 현재 강에 잘리어 나갔고 홍수가 나면 계속 무너져 나갈 형편이다. 북벽은 완전하게 남고 서벽과 동벽의 일부가 남아 있다. 잘리어 나간 남쪽 낭떨어지의 동벽에서 30~40m 가면 그로데꼬브라는 도시가 있다. 이 도시에서 동쪽으로 약 1.5km 벗어나면 역시 평지에 토성이 하나 있다. 이 토성은 보구슬라브까의 것들 보다 훨씬 규모가 크고 주위는 평지인데 비스듬이 높아진 구릉 지대를 이용하여 축성되었다. 서쪽에는 자그마한 시내가 흐르고 있으며 이 시내물에서 성벽까지는 약 3m 가량의 낭떨어지가 있다. 따라서 평지 토성이지만 얼마간의 대지를 이용한 까닭에 당시에는 위풍 있는 보루였을 것으로 추측된다. 성은 정방형正方形은 아니고 비정형非正形이라고 볼 수 있다.

성 안에서는 건축지 같은 자리는 알아 볼 수 없었고 다만 서북쪽 가까이에 흙으로 담을 쌓았던 자리인 듯한 것을 볼 수 있다.

성 주변에서 수집한 토기편들 속에는 누런 빛이 나는 토기 파편과 검은 빛이 나는 토기 파편들이 발견되었다. 이것들은 중세기 것으로 보이나 단정하기는 용이하지 않다. 이 같은 추리는 토성의 성벽 밑을 흐르는 시냇가에서 유물을 수집하던 중에 구석기 시대 유물이라고 생각되는 석기를 수집한 사실이 있기 때문이다.

푸른빛 나는 돌은 결정이 몹시 조밀한 종류의 석기이다. 이 석기는 오늘날 연해주지역에서 발견된 것으로는 가장 오래된 유물인 것이다. 연해주의 유적 유물들 중에 우리나라 유물 유적과 유사한 것이 많은 것은 우리나라의 함경북도 일대에 살았던 원시시대로부터 중세기까지의 주민들과 연해주 지방의 주민들은 문화적으로나 혈연적으로 깊은 관계가 있었음을 뜻하는 것이다.

1853년 함경북도 출신 한일가韓一家라는 이가 남부 우수리의 포세트에서 농사를 짓다가 춘경추귀春耕秋歸함을 비롯해 1860년 북경조약에 의거해 제정러시아와 한국은 상호 이웃하는 나라가 되었다.

1862년 가족단위로 13가구가 노우 고르드만 연안 포셋트에 이주하였고 1863년 남우쑤리 구역 찌진허 강가에는 한인 13가구가 정착해 농사를 짓고 있었다 한다. 이렇게 하여 점차 늘어난 이주자는 1864년에 60가구 308인으로 그 숫자는 점차 증가해 1868년에는 165호, 1868년 766호에 총 이주인구수는 1,800명이 넘었다.

연해주 포세트 지역안 한인 거주자들은 찌진허, 얀치허, 시디미, 아다미, 차삐고우, 끄랍베, 후두바이 등지이었다.

1867~1869년 우쑤리 지역을 여행한 러시아 여행가 쁘르줴발스끼는 찌진허, 얀치허 그리고 시디미 마을에 모두 1,800명의 한인들이 살고 있었다고 기록하고 있다.

1869년 한국에서의 흉년으로 인해 연해주 이주자 수는 계속 늘어 1870년에는 연해주 한인수가 8,400명에 달하게 되었고, 수이푼 강가 이곳 저곳 에는 꼰스딴띠높스끼, 까자께비쳅까, 뿌찔롭까, 꼬르사꼽까 등의 한인 거주며 어두운 밤을 통해 이주했다. 1872년에는 사마르끼 강가에 최초의 큰 한인마을인 보랄고슬로벤노에가 건설되었으나, 나중에 러시아 이주자에 의해 동화되었다.192)

시베리아는 발해의 고토

초기 발해의 세력은 대체로 지금의 동만주 지역에서 벗어나지 못하였다. 그러나 2대 무왕武王이 즉위하면서(719년) 인안仁安이라는 독자적인 연호를 사용하면서 발해의 국력은 발전을 거듭하였다.

인안 8년(726년) 무왕은 흑수말갈의 사자가 당에 입조入朝하고 당이 흑룡강 일대에 흑수장사黑水長史라는 관리를 파견하여 흑수말갈을 통치하려 하자, 흑수말갈이 당과 내통하여 발해를 치려한다 하고 동생 대문

---

192) 김용간, 〈쏘련연해주지방 유적탐사기〉, 《문화유산》, 6호, 1958, 39~41쪽.

▲ 발해의 상경용천부

예大門枈를 보내 흑수말갈을 토벌케 하였다. 그러나 대문예가 흑수말갈의 정벌을 만류하자 무왕은 크게 노하여 종형 대일하大壹夏를 대신 보내어 흑수말갈을 치게 하고 대문예를 처형하고자 하였다. 이에 대문예는 당으로 도망쳤는데 대문예의 망명과 당에서 베푼 대문예에 대한 우대로 무왕을 가일층 자극하였다.

그리하여 무왕은 장수 장문휴를 보내어 등주登州, 산동반도를 공격하였다. 이에 당 현종은 대문예를 보내어 발해의 진격을 막고자 했으나 도리어 대패하였다. 이로써 무왕은 산동반도 일대를 장악하게 된 것이다. 대문예가 패하자 당에 와 있던 신라의 왕족 김사란金思蘭을 사신으로 보내 신라 성덕왕으로 하여금 발해의 남쪽 경계를 치게하였다. 무왕은 성덕왕의 순시를 물리치고 압록강 이남으로 대동강 이북의 땅을 회복하였다.

그러나 이때 발해의 세력이 흑수말갈을 완전히 제압하지는 못했던 모양으로《신 구당서》에는 발해의 흑수말갈 토벌사건 이후에도 흑수말갈이 당에 교통하고 있는 기록이 보인다. 반면 흑룡강과는 달리 현재의 시베리아 연해주 지방 일대는 일찍부터 발해의 세력 하에 들어가 있었던 것으로 보인다.

발해가 적대적 세력이던 흑수말갈을 완전히 세력하에 둔 것은 제10대 선왕宣王의 집권기이다. 이렇게 보는 이유는 《신당서》에 당 헌종의 원화연간元和年間(806~820년) 이후부터 발해가 멸망하기까지 흑수말갈이 당에 왕래한 기록이 전혀 보이지 않기 때문이다. 선왕이 흑수말갈을 토벌함으로써 이때 발해는 동으로는 연해주 일대, 서로는 요동반도 일대를 장악하여 한반도 북부와 만주대륙을 석권하였다. 이것이 건국이래 발해의 최대판도였다.[193]

발해유민이 세운 정안국定安國

발해가 망하자 발해 유민들은 거란 침략자를 피해 통치력이 약한 타 지역으로 피난하는가 하면 인접국가에 투항하였다. 이들은 발해멸망 직후 《고려사高麗史》 속에 나타나는 "발해" 사람들을 의미하는 것이다.

《고려사》에 의하면 고려에 귀의한 발해인은 고려 태조 8년(925년) 9월 병신丙申 발해장군 신덕申德 등 500인을 위시하여 고려 예종 11년(116년) 12월에 이르는 약 191년간에 걸쳐 수십 만 명에 달하였다. 이와 같이 많은 발해유민이 고려에 합류한 사실은 곧바로 동질적인 족속임을 반증한 것이라 하겠다.

이 밖의 잔류 발해인들은 발해의 고토나 동경요양부에서 조국의 부흥을 위하여 적극적으로 거란에 대항하였다. 거란에 대한 발해유민의 조직적 항거로는 우선 서경 압록부에 있던 유민들이 압록부의 여러 주

---

193) 拙著, 《韓國領土史研究》, 法経出版社, 1991, 214~222쪽.

州를 통합하여 세운 정안국定安國을 들 수 있다. 서경압록부에 정안국이 세워질 정도로 거란의 세력이 그 지역에까지 미치지 못하였다면 그 남방의 남경남해부(함흥)도 정안국의 영역에 있었던 것으로 판단된다.

따라서 정안국은 그 강역에 남으로는 옛 옥저의 땅인 함경남북도를 관할하고 북으로는 간도일대에 이르러 발해의 남부 영토를 거의 회복하였다고 할 수 있다.

이 정안국은 안정국安定國이라고도 하는데 거란 성종聖宗 통화統和 3년(985년) 8월부터 다음해 4년 정월에 걸쳐 대군의 침략에 의해 무너졌고, 거란이 그곳에 록綠, 풍豊, 환桓, 정正의 4주州를 두게 되면서부터 발해 고토에서의 부흥운동은 그 세력이 약화된 것으로 보인다. 그러나 발해유민의 저항운동은 그것으로 끝나지 않고 지역을 달리하여 계속되었다. 발해를 멸한 후 거란 태조 야율아보기는 발해의 고지에 동단국東丹國이라는 괴뢰왕국을 세우고 그의 장자長子 배倍로 하여금 그 국왕에 즉위케 한 바 있었다. 그러나 거란왕조의 분열, 동단국의 위치

가 거란의 본거지에서 너무 원거리인 점, 발해유민의 거센 부흥운동 등의 요인이 작용하여 2년만에 요양으로 옮겨졌다. 이에 발해의 유민들 중에서 지도계층에 속하던 고구려계 사람들에 대한 사민책徙民策이 강행되었는데, 동경 요양부에서의 부흥운동은 그들이 주축이 되어 일어난 것이다. 그 대표적인 것은 거란의 전성기로 알려지고 있는 성종 태평太平 9년(1029년) 8월에 대연령大延齡이 흥요국興遼國을 세워 만 1년간 고려와도 긴밀한 연락을 취하며 저항한 발해유민의 항거, 요말遼末에 대원大元을 칭하며 융기隆基로 개원改元하였던 조직적인 고영창高永昌의 항거 등이다. 이처럼 발해 멸망후 약 180여년에 걸쳐 발해유민의 대 거란 항거는 지속되었다.194)

근세기 한민족의 시베리아 거주상황

1909년 '포세트' 구區에는 김씨 성이 235호 이씨가 114호 박씨가 112호 최씨가 98호이었다.

이상과 같은 상황은 호적을 2개 부류로 분류하여 제1부류는 노국국적露國國籍이 확실한 한인을 편입하고 제2부류에는 노국국적露國國籍의 증거는 없으나 노국신민露國臣民이라고 주장하는 한인을 편입하였다.

제2부류의 다수는 1870년, 1873년, 1882년 이래 노령露領에 거주하고 촌관서村官署의 기록으로는 노국신민露國臣民이지만 권리 주장의 물증을 갖지 않은 자이다.

이 중에는,

① '포세트'와 '綏分農民官'의 관할 촌락에서 타 촌락으로 노국국적

---

194) 한국정신문화연구원편, 《한국민족문화대백과사전》, 19권, 동연구원간, 1992, 832쪽.

증명露國國籍証明 없이 주청州廳의 명령으로 단지 이주된 자들이다.

② 1891년 7월 21일 흑룡강 총독령 제2977호에 의거하여 전 남 '우수리' 군수 '스하노프'가 1893년에 지시한 바 있는 장래 가족과 같이 러시아 국적에 편입될 때까지 '우수리' 군내에 거주함을 허락한다는 증서를 가진 자

③ 장형長兄 등이 러시아 국적을 취득하고 있는 자, 따라서 그 장형長兄과 별거하는 자

④ 극동노령을 퇴거한 러시아 국적의 한인韓人으로부터 그 재산권을 취득取得하고, 토지와 러시아국적을 취득하기 이전에 출생한 여자, 1895년 7월 11일 흑룡강, 총독령 제4367호로 당시 12세 미만의 어린이를 가진 양친에 대하여 자녀가 성년에 달하면 선서한다는 요지의 포고가 있었으나 한번도 실행되지 않았다. 이들은 성장해서 아내가 있을 뿐더러 자녀도 있다.

이상의 내용을 보아서 알 수 있는 바와 같이 서류상의 근거는 대단히 혼잡한 것이었으며 한인의 법률과 시책에 고의에서인지 또는 무지에서인지 무관심함은 오늘날의 우리로서도 이해가 되지 않는다.

또 러시아 혁명당시 볼쉐비키는 한인들의 협력을 얻기 위해 게릴라를 모집했고 무국적자가 게릴라에 가담하므로서 국적을 얻고 물질적인 생활을 보장받을까 하여 가담했던 것이다.[195]

1884년 한러통상조약후 한인을 3구분하여 1884년 이전에 거주한 자에 대하여 극동노령에 정착을 허용하면서 러시아 국적편입을 요건으로 가족 구성원 전체를 대상으로 하였는데 이것이 1845년 고루후 총독

---

195) 海外橋胞問題硏究所編, 〈在蘇韓國人의　史的考察〉, 《橋胞政策資料》, 第13輯, 同硏究所刊, 1972, 80쪽.

때에 비로소 정식으로 이루어졌다.

이처럼 국적취득자는 1호당 15데샤진의 토지를 분배받는 등 혜택을 받았지만 미귀화 한인은 신분상의 문제 뿐 아니라 재산소유권에 있어서도 크게 불리했으며 일부는 귀화한인의 소작인이 된 사람도 있었다.

그래서 한인간에는 '元戶'와 '余戶'의 명칭이 생겼는데 '元戶'는 국적을 취득하여 귀화한 자를 말하고 '余戶'는 무국적자를 말하였다.

그후 '도호후스키'와 '구로데고후' 총독은 미귀화인에 대해서 귀화의 조 건을 완화하고 러시아에 5년 이상 거주한 제2종 한인을 러시아 국적에 편입하기로 하였다.

1898년 4월 11일 '구로데고후' 장군명령 제219호로 발표된 귀화조건과 수속절차는 다음과 같다.

① 5년 이상 러시아에 거주한 자
② 소속사의 회의에 있어서 확인을 받은 자
③ 사장의 신분증명서를 소지한 자
④ 총사장을 경유하고 총독에 신청함을 요건으로 하고 있다.

이상의 귀화수속을 마치면 매호 15데샤진의 토지가 공급되고 일체의 권리, 의무는 러시아인과 동일한 신분이 되었다.

이리하여 새로운 귀화의 기회를 얻고 이들은 북방으로 이주하여 '하바로프스크' 부근 키하 연안에 3개의 한인촌을 만들고 5년 후에는 러시아국적을 취득하고 또 규정된 토지분배를 받았다.

그후 한동안 귀화가 자유롭다가 '운데루베루낄' 총독이 취임한 뒤에는 귀화문제가 다시 벽에 부딪쳤다.

1909년과 1910년 두번에 걸쳐 총독의 명령으로 러시아국적의 한인에 대한 심사가 행하여졌다.

이 심사에 임했던 관리들이 부닥친 난제는 한국인을 러시아국적에 편입 시킬 당시의 한인의 선서문이 그대로 보존되어 있음에도 불구하고 관계서류가 없다고 하는데 문제가 있었다.

또 한가지는 다음에 제시하는 한인의 생활·풍속·관습에서 유래되는 여러 현상에 커다란 의문을 제기케 하였다.

① 러시아국적의 한인호적 중에 외국국적의 한인에게 시집가고 남편이 사망 후 또다시 러시아에 귀래한 한국인의 자녀가 러시아인으로서 권리가 있는 자로 포함된 것.
② 호적 중에 완전히 타인을 자녀로 기입한 것, 더욱이 세례를 받지 않은 그들은 출생·사망일을 기입하지 않고 있기 때문에 각종 범죄에 따른 조사가 불가능하다는 점.
③ 호적에는 아버지가 러시아국적 취소 전에 낳은 자녀도 기입되어 있다는 점.
④ 한인은 6종의 이름을 갖고 있기 때문에 동일인이면서 가지가지의 이름으로 호적에 올라 있고 호적조사에 곤란을 주는 일.
⑤ 최후로 한인의 성씨는 극히 적으며 또 동성인 자가 대단히 많다는 점.196)

1884년 한·러 사이에 외교관계가 맺어지고 이어 1888년 8월에는 한·러 육로통상장정이 체결되어 한인 이주에 대한 규제가 정식으로 두 나라에 의해 가해지기 시작했다. 이 장정 제2관 4에서는 "조선국 신

---

196) 註 195)와 같은 책, 24쪽, 79쪽.

민으로서 여권을 소지하지 않고 러시아 영토 안에 잠입하려는 자가 있을 때에는 러시아국 관헌이 정세를 사찰한 후 억류해서 본국으로 송환한다. 러시아국 신민이 조선에 입국한 때에도 이와 같다"라고 규정짓고 있다.

이럼에도 불구하고 연해주 이주자가 끊이지 않자 러시아 측은 한인 이주자를 다음 3종류로 구분해 다루었다. 첫째는 1884년 6월 25일 이전에 러시아로 이주한 한인들로 러시아 시민권을 획득할 자격이 있는 자이고, 둘째는 이 뒤에 온자들로 2년 안에 자기사업을 정리해 한국으로 돌아가야 하는 사람들과, 셋째는 일하기 위해 일시적으로 러시아 땅에 들어온 사람들로 세금을 러시아 농부와 똑같이 내나 다른 권리가 없는 한인들이었다. 그러나 러시아시민권을 획득한 한인은 전체 이주자 가운데 20~30% 밖에 되지 않았다.

연도별 러시아 이주민 통계

년도별	러시아시민	비러시아시민	총계
1906	16,965	17,434	34,399
1906	14,199	36,755	51,554
1910	17,476	36,996	54,076
1911	16,263	39,813	57,289
1912	19,277	43,452	59,715
1913	20,109	38,163	57,440
1914		44,200	64,309

1923년 연해주의 한인 수는 드디어 10만명 선을 넘어 섰고, 1926년에는 13만명, 그리고 1927년에는 17만명으로 증가했다 한다.

특히 1923~1926년 사이에는 매년 한인 인구가 17%씩 증가해, 한 해에 5~6천 가족 약 3만명이 소련 땅으로 들어 왔다는 것이다. 한·러 국경에서 체포되는 한인 수만도 매주 300명에 달했다. 이리하여 극동 연해주에서 한인증가는 자연증가를 계산해 1932년에 19만, 1936년에는 20만 5천이 될 것이라고 1929년 빼트로프는 내다보았다.

그러나 1927~1928년 사이 연해주에서 비공식집계에 의하면 적어도 25만명의 한인이 살고 있었던 것이다. 이들의 10%가 도시에, 그리고 90%가 농촌에 산 것으로 되어 있다. 1920년대 말 극동 연해주의 한인 인구 수가 25만 정도 되었으리라는 추측은 현재 소련내 한인 인구 수를 감안한다면 아마 사실에 가까운 숫자라고 볼 수 있다.

한인의 러시아 이주 동기는 당시 한국의 국내환경 및 정세와 밀접하게 관련되어 있다. 1800년대의 이주는 주 원인이 기근과 국내사정의 불안이었다고 여겨진다. 즉 1800년대는 세도정치가 행해지고, 삼정三政이 문란해지고 홍경래난 등을 비롯해 민란이 발생해 사회가 불안했다.

이른바 3대사옥을 통한 천주교 탄압은 이러한 불안요소를 더욱 가중시켰다. 한편 연해주는 지리적으로 인접해 있어서 이주해 가기가 수월했던데다가, 사람이 거의 살지 않는 넓은 지역이었다. 더우기 계속되는 흉작으로 새 땅을 찾아 나서는 사람이 많아졌다. 1900~1910년 사이의 이주의 동기로는 일본의 침략에 반대해 일본의 관헌을 피해 국외로 도피하는 대상의 지역으로 연해주가 적합했다는 것이다. 또 역사적으로 중국사람이나 만주사람들에 대해서는 좋지 않은 감정을 한국사람은 가지고 있었으나, 새로 접하는 첫 서양 사람인 러시아 사람들에 대해서는 적대감 대신 어느 경우에는 오히려 호기심을 자아내기까지 했다.[197]

---

197) 현규환, 〈재소 한국인의 사적 고찰〉, 《교포정책 자료》, No.13, 1972, 43~46쪽.

한인 이주자들에 대한 러시아 측의 태도도 일정치 않았다. 꼬르사꼬프(M.S. Korsakov)나 두흡스끼(Duhovskij)와 같은 연해주 총독들은 한인 이주자들을 연해주 개척 노동력에 이용하자는 편이었다. 두흡스끼의 뒤를 이은 고로데꼬프(N.I.Grodekov)총독도 그와 같은 정책을 계속해 셋째부류에 추하는 한인들에게도 1898년 이만(Iman), 호르(Hor), 끼(Kii), 아무르(Amur) 등의 강가에 정착하도록 허가하였다.

그와 반대로 운떼르베르게르(P.F.Unterberger)는 한인 이주자들에 대해 부정적인 태도를 취했는데, 이는 그가 1908년 3월 8일 내무성에 제출한 의견서에서 잘 나타나 있다.

> 한인들의 특성적 성격은 우선 정착을 하는 것이다. 그 때문에 러시아시민권을 가진 한인들은 시골이나 소작지 등 자신들 관할 땅을 지나치게 넓혀가며 도처에다가 한국시민인 한인들 이주를 위해 근거지를 마련하고 있다. 이를 막는 투쟁은 극도로 복잡한데, 그 이유는 러시아 주민들은 한인들의 소작 노동력이 싸고 편리해 모든 곳에서 기꺼이 그들을 고용해 사용하고 있어 러시아 주민들의 도움을 얻기가 불가능하기 때문이다. 거기다가 이 지역의 상당부분이 한인들에 의해 점거되어 태평양연안의 우리 사태를 약화시키는 것이나 다름없기에 연해주가 러시아사람들에 의해 거주되는 것은 러시아에게 극도로 중요한 것이다.

이 지역의 지식층들도 의견이 둘로 나뉘어져 있었으나 한인들 이주를 긍정적인 면으로 받아들인 수가 더 많았던 것으로 보여진다. 긍정적인 의견을 가진 대표적 인사들로는 뽀뽀프(A.A. Popov), 치르킨(G.F. Chirkin), 꾸네르(N.V. Kjuner) 그리고 뻬트로프(A.N. Petrov) 등이었다.

대부분 한인들은 한·러 국경을 통해 이주했으나, 더러는 러시아-

만주 국경을 경유한 예도 적지 않았으며 한편으로 바다를 통한 이주도 있었다. 예를 들어 1910년 일본의 고베나 청진항으로부터 블라디보스톡에 배로 도착한 한인수는 2,004명이 된다고 한다.[198] 물론 연해주 이주자의 많은 수가 함경도 출신이지만 배로 온 사람들 가운데에는 중부나 남부출신도 있었다고 알려져 있다. 연해주 한인들은 일반적으로 많은 시달림을 겪어야만 하는 고달픈 생활을 했다. 농사할 땅을 얻지 못한 한인들은 남의 밑에서 소작일을 보아야 했기에 이 경우 조건이라는 것은 주인의 요구에 따라 응하는 길밖에 없었다. 또 모든 종류의 세금이 국외추방 위협 아래 한인들에게 부과되었다. 세금 정책은 한인 노동자를 약탈하기에 가장 좋은 형태로 짜르정부의 관리와 헌병들을 위해 봉사했다. 숲에서 고목을 베었다해서, 아이들이 세례를 받지 않았다 해서, 결혼을 교회에서 하지 않았다 해서, 심지어는 머리에 상투를 틀고 다닌다 해서 그리고 신을 믿지 않는다 해서 부과되곤 했었다. 1910년에는 블라디보스톡, 하바롭스크, 니꼴스크-우쑤리스크 등지에 러시아 시민권을 가진 한인들이 생기기도 했다. 연해주 이주 한인들 사이에서는 러시아 시민권을 가진 한인들을 러시아 시민권을 가지지 않은 한인들을 "얼마우재"라 불렀고, 시민권을 가지지 않은 이주 한인들에 대해 시민권을 가진 한인들이 "레베지"라 불렀다.[199]

한인의 러시아식 생활방식에로의 동화는 이미 이주 초기 단계부터 이루어지기 시작한 것으로 나타나 있다. 쁘르쉐발스끼는 찌진허 마을의 어른인 48세의 한 남자에 대해 그의 여행기에서 다음과 같이 서술하고 있다.

본래 이름은 최운극으로 그리스정교를 믿으면서부터 신부의 이름

---

198) 고송무, 《쏘련 중앙아시아의 한인들》, 한국국제문화협회, 1984, 23~25쪽.
199) 이지택, 〈시베리아의 3.1운동〉, 《월간중앙》, 1971. 3. 193~194쪽.

을 본따 뻬트로세묘노프라고 러시아 말도 어느 정도하고 있다고 쓰고 있다.

뿌질로는 그의 사전 편찬에 "니꼴라이 미하일로비치 량"이라는 한인이 도움을 주었다고 서문에서 밝히고 있다. 한인들의 일상 생활 언어에서도 러시아말에서의 차용어는 많아, 1910년대 연해주 한인들이 사용하는 한국어의 일상 사용 어휘의 상당수가 이러한 차용어임을 알수 있다. 블라디보스톡 동쪽해안 산꼭대기에는 한인들이 모여사는 신한촌이 형성되어 있었다. 이 지역은 일부가 전에 북망산이었던 까닭에 가끔 해골이 발굴되기도 했다한다. 신한촌 거리는 규모 있게 방형으로 되어 있었고 거리 이름과 번지수가 적혀 있었으며, 이곳에 한인 소학교, 교회, 신문발행소, 인민회(시청사무소) 등이 자리 잡고 있었다 한다. 한인들은 축구경기, 음악회 등도 열었고, 5월과 8월 명절을 철저히 지켰으며 직업으로는 어업, 담배말이, 세탁업, 노동자, 소주 제조, 장사를 하였다.

농사면에서 특기할 사항은 한인들이 1905년 연해주에서 벼농사를 시작했다는 점이다. 원래 이 지역에서는 벼농사가 되리라고는 생각하지 않았으나, 한인들이 조금씩 구석 강가에서 특별한 관개 시설없이 벼재배에 성공했다.

처음에는 별다른 관심을 얻지 못했으나 1917년 이후로부터는 큰 관심을 모으고 1928년에는 조직적인 벼재배 쏩호스도 생겨났다고 한다. 일본의 시베리아 출병 기간중인 1919~1921년 사이에 일본은 연해주에서 벼재배 가능성을 조사하였다.

연해주에서 벼재배는 한가호수 근처와 시코테알린산맥 동쪽 경사지대에서 이루어졌다.

1925년 벼재배 10개년 계획을 세웠는데, 이에 따르면 1926년 재배면

적이 13,000헥타, 1936년에는 94,000헥타가 될 것으로 내다보았다. 1928년 통계에 따르면 전체 벼재배 업자가 11,378명이었는데, 이 가운데 1,196명이 러시아 사람, 6명이 중국사람이고 나머지가 한인이었다 하니 연해주에서 벼농사는 한인이 개척했다고 말할 수 있다.[200]

1900년대에 들어서면서 반일독립운동이 연해주에서 자리잡게 되자 1911년에는 '권업회 연혁'을 통해 알 수 있듯이 국민회, 권업회 등 많은 독립운동기구가 생기고 해조신문, 대통공보, 권업신문 등의 신문도 나왔다. 그러나 이들 신문은 일제의 외교적 압박과 재정난 등으로 단명으로 끝났다. 시베리아의 치따시에서는 독립운동가 이강이 주필로 한글 잡지 "대한 인정교보"가 잠시 나왔다. 연해주 이주 한인의 많은 수는 제대로 교육을 받지 못했다. 그럼에도 불구하고 한인촌에는 자

러시아령 한인학교[1] (1923年 이후)

학교명	지명	설립 연월일	설립단체	교원 수	학생 수	학급 수	비고
블라디보스톡 보통학교	블라디보스톡	1919년 4월	블라디보스톡 朝鮮人民會	9	234	5	보통학교 5년제
私立日新學校	東우수리煙澤	1920년 5월	村民	2	93	-	4년제
私立親日學校	香山河	1920년 10월	〃	2	66	-	〃
私立日新學校	시고도와	1920년 10월	시고도와 朝鮮人民會	2	52		2년제 예비반
私立東進學校	니코리스크 시네로후카	1918년 9월	村民	1	30	-	4년제

---

200) 註 198)과 같은 책, 29~30쪽.

체적 학교가 있었고, 1907년에는 블라디보스톡에 계동학교가 세워졌다. 그러나 전체적으로 보면 한인들의 교육적 요구를 이들 학교가 만족시키지 못했고, 모국어 교육은 거의 없어 러시아말도, 한국말도 잘 못하는 경우가 많았다 한다. 1922년 초에는 연해주에 한인들을 위한 학교가 45개였으나 1927년에는 267개로 늘었다고 한다.[201]

시베리아 한인의 권업회勸業會 연혁

1912년 시베리아에서는 조국의 광복을 위해 우리의 先人들이 활발한 활동을 전개하였다. 이 가운데 권업회 같은 단체는 대표적이라 할 수 있다. 이에 이 단체의 설립배경 및 연혁을 살펴보고자 한다.

기원 4244년 6월 1일俄曆 1911년 5월 19일에 해삼위 신탁구 조장호씨 집에서 권업회 발기회를 하고 임시 임원을 선거하니 회장 최재형, 부회장 홍범도, 총무 김익용, 선거 주장호, 재무 허태와 의원, 김와실리, 엄인업, 류기찬, 오창환, 조장선, 김기룡, 김태봉 등 제씨이다. 임시 사무소는 조장호 씨 집으로 정하고 연주 니골라엠스크, 리포, 수청동 각 지방에 지회를 설립, 권유위원회를 파송하고 일변으로 리광호 홍병일 양씨는 루시아 관령에 교섭하야 공식상 허가 얻기를 주선하다. 본회 규칙 인허를 순무부에 청원해서 순수한 한인의 사업으로 아인과 협동 한다는 뜻으로 뿔란옵쓰기씨가 기초하는 책임을 담당하였다.

본항에 청년제씨의 청년근업회가 칠월 삼일에 서로 협의하여 본회와 합동하여 임원을 개선하니 회장 최재형, 총무 김익용, 서기 리근용, 김기동 재무 김와실리, 의원 김규섭, 김형권, 한형권, 리형욱, 김치보, 조장호, 신문 부원 리종호, 유진률 제씨이다. 7월 10일에 근업회 재정 구백오원 구십전을 인수하

---
201) 俄領実記, 뒤바로, 独立新聞(上海版), 1920(大韓民國 2年), 제 48~62호 참조.

다. 전 근업회에서 발간하던 대양보를 칭거우재로 부터 신한촌으로 이전하기 위하여 7월 14일 부터 신한촌에 가옥 수리를 착수 하였고 그 달 16일부터 신한촌에 본 회관 건축을 시작 하였다. 26일에 대양보사를 신한촌에 이접하고 계속 발행 하다가 중간에 무슨 사고가 있어 9월 4일부터 대양보는 정간되고 신문발행을 다시 총독과 순무사에 교섭하야 승인을 얻었다.

1911년 11월 10일에 본회 인가를 받았다. 1911년 12월 6일에 한민학교 안에 조직총회를 열고 임원을 선거하니 의장 이상설, 부의장 이종호, 총무 김익용, 한형권, 재무 김기룡, 서기 이민복, 의원 이범석, 홍병환, 김만송 등 제씨요 이외에 특별임원을 두고 수총재 류린석, 김학만, 최재형, 부장 정재관, 실업부장 최만학, 경용부장 종합, 종교부장 황공도, 서적부장 신채호, 감사부장 윤욱, 통신부장 김치보, 응접부장 김병학, 기록부장 이남기, 사찰 부장 홍범한, 구제부장 고산준 제씨이다. 동월 11일에 연론부 제일회 연론회를 열다.

1912년 1월 14일에 본회에서 본회의 창립 기념식을 거행코저 하다가 군정 순무사의 제의로 중지하다. 2월 16일에 총독 곤다여씨가 본항에 래도 하였기에 본회에서 총재 이상설, 이종호, 정재관, 한형권 제씨를 파송하야 본 회의 허가함을 치하하고 당일에 총독 곤다띠씨가 명예회원으로 입회되다.

동월 29일에 뽀랴놈쓰기, 뽑쓰따빈꼬 제씨가 명예회원으로 입회되다. 신문 발행원은 뉴꼬브씨로 의령하고 순무부에 신문허가를 청원해서 대양보는 폐지 되었으니 명칭을 변경하라 하기로 권업신문으로 청원하였다.

4월 1일에 본년도 제1회 총회를 열고 임원을 선거하니 의장 최만학 부의장, 정재관 총무 조창호, 서기 이근용, 김지룡, 재무 김와실리, 의원 윤후 김도연, 김형권, 검사원 이상설, 이종호, 한영권, 김리연, 김만송 제씨더라.

본년도의 예산은 9428원을 책정하고 이것을 임원들이 충용하기로 결정하였다. 본년도 사업은 신문 교육 종교 종람소 노동, 농업, 선상 노동소의 금융 등으로 정하고 본회 회원의 의무금을 1원으로 정하였다. 동일에 본항 청년제 씨들이 설립 하였던 종람소를 그 대표 김와실리 김기룡 양씨의 청원에 의지하야 본회에서 인수하다.

4월 7일에 권업신문 인가장을 접수하다. 동월 15일에 의장 최만학씨가 사면함에 이종호씨로 선정하다. 4월 22일에 권업신문 제일호를 석판 인쇄로 창간하다. 7월 25일에 전제악 박동원 양씨로 농작지를 시찰하기 위하야 임만 등지로 파송하다.

7월 27일에 냉고개 거류민 등을 아관청으로 빨리 가라는 재촉이 심하여 거류민 등이 본회에 원함에 따라 총독부에 전보하였는데 금년 추수까지만 인징함을 허가한다는 답변을 받다. 8월 10일에 본 회관에 전화를 시설하다. 8월 12일 임시총회에서, 사면한 임원의 보궐선거를 하면서 의장 이상설, 부의장 한형권, 총무 김도연, 서기 박영빈, 재무 김하구, 의원 황공도, 검사원 이종호, 이범석, 엄인섭, 이형욱, 제씨로 선정하다. 8월 24일에 농작대 시찰위원의 보고를 받다.

9월 1일에 이만 다신안제 등지의 지단을 허가하라고 총독부와 이민국에 청원하다. 동월 16일에 각 지방에 지회 설립을 위하여 총재 이종호, 엄인섭, 박영빈, 삼씨를 파송하다. 동월 30일에 니꼴라 엠쓰크 지회를 설립하다. 10월 27일에 취풍 영안평지회를 설립하다. 동월 31일에 지방시찰 총재의 일행의 긴급한 사고로 인하야 시찰을 잠시 정지하고 회환하다.

11월 10일 임시총회에서 의결한바 실업부를 확장하기 위하야 부장 부원 오인을 선정하고 심사부를 신설하야 부장 1명 부원 3명을 선정하고 본회의 의장 명의는 회장으로 개정하다.

동월 28일에 이만 등이 '라유륜'으로부터 그 이상을 농작지로 허급한다는 이민국에 허가장을 받았다. 동월 20일에 심사부에서 사무를 개시하다. 동월 25일에 농작지에 대한 농림 규례와 고본단 규례를 발포하다. 동월 29일에 군정 순무사 마나낀씨가 명예회원으로 입회되다.

이상으로 권업회의 조직 배경과 활동상황을 이 단체의 기관지인 권업신문을 통해 살펴보았다. 이상의 내용을 좀더 간략히 정리해 보면 권업회는 러시아 당국의 허가를 받아 우라디브스도크 신한촌에서 조직되여 인근의 연추煙秋, 쌍성双城, 소성蘇城, 영안永安, 평도坪刀, 비하比河,

합발포哈發浦 등에 지부支部를 두어 개발사업을 장려하였다.

  이밖에 독립운동을 전개하기 위한 계몽운동과 함께 민족교육을 실시했는가 하면 《대동신보大東新報》, 《한인신보韓人新報》, 《대한인정교보》, 《대래지보大來芝報》 등 적지 않은 인쇄매체를 발간하면서 국권회복운동에 매진하였다.[202]

  이처럼 시베리아 지역은 만주지역과 함께 우리민족의 고토로써 우리 선인들의 고귀한 민족혼이 깃든 곳임을 잊지 말아야 할 것이다.

강동江東이라 불려졌던 우리 땅 연해주

  오늘날 시베리아 일부가 되어 있는 연해주를 러시아가 서, 중, 남, 동북, 극동 등지로 나누고 있는데 본래의 연해주沿海州는 위의 여러 지역 가운데 극동지역에 속한다. 러시아어로 〈Primorskii Krai〉라 부르는데 Pri란 연안沿岸을, morskii는 바다란 뜻이다.

  오늘날의 지리적 구분에 따르면 우랄산맥 동쪽으로부터 예니세이강까지의 낮은 지역 일대를 서시베리아 지역이라 하고 동시베리아 지역은 예니세이강 동쪽 고원 및 산지일대를, 극동연해주 지방은 동시베리아 끝 동부인 연해변 산지의 분수령으로부터 동편지역을 말하는 극동지역 7개 주州의 하나를 뜻한다.

  극동지방의 총 면적은 622만 km^2로 이 가운데 연해주가 16만 6천km^2, 하바로브스크 그라이지방이 82만 5천km^2, 아므르주 36만 4천km^2, 캄차크주 47만 4천km^2, 야크트(일명 : 사하) 310만 3천km^2이다.

  이렇듯 광대한 지역의 인구 분포는 1992년 말 현재 총 8백만인데 이

---

[202] 《勸業新聞》, 第35号, 紀之 4245년 12월 19일(木曜日), 〈勸業会沿革〉 기사 참조.

가운데 28.7%인 2백 31만명이 연해주에, 23.11%인 1백 86만명이 하바로브스크에 그리고 13.3%인 1백 10만명이 아무르주에 밀집해 있다.

민족구성 비율은 러시아계가 87%로 주류를 이루고 있고 다음으로 우크라나인 8.2%, 베라쓰인 1.0%, 기타 북방 소수민족이 0.1%이며 조선족은 0.4%라고 하나 이는 스타린 지배하에 중앙아시아로 한인들을 강제 이주시켰기 때문이다. 그렇지만 근래에 들어서서 점차 사할린과 중앙아시아에 거주하던 조선인 3, 4세들의 이주는 계속해 늘어나고 있는 추세이다.

연해주지역이라 부르는 이 지역은 우리 한인韓人들에게는 심정적으로 본토와의 연접성과 민족지연성에 의해 비록 이국의 땅이 되었다고 하나 전래적으로 칭해오던 강동江東 또는 원동遠東지역이라 불러왔다.

본래 고조선, 숙신肅愼의 땅이었다가 고구려 발해의 영역에 속해있었고 발해 멸망이후 元과 明이래 관할권이 확립되지 않았던 땅이다. 그런데 러시아의 동진정책에 의해 1858년 아이훈조약愛揮條約을 체결하면서 이 지역을 청·러 공동관리지역화 하기에 이르렀다.

그러다가 2년 후인 1860년에 청나라 내정의 혼란을 틈타 러시아가 청과 북경조약을 체결하고 이전까지의 공동관리에서 러시아의 독자적 관리지역화 하였다. 이후 러시아는 오래 전부터 갈망해 오던 태평양으로의 진출을 꾀하게 되었다. 따라서 이후 이 지역은 명실공히 러시아령이 되고 말았다.

그러나 이 지역 일대는 우리의 선대들이 춘경추귀春耕秋歸하며 이웃 고을이나 건너 마을에 드나들던 고장이었다. 조선조 말 우리의 선열들은 이 땅이 조상 전래의 고유영토라는 인식하에 왜인들에게 국권이 침탈당함에 국권회복을 위해 이곳을 근거지로 하여 독립운동을 전개해오는 한편 이 지역의 본격적인 개척, 개발에 심혈을 기울였다.

돌이켜 보면 연해주는 1천여년 동안 우리 한민족의 고토였다. 해동 성국으로 그 위상을 가장 드높인 발해국의 영토요, 고구려의 영토였다. 발해는 이 지역에 5경 12부 62주의 행정관할 구역을 두고 사방 5천여리의 광할한 영토를 통치해 왔다.

신당서 발해전을 보면 발해는 그 지역이 영주로부터 동으로 2천리 떨어진 곳에 위치하는데 남쪽으로 신라와 니하泥河를 경계로 삼고 동으로는 바다에 접하였으며, 서쪽으로는 거란에 닿았는데 성곽을 쌓고 살았으며 영토의 넓이가 5천리가 된다고 하고 있다.

그리고 부여 옥저 변한 조선의 해북 제국 등 여러 나라 모두를 얻었다.(地直營州東二千里南北新羅以泥河爲界 東窮海 西契丹 築城郭以居 …地五千里…盡得夫余沃沮弁韓朝鮮海北諸國) 이러한 사실은 고구려 영토가 6천리였다는 점과 대비해 볼 때 동서로 1천리가 작게 기술되어 있지만 남북 여러 四圍의 地境을 살펴 볼 때 고구려의 영토 대부분을 경략해 왔음을 알 수 있다.

발해의 중심처였던 5경이라 함도 상경 용천부, 중경 현덕부, 동경 용원부(일명 : 柵城府), 남경 남해부, 서경 압록부를 말하는데 연해주에 자리하고 있던 동경 용원부東京 龍原府는 예맥의 옛 땅이었고 고구려 동해 진출에 따른 주요활동무대였다. 상경 용천부上京 龍泉府의 동남쪽에 위치한 이 지역은 오늘날 길림성吉林省 훈춘현琿春縣에 일대에서 해양으로 접해 있는 곳으로 연해주로 비정比定되는 곳이다.

좀더 구체적으로 살펴보면 제3대 문왕文王은 중경 현덕부에서 천보天寶 : 742~775년말년 상경 용천부로 수도를 옮겼고, 정원貞元 : 781~793년 연간까지도 이곳이 수도였다. 즉 6대 康王이 수도를 상경으로 다시 옮겨 갈 때 까지 이곳은 발해의 중심처로 자리잡고 있었다.

신당서 발해전에 그 위치가 상경의 동남쪽에 있으며 동남해에 가깝다고 하였는데 오늘날 동해바다와 접해있는 연해주로 보고 있다. 그 위치가 1940년대 초 고고유물의 발굴로 훈춘현渾春縣 반납성半拉城으로 비정해 왔는데 학계는 이를 정설화하고 있다.

이 지역은 오늘날 함경북도와 그 이북의 앞바다에 접해있는 지역에 남경 남해부가 있었다. 이곳은 일본으로 향하는 요충지인 동시에 발해 5경의 하나로 중시하였다. 오늘날에는 두만강 하구의 이른바 북방삼각주라 하여 주변의 핫싼, 크라스키노, 포시에트, 자루비노 등등의 항구가 있는데 이 모두가 그 옛날 발해의 출항지였다.

이 일대는 러시아의 극동군사기지화 되면서 상당기간 군사보호지역으로 묶여있었다. 러시아는 자유로운 제3국인의 왕래를 제한시켜 오다가 블라디보스톡 개발계획에 따라 1992년 여름부터 개방하여 이 일대를 개발함과 동시에 부존자원활용을 촉진하는 차원에서 대외개방정책을 펴 오고 있다.

요컨대 부존자원의 미개발지역으로 각광을 받고 있는 이 지역이 발해국의 영역이었고 우리 한민족과의 불가분의 민족지연성을 갖고 있음에도 최근 중국 측이 발해를 중국의 변방국으로 폄하하면서 우리나라 역사와는 무관한 나라라고 궤변을 토하고 있다. 하지만 이는 이 지역에서 발굴되었거나 발굴되고 있는 유물들을 보아서도 중국 측의 주장은 성립될 수 없는 반역사적 논리인 것이다.

■ 마무리하며

지구상 그 어떤 민족이나 국가이던 자기 역사 가운데 영토분야를 논하지 않는 나라는 없다. 그 이유는 영토가 곧 바로 당해 민족과 국민의 삶의 터전이고 영원무궁한 조상전래의 본향이요 정신적 신앙지이기 때문이다. 즉 영토는 당해 민족의 얼과 민족사를 잇게 하고 후세들이 살아가야할 터전이기 때문이다.

이러한 터전에 대한 연원을 알아야 함은 "나 자신이 누구인가?" 하는 물음 이상의 의미를 내포하고 있는 것이다.

특히 우리나라 영토는 유다른 조상들의 피와 땀으로 가꾸고 지켜온 변화무상한 터전이다. 이 터전에는 선열들의 숨결과 민족혼이 녹아든 본원지이기도 하다. 그러니 조국을 사랑하고 이 나라 이 민족을 사랑하는 자라면 어찌 우리나라 영토변천사領土変遷史에 무관심할 수 있겠는가!

영토사는 애국, 애족의 핵과 같은 것이다. 영토를 사랑하는 영토의식의 발로는 곧바로 우리나라 영토사에 대한 이해와 불가분의 관계에 놓여있다. 즉 역사적으로 우리나라 땅이 어디에서 어디까지였으며 오늘날은 어떤 실정에 놓여 있으며 어떻게 대처하여야 하는가? 이 물음에 대한 답과 연결짓지 않을수 없다.

그런데 현실은 어떠한가. 오늘날 우리의 주변에는 자기 소유의 땅에 대한 애착은 지나치리만큼 강렬해, 앞 뒤 이웃집간에도 한 치의 땅이 저 집으로 들어갔느니 덜 들어갔느니 옥신각신 하거나 얼마간의 땅이 정부나 지자체의 토지수용령에 따라 보상금이라도 받게 되면 부모형제간이라도 안면 몰수하고 소송을 벌이기 일쑤이지 않는가!

그러면서도 정작 우리의 영역領域이 얼마만큼 어떠한 연유로 어떤 경로로 빼앗겨 이제는 주변국의 땅이 되어버린 상황에 대해서는 어떻게 대처해 나가야 할 것인지에 대해 국민적 합의조차 이끌어내지 못하고 임시방편적이거나 때로는 중구난방 적으로 떠들기 일수이다.

이에 반해 우리를 둘러싸고 있는 주변국들은 알게 모르게 우리의 영토 영해를 부당하게 차지하고 있거나 빼앗으러 하고 있으며 이에 따른 우리의 주장이나 역사적 사실에 대해서는 애써 외면하거나 왜곡 무시하려는 작태를 거리낌없이 드러내고 있다. 이런 때일수록 우리는 무엇보다 우리나라 영토변천사를 통해 우리의 선조들이 광대한 대륙을 경략해 온 역사적 사실을 자각하고 선인들의 영토수호의식을 되새겨 보아야 한다.

예컨대 북방 최강국으로 그 위상을 드높여왔던 고구려의 판도가 만주지역은 물론 저 멀리 몽고 시베리아 일대를 포괄하고 있었으며 고구려를 계승한 발해 역시 해동성국이라는 명칭에 걸맞게 찬란한 고구려 문화와 강역을 계승해 왔음에 자긍심을 가져야 한다.

이러한 주장은 결코 국수주의적 사고라고 부정해서는 안 된다. 왜냐하면 엄연한 역사적 사실인 동시에 이에 따른 주장의 근원이 되고 있기 때문이다. 유구한 역사의 변전変轉속에 발해 멸망이후 비록 우리나라 판도版図가 위축되기는 했으나 선인들의 고토회복故土回復에 대한 의지는 식을 줄 모르고 지속되었으며 이같은 기풍은 고려 말 조선 초에까지 면면히 이어져 왔다. 즉 고려 때의 여진정벌, 고려말 요동 땅 수복을 위한 의지와 출정사실, 조선조 세종 때의 육진개척과 대마도 정벌 등등은 상실된 영토회복에 대한 강열한 의지의 일단이었다.

이러한 영토애를 발휘하는데는 투철한 영토의식을 지닌 수다한 역사적 인물들의 공헌이 지대하였음은 두 말할 필요가 없다.

요컨대 오늘날 우리 민족의 영토의식은 먼저 역사상 고토로 보고 있는 구강상실지역旧疆喪失地域, 다음으로 당사국간에 합의를 도출해 내지 못하고 미결상태로 남아 있는 재감대상지역再勘對象地域, 끝으로 분명한 우리의 영토로서 원상회복原狀回復되어야 할 지역 등으로 나누어 국민적 관심과 의식을 고취하고, 연구에 임해 나가는데 이 책이 일조가 되었으면 하는 바람일 뿐이다.